国家社科基金重大项目资助（22&ZD157）
中原学者工作站资助项目（234400510026）
河南大别山森林生态系统国家野外科学观测研究站支持项目
河南省土壤重金属污染控制与修复工程研究中心支持项目
河南大学环境与规划国家级实验教学示范中心支持项目
河南省地球系统观测与模拟重点实验室支持项目
河南大学区域发展与规划研究中心支持项目
河南大学地理学科"教学类"重点支持项目
信阳生态研究院支持项目

水环境保护政策与管理

以美国为例

李涛　马清霞◎著

U0306946

Water Environmental Protection Policy and Management

A Case Study of The United States

中国经济出版社
CHINA ECONOMIC PUBLISHING HOUSE
北京

图书在版编目（CIP）数据

水环境保护政策与管理：以美国为例／李涛著 . --
北京：中国经济出版社，2023.7
ISBN 978-7-5136-7231-3

Ⅰ．①水… Ⅱ．①李… Ⅲ．①水环境-生态环境保护
-研究 Ⅳ．①X143

中国国家版本馆 CIP 数据核字（2023）第 029879 号

责任编辑　丁　楠
责任印制　马小宾
封面设计　久品轩

出版发行　中国经济出版社
印 刷 者　北京富泰印刷有限责任公司
经 销 者　各地新华书店
开　　本　710mm×1000mm　1/16
印　　张　17
字　　数　286 千字
版　　次　2023 年 7 月第 1 版
印　　次　2023 年 7 月第 1 次
定　　价　88.00 元
广告经营许可证　京西工商广字第 8179 号

中国经济出版社 网址 www.economyph.com 社址 北京市东城区安定门外大街 58 号 邮编 100011
本版图书如存在印装质量问题，请与本社销售中心联系调换（联系电话：010-57512564）

　　水是关系到人类生存和社会经济发展的重要资源，是我国实现可持续发展和建设"美丽中国"的基本保证。改革开放以来，我国经济社会发展取得重大成就，人民生活水平全面提高。与经济发展相对应，我国水环境保护也取得了巨大成就，建立了比较完备的水环境保护政策框架体系，这对于控制水污染、改善水生态环境起到了重要作用，但我国水环境保护形势依然严峻。

　　我国的水环境保护比较注重学习世界各国的先进经验，其中对美国水环境保护政策与管理的研究借鉴更多一些，原因无他，乃是因为美国水环境保护政策与管理较好地实现了水环境治理目标，实践证明比较成功有效。自1972年《清洁水法》颁布实施以来，美国水环境保护与污染控制制度的内容不断丰富，结构不断完善，管理日益成熟。在控制水环境污染的过程中，美国充分利用了50多年来依法治理的完善、污水处理技术的发展、社会监督的加强、资金投入的增加，实现了水环境质量的明显改善。这其中最重要也是最关键的就是依法治理，起到了纲举目张的作用。美国水环境保护的依法治理，主要依赖于联邦水环境保护法律法规的建立和法令的贯彻执行，保证法律、法规、政策能够准确而又有效地在各级政府得到执行。

　　本书作者李涛是我指导的博士研究生，2012年以优异的成绩从北京科技大学考入中国人民大学环境学院。入学之后参与我主持的国家水体污染控制与治理科技重大专项"水环境保护价格与税费政策示范研究"、国家税务总局"对废水排放征税的重点问题研究"以及地方政府部门委托的"太平湖良好湖泊生态环境保护实施方案"、"固城湖良好湖泊生态环境保护实施方案"、"官厅水库生态环境保护实施方案"、"黄山市黄山区国家生态区建设规划"等课题的研究工作。在这些课题的研究过程中，发现了我国水环境保护政策目标、制度设计、管理理念和管理体制等方面存在的一些问题，这些问题的发现促使作者开始了对美国水环境政策与管理的研究。本书系统介绍了美国水环境保护政策与管理的发展历程，重点梳理了美国水环境管理的基本思路和经验，主要包括美国水环境保护法律法规、管理体制与机制、点源和非点源污染排放控制手段、超级基金和污染场地清理、监督核查和环境执法等方面，以期为我国水环境保护政策的制定和管理提供经验借鉴，具有重要的现实意义。

开展中美水环境保护政策的比较研究很有意义，做好这些研究需要作者具有较好的英语水平、广博的环境专业知识以及对美国政治体制和历史文化的了解。当然，最重要的是对当今世界水治理理念的理解和把握。我很高兴看到本书的出版，希望本书能够给从事环境管理与政策研究的人员和大专院校的师生提供借鉴参考，是为序。

马　中[①]

2023 年 6 月于中国人民大学

---

① 马中：中国人民大学环境学院教授，国家重点学科人口、资源与环境经济学学科带头人，兼任国家生态环境专家委员会委员。曾任中国人民大学环境学院院长，获得国家科学技术进步奖三等奖、北京市教学成果奖一等奖，北京市教学名师。2009 年被授予"绿色中国年度人物"。

目 录
CONTENTS

第1章
美国水环境保护法律法规

美国的水环境曾遭受严重污染，在发展经济过程中不乏水环境被严重破坏的先例。在《清洁水法》（*Clean Water Act*，CWA）出台之前，凯霍加河曾因河面漂浮油污而引发火情。但经过 50 多年的水污染治理，美国已经基本实现了水环境治理目标[①]。尽管美国水环境管理现在仍然存在很多甚至很严重的问题，但美国环境保护界迅速、有效地治理水环境的经验还是为我国水环境治理提供了很好的借鉴。美国水环境污染控制之所以取得如此成就，依法治理是最为关键的，起到了纲举目张的作用。虽然我国和美国在经济发展水平、地理状况、水文条件、政治体制、法律制度等方面均不相同，但美国依法治理水污染的经验和教训仍然值得我们借鉴。

1.1　美国水环境保护立法的发展史

美国 1776 年宣布独立。虽然只有短短 200 余年历史，美国却拥有着相当完备的法律体系和制度。美国的法律宏观上指引着整个国家的发展，微观上囊括经济、文化、社会、政治等各个方面。正是因为这种用法律制度调节经济社会发展各个方面的历史传统，美国在面临水环境污染问题时也是将制定法律作为首选之策（于铭，2009）。从 1899 年制定第一部涉及水污染的联邦法律《河流和港口法》至今，美国有关水环境保护的法律已经走过了 100 多

[①]　以往大量含有多氯联苯或水银等剧毒物质的废水被排入河流、湖泊或海洋等地表水域，而现在许多污染物的排放浓度被控制到低于一般环境化学测试实验室对这些污染物的检测能力。污染控制的重点从常规污染物转移到有毒污染物，对金属铜的排放标准甚至比饮用水的浓度还低很多。

年的历程，逐步从形式多样的州立法发展成为统一的联邦法律，从以单纯保护饮用水的法律发展成为以保护水生态环境为主的法律，从"禁止向河流中倾倒垃圾"这种简单的禁令发展成为结构严谨、内容丰富、运行良好的法律法规体系。总体来看，美国在水环境保护方面里程碑式的法律主要有：1899年《河流和港口法》、1948年《联邦水污染控制法》、1956年《水污染控制法》、1961年《联邦水污染控制法修正案》、1965年《水质法》、1966年《清洁水恢复法》、1970年《水质改善法》、1972年《联邦水污染控制法修正案》、1977年《清洁水法》、1981年《城市污水处理厂建设拨款修正案》、1987年《水质法》、1998年《清洁水行动计划》、2014年《水资源改革和发展法》等。

1.1.1　早期地方政府立法

美国水环境保护立法的萌芽开始于19世纪60年代，那时美国境内开始面对普遍的水污染问题，对水污染控制的立法需求也应运而生（张辉，2015）。美国水污染控制的立法需求来自大规模流行疾病的困扰。在美国独立后100年左右的时间里，由于经济和城市的发展规模较小，相对来说水资源较为丰富，这一时期即便人们将垃圾和废水随意倒入河流中也不会产生严重的环境和健康问题。但随着经济和城市规模不断扩大、人口密度增加和工业发展，美国逐渐成为世界经济和科技的中心，这种原始的废水处理方式逐渐危及人们的健康。到19世纪，人们开始认识到不卫生的生活条件和水污染是引起黄热病、霍乱、伤寒等疾病的根本原因。此后，随着这些疾病的大肆蔓延，成千上万人失去了生命。基于宪法赋予的相对独立的管辖权，各州开始成立地方政府机构管理卫生事务，并通过立法解决水污染问题。①

1866年纽约市建立了第一个现代意义上的城市卫生部门，随后芝加哥、圣路易斯、匹兹堡等城市也陆续建立了城市卫生部门。到1900年，美国大部分城市已建立了相应的行政管理部门。尽管许多城市卫生部门成功改善了当地的水环境状况，但大部分卫生部门都缺乏实权，拥有的财政资源和权限也非常有限。卫生部门的权力仅限于颁布简单的行政法规，比如"禁止向饮用

---

①　这一特点主要是由美国的政治制度决定的。《美国宪法》第十修正案规定，"宪法未授予合众国，也未禁止各州行使的权力，由各州各自保留，或由人民保留"。

水投毒""禁止向河流中丢弃动物尸体或倾倒垃圾"等。这一时期，马萨诸塞州率先制定了州政府层面的水污染防治法，其中有两部法律影响较大，分别是 1878 年颁布的《河流、溪流和池塘作为水源供应的法律》和 1886 年颁布的《保护内陆水纯净的法律》（谢伟，2018）。但两部法律都是建立在人们对污水导致传染病的认识的基础上，主要内容集中在对河流、溪流和池塘等生活饮用水水源的保护上，出现了过于简单、执行力不强、缺乏强制手段等问题。这就导致了不能从根本上解决问题，水污染进一步加剧。虽然有几个州颁布了更有力的法律，但这些法律的内容均不涉及工业污染源。

1894 年，美国工业产值跃居世界第一，随即带来了严重的工业水污染问题。1900 年，美国 GDP 首次超过英国，成为世界上经济总量最大的国家。第一次世界大战刺激美国生产力急剧增长，造成了大量的工业废水排放，许多河流和湖泊成为沿岸工业便利的排污场所。尽管工业污染源已经占据较大比重，但是公共卫生部门将更多的时间和精力放在治理生活污水上面。因为负责公共卫生的政府官员认为控制大规模流行性传染病是他们的主要职责，而这些传染病的传播被证明只能由生活污水携带。况且工业污染涉及不同的生产工艺、生产过程以及广泛的经济利益，控制难度大且成本较高。所以许多公共卫生部门的官员将工业污染当作不可避免的城市化产物，对工业污染问题仍然采取谨慎的态度，以掩盖政府对工业污染的默许态度（Thoedore Steinberg，1991）。

19 世纪末，美国联邦政府为了与各州卫生部门相对应，于 1879 年成立了国家卫生委员会。但限于联邦和各州政府的权力划分，该机构也缺乏实权，主要职能为收集与公共卫生相关的信息，为各州政府提供卫生健康等方面的建议并为改善卫生设施条件提供资金支持。国家卫生委员会成立的主要目的是协助各州控制大规模流行性传染病，随着流行病的逐渐消失该委员会在 1883 年也退出了历史舞台（George Rosen，1993）。

美国水污染问题是随着经济社会发展、人口增多、工业发展等因素出现的，但联邦和各州政府通过制定法律控制水污染主要是为应对人们对公共健康的担忧。这个时期的立法只能算是"涉及"水污染的法律，并不是真正意义上的水污染控制法，控制水污染并非立法的根本目的。限于人们的认知水平和科技发展，控制水污染的法律大都是从保护健康的角度出发，部分法律或措施根本无法有效防治水污染，反而使得水环境状况更为严重。同时，由于《美国宪法》没有授予联邦政府管理水环境的权限，早期水环境管理的主体是地方政府，地方性立法主导水污染治理，且控制水污染的部门主要是公共卫生部门。联邦政府对各州政府的水污染问题没有管辖权，仅对州际水域的水污染行使管辖权，以及为各州水污染的研究提供资金和人员支持。在法律形式上，立法保护比较简单，手段也比较单一，执法力度不够大，多表现为"禁止排放"等单独条款，没有形成系统完整的水污染防治法律体系。

1.1.2　1899 年《河流和港口法》

美国联邦政府控制水污染问题的实践，可以追溯到 1899 年的《河流和港口法》（*Rivers and Harbors Act*，RHA），又称为《垃圾法》（*Refuse Act*）。该法案旨在保障美国水体自由开放的适航性，因为那是美国商业的生命线。该法案第 13 条为保障河流和港口的航运活动的顺利进行，禁止任何人向通航河流和港口排放任何妨碍航运的垃圾，但是联邦公共生活污水处理厂和经美国陆军工程兵团许可的排放除外（王曦，1992）。这一规定为向可航水域排放污染物设立了一个许可制度，即经美国陆军工程兵团的许可才可以向可航水域排放污染物，否则除了生活污水和市政雨水，任何排放行为都是违法的。数十年来，这些规定都由美国陆军工程兵团执行，那些不干扰航行的排放无须取得排放许可证。

20 世纪 60 年代之前，《河流和港口法》并非为保护国家的水环境质量而设，而只是为了保障美国航运业的发展、保护河道的通畅设立的，是一部为发展经济服务的法律，并未被认为是一部水污染控制法。因此，《河流和港口法》的重点不是预防污染而是保障适航性，法院在判断时倾向于适航性而非污染。但经过最高法院对"垃圾"的重新定义①，使之适用于工业污染，这样美国司法部可以直接依据该法案提起诉讼。该法案不仅要求证明污染源排污行为违反水质标准或造成事实损害，而且对违法行为规定了罚金、刑罚等刑事法律责任，因此 20 世纪 60 年代以来该法案成为控制水污染的主要法律

---

① 在很长一段时间内，该法案第 13 条都被用于禁止向可航水域倾倒可能影响航行的"固体垃圾"。由于对"垃圾"的含义法律没有给出明确的解释，所以此后许多法律工作者将其解释为包括所有种类的污染。

武器，从而重新焕发生机（William，1971）。

此后，饱受水污染困扰的公众和环保主义者开始广泛使用这一工具来应对水污染排放事件。1969 年 10 月到 1970 年 4 月联邦政府针对向州际可航水域排放工业废水的行为共提起诉讼 66 起，但只有很少一部分可以通过司法途径来解决。依据《河流和港口法》，1970 年 12 月时任总统尼克松通过行政命令，宣布建立排污许可证制度，由当时成立的美国国家环保局和陆军工程兵团来负责，管理向美国可航水域及其支流排放污染物和其他垃圾的行为。排污许可证制度要求所有排污者按证排污，降低了之前数额巨大的诉讼成本。

1.1.3　1948 年《联邦水污染控制法》

1920—1948 年是美国社会变革的重要时期，也是美国水污染控制法的形成期。20 世纪 20 年代，美国证券市场兴起投机狂潮，"谁想发财，就买股票"成为一句口头禅，人们像着了魔似的买股票，梦想着一夜之间成为百万富翁。疯狂的股票投机终于引发一场经济大灾难。1929 年 10 月 24 日，美国纽约证券交易所股市崩盘，这意味着黄金时代的结束，以及迄今为止美国历史上最严重的经济危机——大萧条的开始。大萧条给美国带来了巨大的灾难：经济萎靡不振、大批银行倒闭、企业破产、失业人数激增、人民生活水平骤降，但是在美国以及西欧延续近三年的大萧条也给美国带来了前所未有的机遇。时任总统罗斯福实施的"新政"赋予了联邦主义新的内涵，带领美国从自由资本主义步入国家资本主义。在"新联邦主义"的指导下，紧密的联邦模式取代了之前松散的联邦模式，联邦政府对环境的管辖由此产生。

由于各州政府在水污染治理方面收效甚微，以及"新联邦主义"思想的盛行，一些政治家开始了寻求建立联邦立法的征程。1934 年，来自康涅狄格州的参议员奥古斯汀·朗内根（Augustine Lonergan）召集了多位水污染防治专家商讨建立联邦法律的可能性，并在几个问题上达成共识：各州政府在控制水污染方面付出的努力远远落后于水污染的恶化速度；法律缺失和资金投入不足阻碍了联邦政府执行现有的法律法规；联邦政府没有足够的管辖权，各州政府由于缺乏联邦的监管导致控制水平参差不齐。虽然专家们对以上内容达成了共识，但对联邦政府到底要不要参与水污染防治仍然存在巨大分歧，在之后 15 年内这一直是各方争议的焦点。1936 年，参议员朗内根提交了一个议案，建议由联邦政府参与水污染控制，并赋予它强制执行的权力。但这引起了社会各界人士尤其是工业界人士的广泛而强烈的反对，因为他们坚持认为治理工业污染的责任归属于地方政府。各州政府担心联邦政府削弱它们的权力，也坚决反对。此后，陆续有相关的议案被提交到议会，但第二次世界大战的爆发中止了这些尝试，这段时间控制水污染的法律依旧以各州政府立法为主，联邦法律处于缺失状态。

第二次世界大战结束后，国会很快恢复了对水污染问题的讨论，也进行了几次议案的听证会。但议案的内容与之前大同小异，争论的焦点也基本一致，且争论双方互不妥协，国会自然也很难制定出任何法律。事情在 1947 年出现了转机，参议员巴克利（Barkley）和塔夫脱（Taft）对之前的议案进行了"包装"，新的议案试图弥合两方的分歧，在保证州政府主导地位的同时适当扩大了联邦政府的作用。该议案轻松通过了参众两院的审查，时任总统杜鲁门在 1948 年 6 月 30 日签署总统令颁布了公法第 80-845 号，即《联邦水污染控制法》。

1948 年的《联邦水污染控制法》内容并不多，只有短短 13 条，却开启了联邦水污染控制立法的先河（司杨娜，2016）。该法案明确规定，"国会的政策是承认、保留和保护各州在控制水污染问题上的首要责任和权利"，联邦卫生局局长得"准备或采纳综合项目以消除或减少州际水体和河流的污染并改善地表和地下水体的卫生条件"。控制水污染仍然被认为是州和地方的问题，联邦政府只是起辅助作用。该法案在联邦政府强制执行问题上的规定也是很温和的，只有当州际水污染确实影响到相邻州人民的健康时，在污染源州同意的前提下，联邦政府才能对污染者提起公共损害赔偿诉讼，也就是说污染源州对联邦管辖拥有否决权。联邦政府要想对州际水污染者发出禁令，必须先由卫生局局长向污染者发出两次通知，在污染问题没有好转的情况下，再由联邦安全局局长指定的委员会召开听证会。只有在污染者不听从听证会建议的情况下，才能将案件提交至司法部部长。即便司法部部长向法院提起诉讼，联邦政府在管辖上仍然有两个难以逾越的障碍。第一，司法部门必须证明被诉的污染确实危及邻近州的公共健康，而这是非常困难的。第二，该法案规定，法院在做出减少排放的判决时必须考虑自然的和经济的可行性，但法律对如何掌握这种可行性没有客观要求，这就意味着当减少污染的可行性较小时，是可以污染的。如此复杂的联邦介入程序使得联邦政府想要行使管辖权难上加难（徐翔民，2005）。

1948 年的《联邦水污染控制法》是美国联邦第一部主要应对水污染的法律。该法案明确设定了水污染管理者，确定州政府为水污染治理的主要责任人，建立了联邦政府支持和帮助州政府治理水污染的制度框架，配置了联邦政府和地方政府共同治理的组织构架，并针对工业水污染防治提出了初步设想，明确规定给予州和地方政府低息贷款用于建设污水处理厂等。这些都体现了立法上的进步，然而该法案显然是一个临时性、实验性的尝试，并没有从实质上改变水污染控制的整体格局。该法案的水污染控制以州为主导、以水质为基础，联邦政府主要负责科学研究和对污水处理厂的融资提供支持。法律的执行需要通过复杂的介入程序来实现，这就给了污染源所在州很大的权力，导致联邦政府无法直接要求污染源削减排放。总体来看，1948 年的《联邦水污染控制法》并没有进行很好的设计，实现的目标很少，且并不普遍禁止污染，只赋予联邦政府极其有限的权力。不得不说这是地方政府和工业政客的胜利，通过颁布一个很大程度上无法执行的联邦法律，将水污染控制的权力留在州政府，成功地保护了工业界的利益。

1.1.4　1948—1972 年的几部法律

1948 年的《联邦水污染控制法》颁布实施后，由于严重缺乏资金和专业化的人力资源，执行非常缓慢。在该法案实施的前 3 年中，联邦公共卫生局在处理水污染方面积累的经验较少，水污染问题甚至比 1948 年立法时更加严重。1956 年国会试图通过修正案弥补 1948 年的《联邦水污染控制法》在实施过程中暴露出来的一些问题。最终，《水污染控制法》经过参众两院多次修改后被通过，经总统签署成为法律。该法案主要在几个方面进行了改进：一是提供了更好的组织和更加雄心勃勃的水污染控制方案。二是联邦政府对州和地方政府在控制水污染方面支持的种类和力度都显著增加，联邦政府对水污染的研究和人员培训不断加强。三是联邦政府将提供给地方政府的贷款改为范围更广的资助拨款，联邦公共卫生局局长有权对任何州、市镇或跨市或跨州机构拨款，用于建设必需的污水处理厂，同时可以根据各州人口、水污染程度和各州财政需要对拨款进行分配。四是提高了联邦政府的执行权，废除了"公共卫生局局长在将水污染违法事件报告给司法部部长时需要经过污染源州的同意，即污染源州享有对联邦管辖的否决权"，不过 1956 年的《水污染控制法》又给执法者造成了另外的障碍，即在通知程序和公众听证会之间增加了一个"会议"，会议的目的是召集联邦机构、州和污染者的代表参加会议，给各州和污染者一次改正错误的机会。但从技术层面来看，1956 年的《水污染控制法》只是 1948 年《联邦水污染控制法》的附属，并没有对其做出较大的修正，水污染控制的主要权力仍然在州政府层面，再次确认了州和地方政府在控制水污染方面的主导权，联邦政府在水污染控制中缺乏应有的参与权和主导权，也没有制定"水污染排放标准"等切实可行、操作性较强的水污染防治法律制度。

1956 年的《水污染控制法》提出的污水处理厂建设拨款方案实施后取得了较好的效果，在地方政府层面也很受欢迎，联邦政府和地方政府的拨款比例达到 1∶4。但新的执行程序却导致了更大的延误，扩大的执行权和执行程序并没有取得预期的效果（Andreen，2003）。1960 年 11 月，肯尼迪当选美国总统后，表达了对环境保护的积极态度，1961 年 2 月他在国会的演讲中指出"国家河流的水污染程度已经到了令人震惊的程度，该引起警觉"。他改变了行政部门的作用，并要求国会在制定法律过程中不仅要增加联邦政府对污水处理厂建设的拨款，还要加强法律的执行力度以消除对国家有重要影响的水污染。此后，联邦政府在 1961 年出台了《联邦水污染控制法修正案》。该修正案主要在几个方面进行了改进：一是大大增加了联邦政府对污水处理厂建设、水污染控制技术研发等方面的拨款。二是扩大了联邦政府管辖水域的范围，从跨州水域扩展到所有美国的"可航水域"（包括沿海水域），无论是干流还是支流，只要排放行为危及人类的健康和福利，就都在治理范围内。三是扩展了污染管辖范围，1956 年的《水污染控制法》规定联邦政府只能介入造成跨州污染的问题，1961 年的修正案则扩大到根据州长的请求，联邦政府可以对州内水污染问题进行管理。四是授权联邦卫生教育福利部部长负责本法，此前的法律将管理权赋予卫生教育福利部下设的部门——联邦公共卫生局，但以往的机构设置难以胜任协调联邦各部级机构、州政府、州水污染控制机构的工作，急需一个更高级或更独立的机构来解决水污染问题，因为国会意识到水污染问题已经不仅仅是一个卫生健康问题，而是涉及公众健康、福利、教育、培训等方面的影响较大范围的事务。总体来看，该修正案虽然较之前法律做出了修改，拓宽和加大了联邦政府管理水污染的权力，但权限仍然较为有限，比如联邦政府对州内水污染的管辖需要由州长提出请求之后才能介入。同时也缺乏有效的手段和执法依据①，依然没有明确地制定出限制或排除水污染的具体标准。

由于美国水污染状况没有得到很好的控制，以及 20 世纪 60 年代持续增强的环境意识和接连不断的环境运动，使得越来越多的公众意识到依靠州政府控制水污染是远远不够的，公众将更多的希望寄托在联邦政府身上②。在这种背景下，国会开始考虑加大联邦政府对水污染的控制力度。国会的态度得到了美国环境法历史上一个领军人物——参议院议员埃德蒙德·缪斯基（Edmund Muskie）的支持。1963 年，以缪斯基为代表的参议院公共工程委员会提交议案，建议联邦政府在卫生教育福利部内建立联邦水污染控制局，同时建议联邦政府对所有跨州水域和可航水域制定水质标准和排放标准。这一议案虽然在众议院遇到了很大阻力，但是得到了时任总统约翰逊的支持。最终国会同意了对受纳水体采用水质标准，但对排放标准留待将来立法确定。这就是 1965 年的《水质法》。1965 年的《水质法》主要在几个方面进行了改进：一是将立法目的确定为"提高水环境的质量和价值，建立一个预防、控制和减轻水污染的国家政策"，从以往的关注水污染到现在的关注水环境质量，这是一个显著提升。二是在该法案制定后 90 日内，卫生教育福利部应设立联邦水污染控制局，主管联邦发起的水污染控制项目和建设拨款项目。三是要求各州政府或州水污染控制机构在 1967 年 6 月 30 日之前制定适用于本州的水质标准，并提交联邦政府审批。水质标准必须达到保证公众健康和福利的目的，考虑到水的用途和价值，水体功能按照饮用水水源、鱼类和野生动物、工业、农业、娱乐等进行划分。如果各州没有制定标准，将由卫生健康福利部部长颁布。1965 年的《水质法》是在 1972 年的《联邦水污染控制法修正案》之

①　1956—1965 年，联邦政府一共针对 37 起违法行为召开了执行会议，其中只有 4 起进入听证会这一程序，最后只有 1 起被起诉到最高法院。

②　许多州政府在"二战"结束之后就开始采用水质标准作为水污染控制的主要手段。到 1963 年，美国共有 11 个州制定并实施水质标准，并将水质标准转化为各个企业执行的排放标准。尽管这一办法符合逻辑，但很多标准在制定过程中都缺乏科学性，且各州制定的标准在严格程度上也相差很大。部分州政府为了吸引工业企业落户发展经济往往采用更为宽松的水质标准。

前改进较大的一部法律，它把之前单纯地进行水污染防治提升到水环境质量改善，把单纯地保护公共健康转变为考虑多种利益（曾睿，2014）。水质标准不再只针对饮用水水源，而是一个复杂的标准体系，以使不同功能用途的水体得到保护。同时，联邦水污染控制局这一新机构的建立，扩大了联邦政府在水污染控制中的作用，给予各州更大数额的拨款用于水污染治理技术研发。但联邦的权力依然非常有限，因为按照1965年《水质法》的要求控制水污染的职责仍主要由州政府承担。截至1971年6月30日，全美只有半数的州政府制定了水质标准。法律虽然赋予联邦政府在州政府不制定水质标准的情况下主导制定水质标准的权力，却没有给予足够的执行权力，执行水质标准的权力主要归属于州政府，如何建立排放源与水质标准之间的关联问题也没有解决，这就导致即使制定了水质标准也无法转化为限制个体排放源的有效机制。更为重要的是法律并未规定任何民事或刑事处罚措施，各州的执法者为保护工业界的利益多选择以合作的方式来取代法律的强制执行。整体而言，由于各州制定水质标准进程缓慢，联邦政府也缺乏有效的干涉途径和执行力，全国的水质改善状况并不理想（汤德宗，1990）。

1965—1972年这7年时间虽然很短暂，但对于美国水污染防治立法来说充满革命色彩（于铭，2009）。美国环境法在经历了20世纪60年代末到70年代初的变革后逐渐走向成熟。《水质法》在1965年10月2日由时任总统约翰逊签署成为法律，但对于该法案，参众两院之间存在较大分歧，最后是在两院相互妥协的基础上形成的。这表明联邦政府对改善美国水体水质下定了决心。由于1965年的《水质法》实施效果并不令人满意，该法案很快被再次修订，这就是1966年《清洁水恢复法》。时任总统约翰逊认为1965年的《水质法》主要存在几个问题：一是水环境管理体制不顺，不应仅仅从人类福利和健康的角度考虑；二是按照行政区域进行水污染控制不合理，应从流域角度进行管理；三是法律缺乏有效的执行机制。针对以上问题，他提出了完善1965年《水质法》的几点建议：一是将美国联邦水污染控制法的主管权力从卫生教育福利部转移到内政部，将政府涉水的管理权（保护、使用和污染控制）归入同一机构；二是创立流域管理机构，以流域为基础制定综合性水污染控制计划和方案；三是加强执行力度，在发生危险时，联邦政府可以直接起诉并赋予公民向联邦地区法院提起诉讼的权利。但最终国会只完成了组织机构的调整和拨款项目的扩大。1966 年的《清洁水恢复法》是美国联邦政府对水污染治理认识逐渐深化，急于改变水污染现状但又没有完全掌握水污染防治规律的一个中间体（赵虹，2015）。该法案虽然进一步扩大了联邦政府在水污染防治上的权力，但由于联邦政府对水污染防治规律未能充分掌握，水污染问题依然很严重。该法案并没有解决 1965 年《水质法》存在的主要问题，不能为水污染控制提供有力法律保证。

1965 年的《水质法》和 1966 年的《清洁水恢复法》极大地扩大了联邦政府在水污染防治中的作用。但水污染事件依然频发，比如 1967 年 Torrey Canyon 号超级油轮漏油事件，1967 年加州萨克拉门托河酸性矿水致鱼类死亡事件，1969 年加州圣芭芭拉海峡石油钻井平台漏油事件，1969 年俄亥俄州凯霍加河燃烧事件等。到了 1970 年，国会和公众已经清楚地认识到，各州政府主导实施水质标准执行较为困难，水质标准一旦制定便成为"名副其实"的污染许可证，且获得批准的标准也都是保护某种用途的最低标准，没有州政府愿意采用较高的水质标准。因此，国会在 1967 年之后提出的几个关于石油污染、酸性矿水污染和湖泊污染的法案基础上，形成了 1970 年的《水质改善法》。该法案代表了联邦政府从 1965 年以来能够达到的最大目标，进一步增加了联邦政府对水污染控制研究项目的支持，还加大了对酸性矿水和湖泊污染的研究和控制力度。同时该法案进一步促进了联邦政府与州政府在水污染控制上的合作，突出表现在许可证的发放上，要获得联邦许可证必须先获得州的认可，这是一个新的进步。但 1970 年的《水质改善法》并没有建立实质有效的控制水污染的制度，仅仅依靠水质标准在实际上等同于承认了污染者有权排放污染，只要其排放没有导致水质超标即可。也就是说，只要水环境容量足够大，能够稀释或降解污染，不超出水质标准就是合法的。另外，在多个污染源同时排放污染的情况下，如何证明到底是哪个污染源造成了水质超标，或者各个污染源对水质超标的贡献率是多少很难确定。联邦政府并没有任何关于污染源排放地点、数量和污染物成分的信息，缺乏执行的基础。所以即使 1970 年 7 月 9 日，时任总统尼克松向国会提交了 1970 年的第三号重整计划，把内政部的联邦水污染控制局、卫生教育福利部的国家空气污染控制局、固体废物管理局合并为美国国家环境保护局（简称美国国家环保局，1970 年 12 月美国国家环保局成为有行政能力的独立机构），1970 年《水质改善法》在水污染控制上依然缺乏足够的可操作性，其对水污染控制的有效性不足。

根据 1970 年联邦政府建立的排污许可证制度，1971 年美国陆军工程兵团颁布了实施排污许可证制度的行政法规。作为排污许可证制度的管理部门其有责任判断排放对航行的影响以及决定是否颁发排污许可证，但必须受到美国国家环保局的监督并满足制定的水质标准。当陆军工程兵团颁发的排污许可证不能达到水质标准时，美国国家环保局可以判定排污许可证无效。由于缺乏必要的污染源排放数据和信息，美国国家环保局无法判断哪些排污行为违反了水质标准。在陆军工程兵团仅颁发 20 个排污许可证之后就被暂停了。

1.1.5　1972 年《联邦水污染控制法修正案》

环境保护与经济社会发展两者是紧密相连的。美国水污染发生的比较早，尤其是第二次世界大战以后，美国的人口剧增，经济迅速发展，传统制造工业的快速发展以及新材料（成百上千的新合成的有机化合物，特别是化肥和杀虫剂）的发明和广泛使用，导致许多的水域遭到极其严重的污染（曹彩虹，2017）。在 1972 年《清洁水法》（*Clean Water Act of* 1972）[①] 通过之前，美国已经有 90% 以上的水域受到相当程度的污染，2/3 的河流和湖泊因污染而不适宜游泳，其中的鱼类不适宜食用。很大一部分的城镇污水和工业废水是不经过任何处理直接排放到河流或湖泊的。此时，水环境保护和水污染治理是地方州政府和部落的内务，联邦一般不予干涉。但 1972 年之前的法律是无效率的，各个州之间缺乏统一的水质标准，执行尺度不同，使得全国性的控制比较困难；各个州在执行过程中被工业界俘虏，环境保护让位于工业发展，环保部门也没有执法的动力；水质污染和污染源之间的关系很难建立起来，对污染缺乏科学的认知，没有专门的环保部门，环保职能附加在公共卫生局、公用事业局内，同时也没有充足的资金和人力来强制执行水污染防治的法律。由于这些问题，水污染情况非常严重，对美国经济造成了很大的影响。最著名的就是凯霍加河的起火事件，当时环境污染状况极为严重，公众对环保的呼声也越来越高（李涛，2018）。

---

　　① 虽然 1977 年才赋予《清洁水法》正式使用的法律地位，但因为 1972 年《联邦水污染控制法修正案》对原有水污染防治法律进行了较大修改，1972 年之后的法律基本上是在 1972 年法的基础上修订的。因此，1972 年《联邦水污染控制法修正案》是美国《清洁水法》的主要内容，一般也将其称为《清洁水法》。

1.1.5.1　美国水环境污染状况在 1972 年之前没有得到有效控制的主要原因

（1）人们对水环境污染的认识不足。美国地广人稀，20 世纪 70 年代以前美国人习惯了自然界充沛的水资源和水环境。在一条河流受到污染而不能作为饮用水水源之后，就直接变为工业废水、生活污水甚至固体垃圾、废油等的下水道。比如，美国中北部俄亥俄州著名的工业城市克利夫兰，在把流经当地的最大河流凯霍加河污染成下水道之后，就在 20 世纪 30 年代改将位于克利夫兰北部的北美洲五大湖之一的伊利湖（Lake Erie）作为饮用水水源。但极具讽刺意味的是，已经成为下水道的凯霍加河正是在克利夫兰流入伊利湖的，伊利湖自身也是重工业城市和美国中北部重要货物集散地的繁忙水道。因此，并没有经过多久的时间，由于严重的工业污染和城市生活污染，20 世纪 60 年代晚期著名的伊利湖由于污染严重被《时代周刊》宣布为生态学意义上的死湖。即便在当时的科学界，也对环境保护和生态平衡的很多基本问题认识不足，以至于并未对一些严重破坏水环境的行为做出及时的反应。

（2）资本的影响。在美国这样的资本经济的社会框架下，资本家追求利润最大化的特点很好地保护了工业界的利益，使得工业废水以竞争性的态势产生并高速发展。一个不对工业废水排放进行控制，不对水污染防治投入资源的工业企业相对于其他具有相似生产工艺、技术水平但同时投入资源进行水污染防治的工业企业拥有足够的竞争性优势和价格优势，最终导致投入大量资源进行水污染防治的工业企业难以在市场上生存下去。或者使得原先投入资源进行水污染防治的工业企业和州政府选择放弃投入资源用于水污染防治进而保护水环境，以便获取相对公平的竞争平衡。由于 1972 年之前美国各州政府关于水环境保护的法律法规大多不够完善并且发展得不平衡，追求利润最大化的资本家和地方政府会将那些污染水环境的工业企业迁移到更少环境管制的地方，也可以说是更容易污染的地方。比如，美国北部的一些州政府开始支持建立最低的联邦标准，因为它们担心南方和西部各州用更加宽松的水环境保护政策来吸引工业企业落户。这样的结果不但使河流和湖泊不断遭受水污染，而且那些已经受到工业废水排放污染的地方也因为担心失去工业发展带来的经济收益，而难以制定严格的水环境保护法律法规。此外，资本对利润最大化的追求也需要政治上的支持，工业界与地方政府背后交织的利益链条使得资本经济在地方上更容易集聚并体现出它的政治力量，这就导致美国地方政府对水污染的管制形同虚设。

（3）缺乏管辖全国的有效的水环境保护法律法规。美国原为印第安人的聚集地，15世纪末相继有西班牙、荷兰、法国、英国等国移民来此定居。18世纪前，英国在美国大西洋沿岸建立了13个英属北美殖民地。1775年，爆发了殖民人民反抗大英帝国统治的独立战争。1776年7月4日，在费城召开了第二次大陆会议，由乔治·华盛顿任大陆军总司令，发表《独立宣言》，宣布美利坚合众国正式成立。在独立战争期间，除了以乔治·华盛顿为首的比较集中的军事力量，合众国当中的成员各自为政，当时的宪法文件《联邦条例》将这个合众国称作一个"友谊的联盟"，并宣称各成员保持自己的"主权、自由和独立"，因此大部分权利都掌握在当地人手中，当时刚成立的美利坚合众国的联邦政府机构形同虚设。战争结束后，国防、外交、对外贸易等国家事务均需要合众国的成员让出部分行政权力和财政资源，建立一个高效的联邦政府。1787年，在费城召开的制宪会议起草了《美国宪法》，于1789年生效，取代之前的《联邦条例》，以此来规范各州政府之间交往的准则。《美国宪法》是迄今世界上仍有效的、最古老的成文法。《美国宪法》的最高目标是赋予联邦政府足够的权力，执行其意志。尽管这部宪法的主要目的是为联邦政府争权，但刚刚摆脱大英帝国殖民统治的这些原殖民地头面人物对于自己新近获得的权力格外珍视甚至敏感。《美国宪法》规定，"宪法未授予合众国，也未禁止各州行使的权力，由各州各自保留，或由人民保留"。各州政府仍然保留了"除了宪法明文规定由联邦政府所执掌的权力和明文否定各个州可拥有的权力之外的所有权力"。由于制定宪法时大范围的环境污染和环境破坏还没有发生，所以相比国防、外交、对外贸易等国家事务，水环境问题并未引起当时联邦政府和社会大众的关注。此后的宪法修正案也基本上沿袭了尊重州权这一原则，各州有权自己管理州内部的大部分事务，联邦政府不得违宪插手干涉。但州政府的内部事务和外部事务在很多情况下并不容易分清楚，宪法亦没有对具体事务的管理进行明确的界定，因而联邦政府和州政府之间的争权在所难免。由于大部分的水体位于某个州的局部地区，水环境质量的问题自然地被当作各州政府的内部事务；同时由于一些河流流经多个行政区域，一些大湖毗邻多个州，联邦政府又在理论上有权涉足跨州水体保护的相关事务。虽然联邦政府涉及各州航运的权力一直毋庸置疑，但在 1972 年之前，联邦政府在水污染控制方面并没有获得足够的权限。这些内容在 1948 年的《联邦水污染控制法》中说得很清楚，联邦政府在控制水污染上只是起到辅助作用，也没有在联邦政府层面制定保护水环境质量的具体目标、方向、排放标准和指导方针。1956—1972 年，虽然另有几部联邦法律对水污染控制法进行了修正，但还是无法从根本上解决水环境污染的问题。在联邦政府不能进场干预的情况下，美国当时几乎所有的州都缺乏完善的法律法规来保护各地的水环境，或者是已有的法律法规由于各种原因不能得到有效的执行。

1.1.5.2　1972 年的《联邦水污染控制法修正案》立法背景

第二次世界大战之后，绝大多数美国公众陷入麻木的状态。社会公众没有意识到将河流和湖泊当作下水道有什么问题；很少有人意识到人们赖以生存的河流和湖泊对常规污染物已经丧失了自净能力，对重金属、有毒有害物质根本没有自净能力；很少有人意识到水体污染对人类健康和水生态安全的危害；甚至某些地方政府认为工业污染是经济发展不可避免的产物，以掩盖和隐藏污染的真相。截至 1972 年《联邦水污染控制法修正案》出台前，美国的水污染状况并未根本好转，尽管水污染防治法经常修订，却并未显著改善美国水体水质。

不断出现的水污染事件使越来越多的人开始关注环境问题，也开始有环保主义者意识到环境问题的症结是污染。1962 年，美国海洋生物学家蕾切尔·卡逊（Carson）女士的《寂静的春天》出版。这本书用通俗易懂的语言描述了杀虫剂等农药对生态环境尤其是鸟类的毒害作用，指控美国化学工业界散布误导政府和社会公众的资料并隐瞒事实真相，而政府官员则盲目地接受化学工业界的不实资料并对杀虫剂的使用后果视若无睹。这本书当时受到了广泛的关注，数十种报纸和杂志纷纷转载。正式出版后，先期销量便达4000 册，到 1962 年 12 月卖出了 10 万册。1962 年的整个秋季，《寂静的春天》都位列《纽约时报》畅销书第一名。该书在引发化学工业界猛烈抨击的同时，也强烈震撼了社会公众，使公众第一次正视"环境"这个在美国国家法律和政策中从未提及的词汇。作为开创人类环境保护事业的启蒙之作，这本书的出版对之后全世界环境保护运动影响巨大，甚至被后人誉为"世界环境保护运动的里程碑"。但在当时，还是未能将美国大众对环境问题的注意力转化为政治上的动力，没有从根本上改变美国水环境快速污染的趋势。因为20世纪30—60年代，对于绝大多数美国大众来说，环境问题还不是他们生活当中最关心的事情。20世纪30年代的经济危机、就业、基本的营养、合适的住房，40年代的第二次世界大战，50年代美国和苏联的"冷战"、核战争的威胁，60年代的越南战争、马丁·路德·金牧师和肯尼迪被暗杀引起的社会暴乱，等等，都使得环境问题无足轻重。

最终使美国大众从水环境污染问题的集体麻木状态中清醒过来的，是俄亥俄州的凯霍加河面燃烧事件。流域范围内著名的工业城市克利夫兰仰仗大湖区的地理优势，工业迅速发展，钢铁炼油等成为这里的支柱产业。20世纪30年代之前这条河流就已经被当地人当作下水道使用，河面上漂浮着木制家具、浮木、树枝等固体垃圾和工业废油，在码头桥隧等垃圾拥塞的地方，遇到火星就容易点燃，成为所谓的"着火的河流"。1969年6月22日，凯霍加河面上一片浮油被火车落下的火星点燃，进而烧着了附近的固体垃圾。火灾半小时之内就被扑灭了，当地公众也没有太过惊讶，毕竟20世纪30年代之后凯霍加河频繁着火。1969年8月1日美国《时代周刊》报道了凯霍加河面燃烧事件，这极大地引起了美国社会公众的注意。《时代周刊》将其描述为"棕褐色，有油性，冒出地下气体，河水是在蠕动而不是在流动"，当地人甚至戏谑地形容"掉进河里的人不会被淹死，而会腐烂"。虽然这次燃烧事件造成的经济损失不超过10万美元，远远低于1952年燃烧事件带来的150万美元的经济损失，但由于人们的环保意识已大大提高，这些文字、图片还是在视觉上和形象上给社会公众带来了极大的冲击。加上知名摇滚乐手兰迪·纽曼（Randy Newman）专门为此创作了歌曲 Burn On，并风靡全美。无奈、悲伤的曲调中夹带着几丝愤怒，凯霍加河面的燃烧成为越来越深刻的环境危机的有力证明，犹如阵阵当头棒喝，要将美国大众从对水环境污染问题的集体麻木状态中震醒过来。凯霍加河面燃烧事件之后的美国，社会各阶层的环境保护意识迅速高涨，从民间到各级政府，很快形成了制止污染、保护环境的共识。根据1970年的调查，美国大众已经将"清洁的空气和水"作为最关心问题的三个事项之一，排名在"种族""犯罪""少年"问题之前，仅次于"停止越战"和"自身经济"问题，民意调查的百分比也从17%上升为53%。1970—1971年，空气和水污染小组委员会（下设于美国参议院公共建设工程委员会）向国会提交了报告：国家在消除和控制水污染的每个重要方面的努力都明显不够，每个州政府建立的水质标准基本上都是滞后的，国家对污水处理厂的投资建设缺乏足够的资金，几乎没有执法的能力。许多河流和湖泊已经被严重污染，那些靠近市区的河道已不适宜于绝大多数的用途，河流、湖泊和溪流正在成为废物弃置场所而不是用来支持人类的生命和健康。到了 1971 年，国会和美国社会大众已经清楚地认识到，州政府主导实施的水质标准即便有联邦的帮助，也没有足够的力量能阻止主要水体的污染。

在寻求变革的社会背景下，不断有新的议案提交到参众两院。但两院议案仍然围绕着"联邦政府和州政府哪个起主导作用""建立怎样的制度确保主导地位实现"两个基本问题展开。以缪斯基为代表的参议院主张联邦政府起主导作用，并对之前的法律做出了颠覆性的修改。第一，扩大法律的适用范围，将"可航水域"定义为"美国水域，包括领海"；第二，一改过去要求各州政府建立水质标准来执行水质管理措施的方法，美国国家环保局将负责制定排放标准并在全国范围内实施，通过工业企业的排放口来进行控制，而不是在水体中进行控制；第三，一改过去修修补补的状态，确立国家污染物排放消除制度，规定任何排污者必须持证排污，否则便是违法；第四，将水质标准作为评价排放标准实施效果的依据，当排放标准无法满足各州政府制定的水质标准时，联邦和州政府可以制定更严格的排放标准；第五，授权联邦行政机关通过行政、民事和刑事手段追究违法者的法律责任，并规定了公民诉讼制度，加强了私人对法律执行的监督。代表工业界利益的众议院则主张延续州政府的主导作用，非常满意州政府在水污染控制上的暧昧态度。最终，经过比其他同期的环境法律更长时间的准备和辩论，美国参众两院在相互妥协的基础上于 1972 年 9 月达成一致，通过了 1972 年的《联邦水污染控制法修正案》。该法案提出来以后，受到了美国全国的大力支持，许多报纸和杂志都刊登出来表示支持，在参议院全票通过，在众议院也以绝对票数通过。但该法案却遭到了时任总统尼克松的强烈反对，因为尼克松担心扩大对污水处理厂的投资、实施排放标准以及赋予联邦政府在控制水污染中的主导权将在很大程度上影响财政①。国会对尼克松的否决反应迅猛，最著名的是参议员

---

① 当时美国正在进行越南战争，财政上比较紧张，同时法案要求使用的经费是尼克松总统预期拨款的 2 倍多。

缪斯基发表的演说："我们能够负担得起清洁的水吗？我们能否负担得起生命赖以生存的河流、湖泊、溪流和海洋吗？我们能够负担得起我们的生命本身吗？这些问题在我们当时破坏水环境的时候没有一个人问过，当我们今天要来恢复水体的时候却有人来担心价格的问题。对这些问题的答案是不言而喻的。"最终，国会在总统否决该法案一天后便以压倒性的优势（参议院中 52 票通过，12 票反对，36 票弃权；众议院中 247 票通过，23 票反对，160 票弃权）推翻了尼克松总统的否决，从而使 1972 年的《清洁水法》正式生效，该修正案颠覆了传统的水污染控制理念，把美国水环境污染控制带入了一个全新的阶段（周佳苗，2015）。

1.1.5.3 1972 年《清洁水法》评价

1972 年的《清洁水法》是美国水污染控制历史上的一个里程碑，该法案的出台彻底改变了美国水污染控制的格局，联邦立法第一次超越各州立法。各州的立法者也必须在联邦立法的基础上制定本州法律，各州从法律的制定者变成了联邦立法的实施者（滕海键，2016）。该法案总结了历次水污染控制法的经验，对以前的立法进行了重组、修订、扩张，同时又根据美国水污染控制的现实需要创立了一些新的制度，从而比较全面地建立了对向美国联邦水域排放污染物进行管制的基本框架。比如，该法案把立法目标确定为"恢复和保持国家水体化学、物理和生物的完整性"。首次规定了美国国家环保局对工业企业和污水处理厂制定排放标准，联邦政府确定了其在水污染控制中的绝对权力。对所有地表水体设定水质标准，任何人或组织都无权向美国的任何天然水体排放污染物，除非得到许可。对点源污染从水质标准管理转向以技术为基础的排放标准管理，国家污染物排放消除制度和以技术为基础的排放标准制度成为控制点源污染的法律制度。该法案的出台，使得工业污染点源在有效逃避法律管理多年后，成为美国水污染控制的重中之重。该法案还规定了水污染管理的行政机制，确定了多种执行方式，行政机关可以对违法者进行行政制裁或通过司法部对违法者提起民事、刑事诉讼，同时还通过具有典型公益性质的公民诉讼制度加强了私立执行力度，对联邦公力执行进行有效补充，构建了完整的执法机制。这些内容都具有划时代的意义，对其他国家构建本国水污染防治的法律体系具有重要的借鉴意义。但是，1972 年的《清洁水法》也有一些不完善的地方。比如，未能考虑非点源污染，对有毒污染物的规定也过于简单等。随着人们对水污染规律的认识逐渐深入，对 1972 年的《清洁水法》的修改也逐渐提上日程，此后几乎每年都有修改，但影响较大的是 1977 年的《清洁水法》和 1987 年的《水质法》。

1.1.6　1977 年《清洁水法》

在 1972 年的《清洁水法》颁布实施后的几十年里，美国水污染控制法的基本框架没有重大的改变，有的只是细枝末节的修改（晋海，2013）。1972 年《清洁水法》要求在国家排污许可证上标明每个排放源必须达到的排放标准和达到标准的最后期限，并以五年为一个台阶，经过两个台阶之后适用较高的标准。同时这种五年上一个台阶的要求与排污许可证的五年有效期契合。第一批排污许可证发放于 1972—1976 年，这一时期美国国家环保局将控制重点放在废水中的生化需氧量、总悬浮固体、油脂、酸碱度等常规污染物及部分金属污染物上。但美国国家环保局未能按照 1972 年法律的要求对有毒物质的排放进行有效管制，导致了美国自然资源保护委员会（National Resources Defense Council，NRDC）对其提起诉讼。该案于 1976 年通过法庭达成了和解，签下了一份历史性的判决书。这份判决书确认了国家污染物排放消除制度需要优先控制的 65 种有毒污染物，要求美国国家环保局尽快制定 21 种重点行业的基于技术的排放标准以解决有毒污染物的排放问题，并确定以《清洁水法》来管理有毒污染物的废水排放。这份判决书的主要内容被整合到 1977 年《清洁水法》的框架中，使这部法律将防治重点放在有毒污染物的控制上（尚宇晨，2007）。

1977 年的修正案被称为《清洁水法》。该法案对污染物控制的重点由常规污染物转向了有毒污染物。这一时期对有毒有害污染物的控制被称作第二批许可行动。1977 年《清洁水法》要求按照"经济可行的最佳技术"（BAT）的排放标准控制有毒污染物，另外制定了与 BAT 处理率相当的"最佳常规污染物控制技术"（BCT）的排放标准。原本由"最佳可行控制技术"（BPT）控制的常规污染物因受到 BCT 的控制而提高到一个新的水平。但 1977 年《清洁水法》放宽了达到排放标准的最后期限，以缓和工业界履行法律的压力[①]。

---

①　因为 1972 年法案制定排放标准时，更多地考虑了排放标准的环境效益而忽视了达到标准的成本，以至于工业企业达标排放的成本过高。

BAT 和 BCT 执行的最后期限都被推迟到 1984 年 7 月 1 日。此外，1977 年《清洁水法》还增加了排污许可证修订、最佳管理实践的改进、预处理标准的设置等内容。该法案还强调，各州承担管理和执行的首要责任，但美国国家环保局拥有强制执法的最高权力。工业企业和城市生活污水处理厂应满足基于技术的排放标准以及由各州实施的更加严格的基于水质的排放标准。

总体来看，1977 年《清洁水法》对 1972 年《联邦水污染控制法修正案》的修改达 70 多处，绝大部分修订都进一步强化了美国国家环保局处理复杂水污染问题的权力，特别是对 21 个主要工业行业的 65 种有毒污染物的控制，后来进一步扩展到涵盖 34 个主要工业行业的 126 种有毒污染物。1977 年《清洁水法》颁布实施之后，美国水体的有毒有害污染物的排放量显著下降。但由于现实困难无法实现 1972 年法案确定的目标，1977 年《清洁水法》推迟了点源的污染排放控制进程，同时对非点源污染依然持放任的态度，没有对非点源污染提出明确具体的控制措施。

1.1.7　1987 年《水质法》

1972 年《清洁水法》关注的重点是点源污染，使工业企业和城市污水处理厂等点源排放符合美国国家环保局制定的国家污染物排放消除制度（National Pollution Discharge Elimination System，NPDES）。在 NPDES 制度下，经过多年的努力，点源排放得到了有效控制，美国的河流、湖泊、沿海水域的水质也得到了提高。调查评估报告显示，不规律的非点源并没有得到很好的控制，大量污染来自非点源污染，NPDES 计划仅应用于所谓的点源而遗漏了大部分非点源污染（来源于扩散和难以监测的污染源，比如地表雨水径流、建筑物和工业企业场所排放的雨水污染、农林业等干扰土地的活动等）。这就使对非点源污染的控制成为国会立法的主要内容，这就是 1987 年《水质法》。

虽然早在 1972 年，《清洁水法》就将点源和非点源污染纳入统一管理范围，但相比点源受控于国家污染物排放消除制度，非点源污染的控制权几乎全部留给了各州政府（于博维，2007）。1987 年《水质法》新增了第 319 条"非点源管理计划"，授权联邦指导各州制定和实施非点源污染管理计划，以解决非点源污染问题。1987 年《水质法》规定，如果各州的不达标水体在实施基于技术和水质的控制措施后，仍未能达到相应的水质标准，美国国家环保局就会要求各州政府对这类水体实施 TMDL 计划①。

1977 年《清洁水法》要求所有排放源所排放常规污染物、非常规污染物和有毒有害污染物在 1984 年 7 月 1 日分别达到"最佳常规污染物控制技术"和"经济可行的最佳技术"的标准，但都没有获得成功。这是因为早期普遍缺乏工业废水处理技术，在有毒有害污染物方面可处理性资料也不足，某些工业行业没有排放限值或者不在管理范围内，导致部分工业行业难以在排污许可证中普遍地应用相应的排放标准。很多情况下，排污许可证编写者只能根据每个排放源的具体情况制定基于技术的排放标准，这就是"最佳专业判定限值"（BPJ）。虽然已经针对很多工业行业制定了排放标准，但制定的标准严重滞后，因此 1987 年《水质法》再次延长了达到 BAT 和 BCT 排放标准的期限，将其延至 1989 年 3 月 31 日。

1987 年《水质法》还加强了对点源暴雨经流排放的监管，制定了控制工业废水和城市暴雨径流排放达到 NPDES 制度要求的新时间表，工业废水和城市暴雨径流排放也要达到与 BCT 和 BAT 相同的排放标准。城市分流制雨水系统要求在最大可行性范围内控制污染物排放。此外，该法案还要求美国国家环保局对污泥中的有毒物质进行鉴定，并进行总量控制。该法案还发布了反降级的规定，禁止对已颁发排污许可证的排放标准进行降级处理（姜双林，2016）。

1987 年《水质法》对建设赠款规定进行了改革，停止了为市政污水和废水处理厂提供基金的捐款计划，用州清洁水循环基金来取代。州清洁水循环基金在帮助各州政府达到《清洁水法》的目标、改善水环境、保护水生生物、保护和修复饮用水水源、保存国家用于休闲用途的水体等方面，都发挥了重要的作用。通过州清洁水循环基金，联邦政府和州政府共同拨款并逐步在各州建立起来，联邦政府为州政府提供年度资金，州政府再以低息贷款的形式发放给各种水质项目。根据规定，州政府设立管理机构，按联邦政府拨款的20% 提供资金。通过联邦拨款，州政府拨款、偿还贷款、债券等，实现资本化运作。贷款通常利息很低（有时甚至没有利息），虽然大部分的贷款都拨到了地方政府，但是也可以发放给商业和非营利性组织，偿还期限长达 20 年。当时大部分的州清洁水循环基金不仅对市政污水收集和处理设施提供融资，也

---

① TMDL 计划指日最大污染负荷计划（Total Maximum Daily Loads，TMDL），这部分内容在第 4 章详细介绍，在此不再赘述。

对城市雨水和非点源管理计划、国家河口计划以及地下水保护项目等提供支持。

总体来看，1987 年《水质法》是通过授权联邦指导各州制定和实施非点源污染管理计划解决非点源污染问题的。为制定雨水处理法规确定了时间表，强化了与水质有关的要求，增强了美国国家环保局的执行力度，为污水处理厂的建设设立了州清洁水循环基金。同时还加大了民事、刑事处罚力度，将构成刑事犯罪的意图要求，从原来的"故意"降低为"明知"，加大了对违法行为的打击力度，以加强法律的强制力。

从 1987 年开始，《清洁水法》又经历了 30 多年，但并没有停止发展的脚步，纳入了许多其他法律的内容，同时也与一些法律加强了联系。比如，收录了美国和加拿大政府共同签订的《大湖水质协议》的部分内容；国会颁布 1990 年《石油污染法》，为确定石油污染的法律责任、清理和处罚提供授权，该法案与《清洁水法》部分章节密切相关，用以解决石油的泄漏问题；1998 年，时任总统克林顿宣布将实施一个全新的《清洁水行动计划》，推行以流域的方法控制水污染，强调流域的功能和条件，将流域目标纳入联邦机构的规划和项目中；2003 年，美国国家环保局为指导各州在水污染控制领域试点水质交易颁布了《水污染交易政策》，通过点源与点源之间、点源与非点源之间、非点源与非点源之间的排污权交易来平衡经济与环境之间的关系；2014 年的《水资源改革和发展法》对《清洁水法》中州清洁水循环基金做出了较大的变革，提供了更加灵活的贷款方式以及更低的贷款利率，并且将偿还周期延长至 30 年。

1.2 美国《清洁水法》主要内容

历史告诉未来。尽管当今美国的水环境仍然面临各种各样的挑战，但《清洁水法》的历史功绩和作用是不容置疑的。正如 2002 年时任总统乔治·布什在《清洁水法》颁布 30 周年纪念会上评价的那样，"《清洁水法》是里程碑式的环境立法，在改善饮用水水质，提高水体、湿地和流域卫生状况方面发挥了至关重要的作用"。据不完全评估，到 2012 年《清洁水法》颁布 40 周年时，该法案每年为美国提供 110 亿美元的收益，在获得良好水环境质量的同时，美国的经济增长了 2.07 倍（谢伟，2018）。总体来看，《清洁水法》

的发展基本上可以划分为两个阶段，第一阶段是 1972 年以前，第二阶段是 1972 年以后。但 1972 年之前的法律是无效率的，鉴于各州政府在控制水污染方面没有取得实质性进展，美国国会制定了 1972 年《清洁水法》，这是美国水环境保护历史上的里程碑。在法律形式上，虽然 1972 年《清洁水法》是 1948 年《联邦水污染控制法》的修正案，但并没有继承后者的基本组成部分，没有试图修补、改正原法或者在原法的基础上发展和引申，而是把原法的框架和语言抛在一边，制定了一个全新的法律。1972 年至今的历次修正案（其中最重要的是 1977 年《清洁水法》和 1987 年的《水质法》），都是在 1972 年法的基础上制定的，最终形成今天的《清洁水法》。在和地方政府、工业企业不断博弈的过程中，控制水污染的权力最终掌握在联邦政府手里，联邦政府可以大刀阔斧地制定一系列的水环境保护政策，在这个法律中确定了美国国家环保局执行《清洁水法》的权利和义务，同时也为美国国家环保局制定一系列政策铺平了道路。下面将对美国《清洁水法》的主要内容进行介绍。

1.2.1　跨越州权障碍

1972 年《清洁水法》首要解决的问题是，实现联邦政府主导水污染控制的管理权限，并使之合法化。按照最初的《美国宪法》对国家权力的规定，联邦政府和州政府相互独立，联邦政府负责管理州际事务和超越各州职权范围的事务，比如国防、外交、对外贸易等，所有没有规定的事务均由各州自行管理。这样的权力划分使得水污染控制的管理权自然落到了州政府手中。随着水环境问题不断加剧以及社会公众对水环境问题的关注，由联邦政府主导的呼声越来越高。《美国宪法》的商业条款规定，"国会有权管理同外国的、各州之间的和同印第安部落之间的商业"。随后吉本斯诉奥格登案更加广义地解释了联邦政府的商业权力，使得联邦有权管辖州际的商业行为或对州际商业性交往产生影响的水域。1899 年制定的《河流和港口法》有效地保护了州际和国际商业活动，规范了向州际贸易的河流和港口排放废物的行为，并确定了"可航水域"，随后被《清洁水法》使用。通过法律调整，联邦政府的管理权从跨州水域扩大到所有美国"可航水域"。

因为水是可以流动的，排放到美国任何水域的污染，都可以从一条不能航运的溪流进入支流进而进入更大的水体，最终可能影响到其他州的水体水质和州际商业活动（贾颖娜，2016）。"可航水域"这个概念在1972年《清洁水法》中进一步扩大了适用范围，涵盖了所有水文学上有关联的地表水体。这样，联邦政府在水污染控制方面的管理权在理论上扩张到了几乎所有的地表水体。最近几十年随着水环境管理的需要，"美国水域"逐渐扩大到水陆交接的地域（湿地）。至此，联邦政府超越州政府，拥有了所有地表水体的管理权。

1.2.2 雄心勃勃的立法目标

水环境保护的立法目标是法律内在价值的体现，是水环境保护相关政策体系的价值取向，代表着一个国家期望社会生活做出什么样的改变。承载着这一核心作用，水环境保护的立法目标影响着政策体系的方向和效果，同时也是设计其他政策手段、管理制度的依据，处于政策体系的最顶层。由此可以看出，立法目标代表着一部法律的出发点和价值取向，是法律先进与否的重要标志，也是指导制度建设的方向性标杆。

《清洁水法》第101条就明确指出了水环境保护的国家目标，即"恢复和保持国家水体化学、物理和生物的完整性"。作为法律内在价值的体现，该目标清晰、明确，站在生态系统的高度将生态系统的完整性作为法律追求的终极目标。这是一种史无前例的说法，也是一个很高的目标，"完整性"可以理解为没有任何污染的，就是要保持水体原来的、不受人类活动干扰的自然状态。这样的立法目标让人瞠目结舌，在刚提出来的时候也引起了很多争议。即使是被认为走在美国环境保护最前沿的加州，宣称对水环境的治理要考虑到水体用途和价值等，也明显低于该目标。考虑到水环境治理的难度和所需要的时间，讨论《清洁水法》立法目标的可行性似乎并不具有现实意义。但它表明了《清洁水法》的立法意图和立法精神，以及所要实现的基本价值和使命。

为了实现这一目标，《清洁水法》又衍生出两个有明确时限的国家目标：①到1985年底实现污染物的零排放；②到1983年使那些可能的水域达到保护鱼类、贝类和其他野生生物的生存和繁殖，满足居民休闲娱乐的水质标准，即"可钓鱼""可游泳"。这两个目标被看作实现水体化学、物理和生物完整性的中期目标。虽然到今天为止这两个目标都没有实现，但美国并没有因为没有实现目标而受到指责。相反，公众意识到了水污染是一个很严重的问题，需要做出更大的努力。它清楚地表达了美国在水污染治理方面的最终意向：在水质上，直至满足水体化学、物理和生物的完整性；在排放上，不断降低排放水平直至"零排放"。因此，《清洁水法》得到了公众的大力支持，为美国水环境保护工作指明了方向。

除此之外，还设立了五项国家政策，以促使目标的实现。一是禁止有毒污染物的排放；二是对受污染的水体制定水质管理计划；三是大量建造污水处理厂；四是提高研究能力和示范项目；五是控制非点源污染。这些政策最终被具体细化为各项管理制度，这样，《清洁水法》的立法目标就不是空洞的口号，而变成了被公众寄予希望的价值追求。整个目标体系呈现金字塔式的逻辑结构：管理制度支撑国家政策，国家政策支撑中期目标，中期目标支撑立法目标，形成严密的逻辑体系（于铭，2009）。

1.2.3　国家污染物排放消除制度

受到以凯霍加河面燃烧为代表的众多水环境污染事件的刺激，美国国会达成一种共识：在管理上不能再依赖地方政府，要立即、全面地实行由联邦政府主导的国家污染物排放消除制度，以确保美国的水体不再受到严重污染。在 1972 年《清洁水法》中，新确立的点源水污染排放控制管理机制——国家污染物排放消除制度成为美国控制水环境污染的核心制度（张震，2017）。

根据 1972 年《清洁水法》，任何人或组织都无权向美国的任何天然水体排放污染物，除非得到许可。所有点源排放都必须事先申请并获得由美国国家环保局或得到授权的州、地区、部落颁发的 NPDES 下的排污许可证，同时其排放必须严格遵守排污许可证的规定，否则便是违法[①]。排污许可证的管理机构可以依据法律，撤销违反要求的点源的排污许可证。排污许可证每五年更新一次。

NPDES 是一个复杂的系统，不仅包括排污许可证，还包括如何制定排放标准以及确保排放标准如何通过排污许可证制度落实。具体而言，NPDES 的

---

① 1972 年之后，所有点源排放源都要遵守《清洁水法》的规定，由联邦政府签发排污许可证并监督执行，同时违反排污许可证的行为将由联邦调查局进行审查，由联邦政府司法部检察官起诉，并在联邦地区法院审理。

主要内容围绕以下思路展开。首先，从政策的顶层开始，美国国家环保局制定水质基准，水质基准中明确了水质标准的科学基础。各州以美国国家环保局的水质基准为参考，制定州水质标准并明确水体要达到的水质目标。其次，美国国家环保局制定全国统一的排放控制要求——排放限值导则。排放标准或者基于技术制定，或者基于水质制定。基于技术的排放标准是排放限值导则，基于水质的排放标准是日最大污染负荷计划或水质标准。再次，对于受损水体，美国国家环保局制定了一系列的督促措施，要求州政府上报受损水体清单并为受损水体制定 TMDL 计划，督促州进行水质达标管理。最后，联邦或州的排污许可证编写者将基于技术的或基于水质的排放标准写入排污许可证中，排污许可证是实施排放标准的落脚点。美国国家环保局或被授权的州政府为污染源颁发排污许可证。

经过简化的 NPDES 系统如图 1-1 所示。整个系统可以划分为目标、排放标准的制定、排放标准的实施三个层次。目标有两个维度——维护水体水质和促进技术进步，排放标准的制定是指根据排放限值导则、水质标准或 TMDL 要求制定具体点源的排放标准，排放标准的实施是通过实行排污许可证制度将排放标准落实到具体点源。

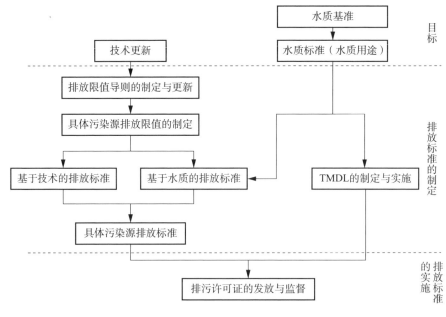

图 1-1　美国 NPDES 系统简图

1.2.4　排放标准的制定与实施

为了确定排污许可证中的排放标准，美国国家环保局建立了两套排放标准体系——基于技术的排放标准和基于水质的排放标准。这两套排放标准体系对于排污许可证制度来说至关重要，它们将排污许可证中的排放标准、技术进步速度和水质要求联系起来，保证了排放标准的合理性。从目标层次来看，基于技术的排放标准对应着《清洁水法》中"零排放"的目标，基于水质的排放标准对应着《清洁水法》中"可钓鱼""可游泳"的目标。两套标准体系反映了《清洁水法》要达到的美国水环境国家目标，也反映了立法者希望以稳健的方式达到立法目标，既要尽快制止水污染行为，恢复水环境质量，又要尽可能避免伤害经济的发展。《清洁水法》要求制定阶段性的、先低后高的技术标准，从经济上促使排放源朝降低污染的方向走，并用执法手段遏制超标排放和偷排漏排行为。

基于技术的排放标准是全国性的，公平地对待分布在全国各地的排放源，并防止地方政府可能以过分牺牲环境的代价来发展地方经济。根据 1972 年《清洁水法》，美国国家环保局为污水处理厂制定了"二级处理"标准，并要求在 1977 年 7 月 1 日前达到。要求工业排污者要在 1977 年 7 月 1 日前达到 BPT 的排放标准，在 1983 年 7 月 1 日前达到 BAT 的排放标准，要求排污者继续改善排放水质。对于在行业技术排放标准颁布之后新建的工业企业，需要执行"新源绩效标准"（New Source Performance Standards，NSPS）。然而，美国国家环保局未能在法案规定的时间内完成所有排放限值指南的编写，另外，已经颁布的指南中也没有充分重视和强调有毒污染物的排放问题。为此，1977 年《清洁水法》修改了 BAT 要求的适用范围，规定其只用于非常规有毒污染物，同时要求对常规污染物应用 BCT。BAT 和 BCT 执行的最后期限都被推迟到 1984 年 7 月 1 日。1987 年《水质法》再次延长了达到 BAT 和 BCT 排放标准的期限，延期至 1989 年 3 月 31 日。纵观基于技术的排放标准的改进过程，《清洁水法》规定了各种标准的截止时间，但由于技术和行政上的困难，绝大多数截止时间都被推迟。尽管排放标准的制定存在很多的困难，但美国在水环境污染控制方面还是取得了很大的成就，美国绝大部分直接排放到地表水体的污染源在一个不太长的时间内得到了初步的控制，只能在排污许可证各项排放标准的限定下进行排放。

通过基于技术的排放标准，美国的点源污染排放得到了基本控制，但一些水体仍不能完全满足水质标准的要求。为了进一步改善水环境质量，恢复和保持国家水体化学、物理和生物的完整性，达到"可钓鱼""可游泳"的水质标准，美国国家环保局要求为排放源设定更加严格的、基于水质的排放标准。可以看出，美国点源水污染物排放标准从基于技术的排放标准，演变到基于水质的排放标准，对水环境的生态要求远远超过对处理成本的考虑，朝禁止污染物排放的方向前进了一大步。简单地讲，美国对点源污染排放的依法管理是在对排放源的理解和接受程度不充分、处理污染物的设施建设和技术能力不充足、排放标准制定不及时的开始阶段，先通过NPDES排污许可证进行初步的控制，之后在实施过程中不断增强，在各种条件都已经足够改善时，对排放源进一步严格管理——实施基于水质的排放标准。

1.2.5 日最大污染负荷计划

日最大污染负荷计划（TMDL 计划），指在满足水质标准的条件下，水体能够容纳某种污染物的最大日负荷量①。它包括污染负荷在点源和非点源之间的分配，同时还要考虑安全临界值和季节性变化等因素。TMDL 的最终目标是使受损水体达到水质标准，通过掌握流域内点源和非点源污染物的浓度和数量，引导整个流域执行最好的流域管理计划。TMDL 是为恢复受损水体水质制定的。根据国家 NPDES 的要求，对所有点源实施基于技术的排放标准，根据各个水体的水质标准实施排放。对于已受损的水体，如果排入这个水体的点源在实施基于技术和水质的排放标准后还是不能恢复，就要对这个水体的流域实施 TMDL 计划，为这个水体制定针对点源和非点源的污染负荷。有了这个污染负荷之后，TMDL 计划就必须在这个基础上为点源排放制定相应的排放限值。在贯彻《清洁水法》的过程中，各地根据本州水

---

① Daily，也就是说日时间尺度。按照保障人体健康和水生态安全的要求，水体中污染物浓度任何时刻都不能超标。以重金属、有毒有害物质、pH 值、致病细菌为例，一年 365 天即使 364 天所有污染物指标均达标排放，但只要有一天严重超标就会对人体健康和水生态安全带来很大影响。但是美国国家环保局并不是针对所有的污染物都是如此，对于那些不是有毒的污染物（比如营养物质），可以有稍微长时间的平均。比如泥沙沉积物，只是季节性的，也是允许较长时间的。

质标准实施的排放标准先于 TMDL 计划，形成实施基于技术的排放标准、实施基于水质的排放标准和实施基于 TMDL 计划下的水质排放标准依次递进的三个步骤。TMDL 计划成为在执行基于技术的排放标准和基于水质的排放标准之后继续前进的一步，是水污染防治的"收官"阶段①。可见，TMDL 计划是在点源已经被严格控制并且执行了 NPDES 排污许可证各项要求的基础上建立起来的一项帮助受损水体达到水质标准的污染物削减计划。

1.3　美国水环境保护其他相关法律

1.3.1　其他相关联邦法律

除了《清洁水法》，联邦政府层面还有许多与水污染防治相关的法律。

《联邦杀虫剂、杀菌剂和灭鼠剂法》（*Federal Insecticide, Fungicide and Rodenticide Act*，FIFRA）是美国 1947 年通过的一部综合性法律，至今已经过多次修订。该法案建立了针对农药及相关产品的标示程序，对有可能污染水体的杀虫剂做了罗列式规定，并要求企业、个人减少使用这些杀虫剂，以降低对人体健康造成的损害和对水体带来的环境风险。

《资源保护和回收法》（*Resource and Conservation and Recovery Act*，RCRA）是美国在 1967 年制定的一部法律，该法案制定了对非危险废弃物和危险废弃物的管理方式，授权美国国家环保局对有害废弃物实施从排出到最终处理的全程监控管理，同时授权美国国家环保局可以在紧迫情况下采取紧急措施。该法案中构建的固体废物对土地污染的预防机制客观上也预防了因土地污染而可能发生的水体污染。

《有毒物质控制法》（*Toxic Substances Control Act*，TSCA）通过对化学物品和农药等的生产、流通及使用进行监控来实现对水体的保护。该法案授权美国国家环保局制定有毒物质管控工作框架，包括对有毒化学物质的运输、生

---

① 以加州塔匹耳城镇污水处理厂为例，在实施基于技术的排放标准时，要求硝酸盐的排放达到 21mg/L。之后实施基于水质的排放标准，要求达到 8mg/L。由于该污水处理厂在本州 303（d）氨氮类黑名单上，所以根据 TMDL 计划的要求，该污水处理厂硝酸盐的排放浓度将只允许达到 1mg/L。

产、储藏、使用的风险评估，以及制定规避有毒化学物质风险的各种预案（宋国君，2020）。

《安全饮用水法》（*Safe Drinking Water Act*，SDWA）是美国在1974年制定的一部水资源保护法，目的是通过对美国公共饮用水供水系统的规范管理，确保公众的健康。该法案于1986年和1996年进行了修订，要求采取公共供水系统监督、地下灌注控制、唯一源含水层等计划和行动以保护饮用水及其水源。该法案授权美国国家环保局建立基于保证人体健康的国家饮用水标准以防止饮用水中的自然的和人为的污染（刘敏欣，2017）。

《清洁空气法》（*Clean air act*，CAA）于1970年首次通过，该法使得联邦政府在空气污染治理中的角色发生了巨大变化。通过该法，政府治理空气污染的权限在很大程度上得到了扩展。1970年《清洁空气法》实现了污染防治战略上的三个重大转变。第一，该法促使了国家层面的工作重点从敦促各州开展污染防治项目到制定和强制各州实行全国环境空气质量标准的转变；第二，该法指导了环保部门识别污染物和污染源，并确定了这些污染物的级别标准以更好地保护公共健康和福利；第三，该法认为当时的污染治理技术是无法满足联邦政府发布的标准的，所以要求各行业都研发适合自身的污染治理技术。此后，《清洁空气法》经历了多次修订。1977年《清洁空气法修正案》补充了预防清洁地区的空气质量严重恶化的专章，制定了最佳可得控制技术、可用控制技术、最低可实现排放率等来控制固定源的排放。1990年《清洁空气法》修正案提出了对污染防治技术的分行业要求、移动污染物排放的新标准和清除有害空气污染物等（环境保护部环境监察局，2018）。《清洁空气法》与水污染防治相关的内容主要是控制大气沉降。

《综合环境响应、赔偿和责任法》（*Comprehensive Environmental Response Compensation and Liability Act*，CERCLA），也称为《超级基金法》（*Superfund Act*），是美国政府为了清理危险废弃物、被有毒有害物质污染的环境而制定的一部法律。该法授权美国国家环保局清理和治理对美国公众健康和自然环境造成或者潜在造成影响的有毒有害物质，同时要求排放有毒有害物质的责任方消除影响，其中包括对地下水的污染影响。该法还规定在找不到施害方时，可以借助超级基金来清理受影响的区域。

1.3.2　《安全饮用水法》

美国饮用水管理是水环境保护的重要内容，相关的法律法规很多，但主要是《安全饮用水法》和《清洁水法》。概括地讲，《安全饮用水法》主要针对饮用水、地下水排放和向公众提供饮用水。《清洁水法》与《安全饮用水法》相对，管制向地表水排放的点源，支持污水处理厂的建设和运行以及保护地表水。两部法律有明显的重叠区域，但《安全饮用水法》作为一部独立的法律，重点关注与饮用水安全相关的公共健康，而《清洁水法》的目标较为广泛，包括饮用水、工农业用水、生物栖息用水、娱乐用水等。考虑到《安全饮用水法》的重要性，下面单独对《安全饮用水法》的发展历程和主要内容进行分析。

1.3.2.1　《安全饮用水法》发展历程及主要内容

美国饮用水管理主要分为四个阶段：1974 年之前、1974—1986 年、1986 年修订、1996 年修订。

（1）1974 年之前。早在 1652 年波士顿就建立了公共供水系统。到了 1800 年，有 17 个市也建立了相应设施来保障饮用水安全。1798 年公共卫生局开始研究饮用水污染引起的疾病。1894 年《州际检疫法》授权联邦政府制定饮用水方面的法律以防止外来疾病扩散。20 世纪初，鉴于大量伤寒症和其他疾病的暴发，各州开始制定公共卫生计划以保障饮用水供应。到 20 世纪中叶，科技的创新推动了工业化发展，不断增加的化学品使用使得科学家不仅关注微生物污染，而且关注化学污染。各州建立起公共卫生部门作为管理机构，并采用水源保护、污染物处理、设计良好的配给系统等"多重屏障方法"防止饮用水被污染，同时各州卫生专家和工程师从源头到水龙头对供水系统各个部分进行检查。1970 年，美国国家环保局作为一个独立机构成立，饮用水从公共卫生局转由美国国家环保局负责，对水污染的控制也从内务部的联邦水污染控制局转移到美国国家环保局。

（2）1974—1986 年。20 世纪六七十年代，美国进行了几个关于饮用水质量的调查。1969 年公共卫生局的一份研究表明，只有 60% 的被调查供水系统的饮用水完全符合标准，超过半数被调查设施存在消毒、净化或配给系统压力不足等重大缺陷，小型系统存在更多问题。这引起了公众的关注，促使联邦启动了一项全国性的调查以详细地摸清饮用水质量。该调查显示，全国范围内饮用水普遍受到污染，特别是受到合成有机物的污染，大城市的污染问题尤其令人担忧。公众对饮用水问题的关注促使国会在 1974 年制定了《安全饮用水法》。该法案的目的是确立一个全国性的强制标准，以确保饮用水提供者监测他们的饮用水使之符合国家标准，并提出公共供水系统监督计划、地下灌注控制计划、唯一源含水层计划。

（3）1986 年修订。1974—1986 年，各州的重点是卫生调查、现场工作、操作人员认证和培训，但多数供水系统并没有要求对有机化学污染物进行监测。国会担心美国国家环保局在制定微生物污染、有机合成化学物质和其他工业废物方面的标准上进度太慢，在 1986 年修订案中规定了标准设定的最后期限。该修订案要求美国国家环保局在 3 年内对 83 种污染物进行管制，并对所有公共供水系统进行消毒和过滤，并要求美国国家环保局每 3 年管制 25 种污染物并为受管制的污染物制定最可行的处理技术。此外，该修订案还提出地下水保护计划，包括源头保护计划。美国国家环保局的研究表明，以源头保护的方式预防污染，所需费用仅为社区治理投入的 1/200。1986 年修订案取得了一系列成果，同时也增加了州饮用水计划的监管责任（更高的监测要求和监测频次），给供水系统带来很大压力。州的财政和人力资源有限，无法进一步满足所有要求。

（4）1996 年修订。《安全饮用水法》1996 年修订案解决了大多数利益相关者关心的问题。

①解决了现有监管构架负担沉重的问题。1996 年修订案要求美国国家环保局每 5 年至少审查 5 种污染物，审查完成后可自主决定是否对某种污染物进行管制，污染物遴选程序立足于科学研究。第一，美国国家环保局必须决定对哪些污染物进行管制，这一步骤有助于评估污染物，以决定是否对该污染物进行管制或采取预防措施，并按照优先权制定污染物浓度限值。第二，美国国家环保局使用经同行验证最可行的科学理论和研究方法，以确定未制定标准的污染物的优先管制次序，影响因素包括污染物在环境中的出现频率、人体接触情况、检测分析方法、技术可行性以及标准限值对供水系统和经济的影响。第三，美国国家环保局发布最终标准限值。美国国家环保局根据污染物和人体健康的关系做出管制决定，并制定饮用水中污染物浓度限值、处

理技术以及监控要求。制定的标准必须进行成本效益分析并向公众公布翔实易懂的信息。

②通过建立州饮用水循环基金解决公共供水系统基础设施以及州计划管理所需资金问题。各州可通过竞争获得联邦援助，不符合某些要求的州可能会被扣压一部分基金配额。美国国家环保局根据配额向各州提供贷款基金，各州再将基金借给社区供水系统以改善基础设施，之后供水系统将偿还贷款基金并再次获得新的贷款基金。各州必须每年制定"预计使用计划"用于州饮用水循环基金的申请，该计划用来鉴定符合条件的项目，包括关系到最严重人身健康风险的项目、最需要基金援助的项目等，这一计划的制定要求公众参与。对于并未研究出现有饮用水供水系统问题解决方案的州，美国国家环保局必须扣留 20% 的基金，此外各州不能向缺乏相应能力或不符合饮用水标准的供水系统提供基金援助。

③通过公众参与解决公众获取饮用水信息不足的问题。1996 年修订案扩大了法案的知情权条款，鼓励美国国家环保局通过消费者信心报告促使公众广泛参与，尤其是水源评价计划和水源保护计划（巩莹，2010）。"预计使用计划"在各州解决基础设施需求和州饮用水循环基金拨款优先权问题上为公众提供发表意见的机会（李丽平，2015）。1996 年修订案也认可教育消费者的重要性，要求供水系统每年 7 月 1 日提交消费者信心报告，该报告为消费者提供有关供水水源、监测结果以及检出污染物对人体健康影响等方面通俗易懂的信息。

④整合饮用水保护所有计划。该修订案特别强调预防的重要性，预防污染是确保饮用水安全的最经济有效的手段之一。地下水和饮用水办公室认识到水源的质量是饮用水安全和成本大小的决定因素，因为一旦水源受到污染，就要付出高昂的治理成本或更换水源才能将安全的饮用水输送给用户，同时将治理成本转嫁到每个用户身上（郑春苗，2012）。1996 年修订案提出水源保护计划，并鼓励美国国家环保局地下水和饮用水办公室对所有计划进行整合，这有助于地下水和饮用水办公室实现它的使命，即保护公众健康。保护公众健康是联邦和州政府制定公共供水系统监督计划、地下灌注控制计划、唯一源含水层计划、水源保护计划的共同目标，这些计划的整合能够更有效地保护现有和潜在饮用水水源。这些计划密不可分，公共供水系统监督计划

用于确保供水系统为公众提供安全的饮用水，其他计划用于保护水源，从而增强供水系统实现公众健康目标的能力，而保护的水源正是监督计划中的饮用水水源。

1.3.2.2　饮用水标准

（1）发展历程。美国的饮用水标准最早颁布于 1914 年，是人类历史上第一部具有现代意义、以保障人体健康为目标的标准体系。1914 年，当时的公共卫生局针对饮用水中的致病微生物制定了标准，但这个标准主要控制肠道传染病在州际的传播。随后该标准于 1925 年、1946 年被修改和补充。至 1962 年，形成了一个有 28 个指标的最终标准。至此，美国 50 个州均采用了此标准或将它作为水质指南。1974 年，美国国家环保局对全国公共供水系统制定了强制执行的《美国饮用水水质标准》。20 世纪 80 年代以后，由于人工合成有机物及农药对环境的污染增加，国会认为原标准在以水为传播媒介的微生物疾病的风险控制上存在缺陷，于 1986 年进行了修订。修订的主要内容为：制定 83 个污染物的最大污染浓度和最大污染浓度目标，并对病原体、消毒副产物等提出最佳工艺处理要求。1996 年，由隐孢子虫引发的肠道流行疾病的暴发促使美国第二次对饮用水标准进行重大修订，重点考虑消毒副产物致病风险与肠道致病微生物风险之间的平衡。修订的主要内容为：所有供水系统必须每年向公众提供其供水水质和水源水质报告；政府每年为提高水质向供水企业提供专项贷款；美国国家环保局收集供水企业水质数据，以利于今后制定饮用水标准等。此后又进行了几次修订。

（2）主要内容。美国饮用水水质标准包括发布于 1975 年的国家一级饮用水管理条例（或一级标准）和发布于 1979 年的国家二级饮用水管理条例（或二级标准），之后不断修订，体现最新的饮用水研究。前者是法定强制性标准，对已知的在公共供水系统中出现的对人体健康有害的污染物浓度进行限制进而保护饮用水，包括了各种污染物最高浓度（MCL）和最高浓度目标（MCLG）、对健康的潜在影响以及饮用水中可能的污染来源。后者是非强制性标准，用于控制水中对皮肤、牙齿等美观或对色度等感官有影响的污染物浓度，各州可选择将其作为强制性标准。美国饮用水标准是一个随着监测技术发展以及突发事件出现而不断发展和完善的动态过程。按照《安全饮用水法》要求，美国国家环保局基于人体健康考虑设定的目标是完全基于人体健康的指标体系（MCLG），指对人体健康无影响或预期无不良影响的水中污染物浓度，是一种非强制性公共健康目标。但是根据目前的认知以及科技水平和经济因素，还设定了一个强制性的 MCL，是供给用户的水中污染物最高允许浓度。MCLG 规定了适当的安全限量，确保略微超过时对公众健康不产生显著影响。比如饮用水标准中苯并芘的浓度应为 0，但根据目前的科学及技术水平并考虑经济等诸多因素，实际设定的最大浓度是 0.0002mg/L。

1.3.2.3　饮用水水源评价计划和水源保护计划

（1）水源评价计划。水源评价计划是联邦强制性要求的。《安全饮用水法》1996 年修订案要求各州在获得批准后制定并向美国国家环保局提交和实施水源评价计划（SWAP），并要求各州必须在美国国家环保局批准计划后的规定时间内完成对所有公共供水系统的评价工作。各州必须设法使公众参与 SWAP 的制定并在完成评价后向公众公开对公共供水系统的评价结果，SWAP 的核心目的是为制定、实施和完善水源保护区的水源保护措施提供依据。为获得美国国家环保局批准，提交的 SWAP 必须包括四个部分：公众参与制定 SWAP 计划、水源评价计划采用方法、向公众公开评价结果的要求、州如何实施 SWAP 计划。

①公众参与制定 SWAP 计划。《安全饮用水法》规定："各州必须在提交 SWAP 计划之前通知公众并鼓励公众通过技术咨询委员会的形式发表意见。"其目的在于通过公众参与获得公众支持以减轻对地方供水所肩负的责任。委员会成员包括公共利益团体（如江河流域组织）、公共卫生团体（如医疗队）、企业集团（如农药制造商）、当地政府、不同类型和规模的饮用水供应者、污水处理厂、各类污染源经营者等。美国国家环保局鼓励各州在进行评价时征求委员会的意见，评价完成后委员会为州内的利益相关者提供有价值的链接，以便公众查阅评价信息及结果。

②SWAP 计划采用方法。以水源评价作为地方保护饮用水的基础，为饮用水的潜在风险提供重要资料，同时当地机构可以此对保护活动进行排序。水源评价资料结合其他流域评价工作，通过确定与水质相关的威胁，可以帮助供水系统解决这些威胁的优先保护项目。通常，水源评价包括以下三方面内容。

第一，水源保护区划定。地表水保护区的划分依据是地形学边界，包括公共供水系统取水口上游的整个流域面积，至州边境。地下水保护区的划分依据美国国家环保局《井源保护区划分手册》和井源保护计划所认可的方法。

第二，区域内重大潜在污染源清单编制。首先，关注一级标准中污染物以及可能对公众健康产生威胁的非管制污染物；其次，根据污染物识别潜在污染源并填写清单。清单必须详细描述污染源的具体位置或区域，潜在污染源包括 NPDES 计划的排放源、有毒物质释放量清单场地、地下储罐、使用超级基金的危险物质泄漏现场以及预计未来可能出现的点源和非点源等。

第三，供水系统对清单中所列污染源的易感性测定。易感性即供水系统从清单中所列污染源处取水，致使其污染物浓度引起危害的可能性。易感性的测定必须综合考虑水文和地质条件、污染物固有特性（毒性、迁移转化规律）、潜在污染源的特征（位置、释放的可能性以及削减措施的有效性）。易感性测定可能是对公共供水源潜在污染物的绝对值测定，也可能是保护区内污染源之间的相对值测定。

③向公众公开评价结果的要求。《安全饮用水法》要求各州必须向公众公开水源评价结果。为使提交的水源评价计划获得批准，州必须说明如何确保在得出评价结果后，直接或通过授权实体将评价结果迅速向公众公开，并允许公众以各种形式获得易于理解的简要报告。每年一度的消费者信心报告是发布评价结果或公布其有效性的最有效的方式，该报告让消费者了解饮用水的信息并获得介入保护水源的机会。同时，通过消费者的水费单、当地图书馆、市政府办公室或电话和网络都可以获取评价结果。

④州如何实施 SWAP 计划。为使提交的计划获得批准，州必须拟定一个实施和完成评价的时间表。提交的计划拟定实施和完成评价的时间必须限定在美国国家环保局批准州计划后的两年内，但最多可延长 18 个月，因此自美国国家环保局首次批准州计划至州完成评价的时间最长为三年半。各州还需要考虑评价计划资金的可获得性以及如何利用计划分配资源，同时需要阐述如何与地方利益相关者建立协调关系。各州在提交的文件中还要说明如何周期性地向美国国家环保局报告工作进展、资金使用情况以及评价工作预留资金使用情况。在最终的水源评价完成后，美国国家环保局建议对评价进行定期复查和更新，以应对水源保护区内的变化调整或新的活动。

（2）水源保护计划。水源评价完成后，其结果用于饮用水保护。水源保护计划是《安全饮用水法》1996 年修订案的重要条款之一，条款给出了确定和保护所有饮用水水源（地表水和地下水）的措施。水源保护计划并不是联邦强制要求的，州政府可以在水源评价基础上执行管制或非管制保护计划。虽然水源保护计划不是联邦级的法规，但联邦政府也有很多对饮用水水源地的保护计划。美国国家环保局建议将水源评价计划与井源保护计划、地下水保护计划、公共供水系统监督计划、地下灌注控制计划、唯一源含水层计划，以及流域、非点源、农药、废弃物和其他已经制定的计划综合起来考虑，这样有助于各州和地区制定最有效的水源保护计划，以避免代价高昂的污染事件发生。美国国家环保局和其他联邦机构管理的许多项目，都可以用来保护水源，特别是地表水。由美国国家环保局管理那些在《安全饮用水法》和《清洁水法》控制下的项目。其他管理相关项目的联邦机构包括农业部、交通运输部、内务部、美国地质调查局等。

①地表水水源保护。《安全饮用水法》和《清洁水法》在保护作为饮用水的地表水时有重合的地方。清洁水行动计划和流域方法的概念被当作了水源保护计划及它的所有组成部分的保护伞。清洁水行动计划于 1998 年由总统倡议，目的是通过在所有影响水体和水体所维持的社区活动中建立协作战略，以保障公众健康和恢复国家水体。清洁水行动计划规定了联邦、州以及私营合作伙伴的合作关系，它为保护和修复重点流域提供了战略合作平台，在确定水域修复和保护的优先次序时对公共卫生和水生生态系统的目标进行综合考虑。该行动计划优先分配需要保护的饮用水水源区，州、环保组织、公众必须统一行动。在这个过程中，将评价流域的水环境，找出那些最需要优先恢复的流域，并确保所有适当的利益相关者参与。

地表水饮用水水源的保护受益于《清洁水法》的两大计划。如前文所述，《清洁水法》对于点源的控制方式是使用 NPDES 排污许可证，通过排污许可证监测、记录、报告以及禁令、罚款、刑事监禁、追加环境项目等强制性措施，使得联邦和授权的州政府对点源实现了有效控制。排污许可证以保护人类健康和水生生物为目的，其相关的监测要求为水源评价中识别主要污染物及污染源提供了有用数据。各州为那些在点源实施国家要求的污染控制技术后仍然不达标的水体制定 TMDL 计划，以确定可排放到受损水体的污染物的最大允许量。TMDL 计划提供了制定控制措施来减少点源和非点源污染负荷的依据，同时也是进行水源评价的有用信息源。

其他联邦机构也制定了有助于水源保护的计划。在最佳管理实践方面，自然资源保护署可以为农民提供技术咨询和部分援助。农业部帮助农场主找出土地中的环境与健康风险，并采取自愿行动以减少这些风险和保护饮用水，还有州合作研究、教育及推广林业、农村公用事业方面的计划。美国地质调查局提供水质、水资源、生物资源、土地利用以及地质学数据用于饮用水水源评价。交通运输部针对交通运输工程对饮用水造成的潜在影响进行评价，以便发现饮用水异常敏感区。

②地下水水源保护。《安全饮用水法》1974 年授权唯一水源含水层计划。在那些没有任何替代饮用水水源的区域，任何人都可以提出该计划，旨在为人们提供健康、经济、合乎法律规定的饮用水。联邦政府财政援助的可能污染唯一水源含水层的拟建项目，都必须接受美国国家环保局地下水专家审查，需要审查的包括公路、污水处理设施、雨水处理及输水线路等。该计划的项目审查是水源保护区潜在污染源的有价值的资料来源，并可以提高社区对含水层使用的认识以及支持落实地方的地下水保护工作（刘伟江，2013）。

《安全饮用水法》1974 年授权地下灌注控制计划。该计划通过控制地下深井灌注来保护地下饮用水水源的安全，并赋予美国国家环保局限制出现概率高的污染物排入深井或靠近深井地域以致威胁到饮用水水源安全的权利。不同类型的井受不同管理计划管制，比如 I 类井（排放危险废弃物）和 II 类井（用于注入与石油和天然气生产相关的液体）深度一般都在饮用水含水层以下，且均受该计划中排污许可证严格控制。V 类井数量最多，遍及各地且差异很大，很难获得详细目录，因此 V 类井是地下水水源最重要的污染源之一。

《安全饮用水法》1974 年授权公共供水系统监督计划。该计划的重点是标准、监测、执行、技术支持和财政支持，确保供水系统提供安全饮用水。1996 年的修订案提升了该计划的灵活性，允许在符合饮用水法规的条件下，水源评价可具有一定的灵活性。如果供水系统从未受到污染，在了解其污染物易感性的情况下，州可以灵活地监测进而尽可能降低监测要求和成本。比如在监测农药可能带来的污染时，考虑农药喷洒的时间以及农药到达水体所需的时间，在其他污染事件中考虑季节性降水和污染物的转移时间等。

《安全饮用水法》1986 年授权井源保护计划。该计划为社区提供了一个具有成本效益的保护脆弱地下水水源的方法，但这一计划不能解决地表水源问题。1986 年修订案要求每个州在 3 年内向美国国家环保局提交一份全面的井源保护计划，美国国家环保局负责审查。在计划没有通过的情况下，州不能获取联邦资金以执行其计划。这使得美国国家环保局以最有效的方式直接使用有限的联邦资金，而让州进行预防活动。该计划为国家水源评价和水源保护计划提供了重要的纽带，内容包括组成井源保护团队、划分井源保护区、确定潜在污染物来源、选择强制或非强制性管理措施、制定突发事件应急计划等。

1.3.3　地方相关法律

美国水环境保护立法并非只有联邦层面的法律法规，由于美国实行联邦制，各州拥有很大的自主权，其中包括立法权。各州在管辖范围内都制定了本地区的水环境保护法律法规（汪志国，2005）。比如，1970 年加州《环境质量法》要求州和地方政府评估公共项目或对有潜在环境影响的项目设定许可证；1976 年加州《海岸法》授权加州海岸委员会，与州委员会和区域委员会一起，共同执行州非点源污染控制项目。1992 年弗吉尼亚州《地下水管理法》规定，持续地、不受限制地使用地下水会导致地下水的污染和短缺，从而损害公共福利、安全和健康，目的是确认和宣布合理控制联邦内所有地下水资源的权利属于公众，为保护、保持和有利使用地下水，确保公共福利、安全和健康。2000 年《哥斯达—马查多水法》规定了安全饮用水项目、流域保护项目、洪水控制项目、清洁水和水循环项目、水保护项目以及水源供应、可靠性和基础设施项目等。州政府的法律法规不能与联邦政府的法律法规相冲突，有时甚至州政府的法律法规的内容更具体、要求更严格。比如，联邦政府和加州都有饮用水标准，因为加州政府认为联邦政府的饮用水标准不够严。

1.4　流域规划的重要性和主要内容

自 20 世纪 80 年代以来，美国流域机构，以及联邦、州和部落机构开始编制流域水质达标规划，使得水质状况和流域生态环境有了明显的改善，对流域水环境管理与保护起到了积极有效的作用（李涛，2018）。

1.4.1 规划重要性与地位

1.4.1.1 规划在美国法律体系中的层级

首先是最高法，也就是我们所讲的法律。法律必须经国会通过、总统签署、公布于众，最后写入法典。最高法一般都比较笼统。

其次就是法规。法规的地位仅次于最高法，由相应的部门制定，比如《清洁水法》是由美国国家环保局制定。法规的制定是一个具体、详细的过程，跟法律的意图一致，因此需要具体的实施细则，每一条款都有具体的解释。法规也要体现公众参与性，让公众有机会发表评论和意见，然后才有法律效力。

最后就是规划。规划位于法律法规之下，但在其他政策之上。规划也是通过立法制定出来的，具有法律效力。如果没有立法的过程，那就没有法律效力，只是具有指导性的意见。

1.4.1.2 规划的地位

水质管制规划（Water Quality Control Plan）是对联邦和州水环境保护相关法律法规、政策等的细化与落实，通过制定一系列标准、政策手段、执行计划和监督规定来达到法律法规的要求。水质管制规划是执行《清洁水法》的重要内容，同时在规划中要制定一系列的水质标准和执行计划，一般由州政府制定，最后通过立法成为正式法律文件，具备法律效力。如美国加州环保局制定的《州水质管制规划》是州水环境管理的纲领性文件。在美国，水质管制规划是水环境管理的基础，它的制定是一个立法和公众参与的过程，位于法律法规之下，但统领所有相关政策，起到了一个承上启下的关键性作用。

水质管制规划主要包括两类：一类是适用于州内所有水体的，不分地理位置、流域位置，适合整个州的管理规划，涵盖范围比较大。主要包括海洋水质管理规划（Ocean Plan）、热水质管理规划（Thermal Plan）、半封闭性的海湾和河口规划（Enclosed Bays and Estuaries Plan）等。另一类是适合某一特定地区水环境保护的区域规划（Basin Plan），区域规划是以流域为基础，同时在考虑流域地理情况、水文条件、当地社会经济和文化等因素之后，由州区域水质管理局负责制定的。区域规划主要关注《清洁水法》第 303 条第（d）款中所列的受损水体，即水质达标规划。

区域规划不以地理面积的大小来制定，而以流域为单元进行划分，是跨行政管理区域界限的。也就是说，区域规划不由地方政府管理，而是由州政府来统一管理。比如在加州地区，区域规划由加州水资源控制局（Water Resource Control Board，WRCB）下属的 9 个分局按照流域来制定，打破了行政界限。这样纵向的管理体制使得流域管理部门不受地方政府的管制，直接向州政府环保部门汇报，县级、市级等地方政府没有权力干涉流域管理部门。所以如果发现县、市一级的污染没有得到控制、水质不达标、排放不达标、总量控制没有得到有效控制，流域管理部门可以直接介入，避免了很多由地方长官意志造成的阻碍水环境保护的情况。

1.4.2　规划目标与功能

1.4.2.1　规划的目标

水质标准是流域水环境质量管理的基本政策目标。每个流域的规划可能关注不同的问题，包含其独特目标与达到目标要采取的管理策略，同时所有流域规划应包含流域管理范围内的地表水水质标准。《清洁水法》的重要基石是州、部落和区域要用水质标准来保护公共健康、保护野生动植物和改善它们的基本生存环境。水质标准是评价水质、建立 TMDL 计划和设置污染源排放限值的基础，这一标准的实施能确保水体的功能。同时，它也驱动实施流域规划，因为它有助于决定水体是否必须被关注，水质恢复到什么程度，哪些行为必须改变以确保水质达到最低要求。

1.4.2.2　规划的功能

《清洁水法》是美国最全面的水污染控制的联邦法律，所有水污染控制相关的政策均包含在其中。规划的功能就是落实《清洁水法》的所有要求，主要包括三个方面：第一，要求州政府根据自身水体建立相应的水质标准；第二，要求州政府制定具体的执行计划，没有具体的执行计划就相当于纸上谈兵，执行计划主要包括点源执行计划、非点源执行计划以及相关的项目执行计划等；第三，要求州政府根据规划的实施情况建立监测计划和评估计划，以分析和评估规划要求的政策、项目是否得到有效的实施。

规划制定后并不是一成不变的。根据《清洁水法》第 303 条，州政府每 3 年都要对水质管制规划进行一次审核。加州水法甚至指出如果出现特殊情况审核的频率可能为一年一次。

同时，当新的法律、法规、政策出台的时候，规划也要及时更新；当新的数据、新的科学或者新的 TMDL 计划出现的时候，都需要及时对水质管制规划进行更新。

对水质管制规划的修订也是一个重新立法的过程。首先由管理部门根据各方面的意见提出一个建议，其次把需要修改的内容按优先性排序，再次形成修正案，最后由董事会表决通过。

1.4.2.3　规划的特征

20 世纪 80 年代末，联邦、州机构、流域机构开始转向用流域方法控制水质。流域方法包含利益相关者参与，以及由科学技术支撑的管理行动。整个管理体系包括通过一系列的协调、反复步骤来描述流域现状，识别与优选流域问题，确定管理目标，制定保护与恢复策略，选择调整与实施必要的行动。整个过程的成果将成为流域规划正式文件的一部分或作为流域规划的参考文件。尽管每个流域面临不同的水资源环境问题，水质目标与管理措施各不相同，但在流域规划编制过程中仍具有共同特征，即反复性、整体性、综合性和协作性。

（1）反复性。美国国家环保局认为流域的状况评估、规划制定、管理实施是循环渐进的过程，预定的行动难以在最初的一两个规划期限内完成水质目标。水质改善是预期性的，通过在管理周期内对规划进行调整，仍可观察到水质改善趋势。同时获取精确、全面的流域信息是很难的，初步的信息需要在规划修正和方案优化时进行更新，同时也可以在中期评估时完善和增加相应措施。因此，流域规划需要采用动态的、反复的方式来制定和完善，以保证规划实施。

（2）整体性。美国国家环保局强调流域规划的整体性，因为这样既能够提供技术性最强和最优经济效益的水质解决方法，也能通过关注更为广泛的利益相关者促进规划的优化。整体方法有利于加快流域规划的整体协调并推动管理措施顺利实施，包括饮用水水源保护、森林或牧场管理规划、农业资源管理等。

（3）综合性。与流域规划同时实施的还有许多联邦、州和地方规划，通过利益相关者的参与、数据共享和管理措施，将这些规划整合到流域规划中，有助于获取其他技术与经验、合理利用资源和分担执行责任。

（4）协作性。流域规划的一个重要特征就是合作和参与。利益相关者在规划最初就介入其中，对规划实施至关重要。规划的实施通常取决于参与其中的团体，如果这些团体最初就参与并理解它们关心的问题，就更愿意参与管理和支持规划实施（李云生，2010）。

1.4.3　规划基本内容

根据《清洁水法》，美国国家环保局要求流域规划中必须包括 9 项最基本的改善水质的内容。

（1）识别主要问题。主要是识别水体所受污染的起因、污染源需要削减的污染负荷以及想要实现的环境目标等。规划需要对污染源进行分类并预估各类污染源的情况，主要包括水体的自然背景值以及对引起流域水污染的点源和非点源污染负荷的估算，以建立现有污染来源和水质超标的联系。

（2）估算污染物削减负荷。分析规划中各种有助于削减污染负荷的管理措施，并估算可能的实施效果。对于美国国家环保局已经批复 TMDL 的流域，规划要与 TMDL 计划协调，确定水体能够达到水质标准，并依据达到的水质标准估算点源和非点源需要削减的污染负荷。

（3）识别规划实施的关键区域和非点源管理措施。

（4）估算需要的技术和资金。主要包括与规划实施以及管理措施执行相关的信息、教育活动、规划监测和评估等需要的资金，同时也要指明各相关部门和机构在规划实施过程中的作用。

（5）信息公开与环保教育。信息公开与环保教育有利于提高公众对项目的理解，因此规划应当确定用于实施规划的信息公开与教育推广活动。

（6）规划管理措施实施进度表。

（7）阶段性评估。制定阶段性、可量化的指标体系来衡量规划中各管理措施的实施进程和效果。

（8）提出判断阶段性目标是否达到、流域规划是否需要修改的依据。修改主要包括改变管理措施、更新污染负荷分析以及重新评估管理措施实施的效果和实践。

（9）评估规划实施效果，与标准进行对比分析。需要建立监测计划和评估计划，以评估管理措施的实施情况以及规划实施的效果。

1.4.4　规划编制与实施的一般模式

编制的所有流域规划都遵循从问题识别到实施行动方案的过程。很多规划组认为，前期开展非正式研究和资料收集工作将有利于初期流域规划编制（李云生，2010）。调研活动包括与利益相关者在规划前期进行数据分析和讨论，这有助于确定规划范围、确定其他利益相关者和得到规划编制的意见和建议。

流域规划编制和实施的主要步骤包括：①建立合作关系；②分析流域特征和识别主要问题；③设定目标和确定解决方案；④管理方案制定和最优管理方案选取；⑤实施方案设计和流域规划整合；⑥流域规划实施与方案执行。每个步骤都包含一系列的细化行动，且某些行动会不断重复。比如信息公开和环保教育（I/E）等活动既要在建立伙伴关系时进行，也要在整个规划编制和实施过程中进行，如图 1-2 所示。

流域规划重点关注受损水体①，也为治理受损水体和保护其他受点源或非点源污染威胁的水体提供分析框架。如果水体受损，州政府必须核算受损水体达到水质目标的污染负荷量，这就是日最大污染负荷。如果流域规划或TMDL 计划关注的污染负荷估算和负荷削减目标已确定，就要明确水质目标、污染负荷与管理方案之间的逻辑关系（王东，2012）。污染负荷削减应按源分类，以保证规划实施时能识别具体的管理措施以及管理策略的重点。如果流域规划能够很好地解决水体受损问题，则不需再制定 TMDL 计划。一旦 TMDL 计划制定完成并得到联邦批准，则需要修改规划内容以便与 TMDL 计划保持一致。

---

①　受损水体是指水质未能达到国家环保局制定的水质标准的水体，如果确定某一水体已经受损，那么该水体就要被列入《清洁水法》第303条第（d）款黑名单。针对这些受损水体，国家环保局要求州政府必须制定具体的 TMDL 计划，因此 TMDL 计划只针对受损水体。

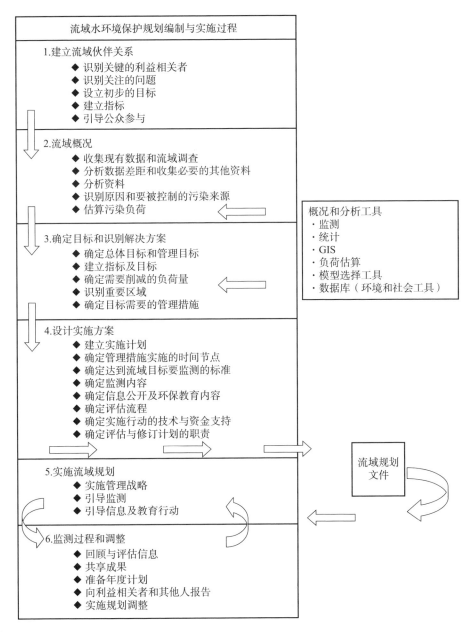

图 1-2 美国流域水环境保护规划编制与实施过程

1.4.4.1 建立合作关系

制定流域规划的首要工作就是识别所有潜在的利益相关者并建立合作
关系，因为流域规划对于某个地方政府或某个机构来说是过于复杂和高成本的。利益相关者进入规划过程可以带来新的观点，加强公众对规划的理解和信任，从而改善规划效果。比如流域机构可能想制定监测项目，但不知道地方部门是否已经做过类似工作，研究和识别合作者可以避免重复和浪费资金。

流域规划的制定与实施是否成功与利益相关者的参与和信任程度有密切关系。因此，在流域规划编制开始阶段就与关键利益相关者建立合作关系非常重要。一般来说，至少包括规划师、地方政府、社区公众、工商业代表、大专院校和科研机构、可提供流域问题相关信息的部门、有规划编制经验的相关者、可提供技术和资金支持的相关者等。把利益相关者紧密组织起来并建立合作关系是流域管理是否成功的关键，这种自下而上的措施较政府"一刀切"措施更有利于被各利益相关者所接受。因为利益相关者可能是流域内历史活动信息的最广泛来源，他们更了解废物倾倒的历史信息、受污染区域甚至水质取样点的局限性。

I/E 是支撑规划制定与有利于实施的关键。这在规划制定早期是必需的，有利于潜在的利益相关者参与到流域规划中，并对社区公众普及相关环保知识。通常在流域规划组下有独立的信息与教育委员会，委员会负责制定相关材料和策略将 I/E 整合到流域规划编制中。要提升公众意识，教育人们采用明智的管理行为，并激励人们参与水质保护的决策。

1.4.4.2 分析流域特征和识别主要问题

当合作伙伴关系形成后，就要对流域进行分析，初步识别污染与污染源之间的关联和设定预期目标。但在规划初期，这种关联大多尚未明确，需要通过更多的基于真实数据的分析才能做出判断。收集并分析数据是编制成功的流域规划的前提，但数据收集、数据缺口识别和数据分析是一个持续的、反复的过程，需要在数据不断更新的同时确保满足流域分析的需要。数据来源主要包括利益相关者提供的信息，以及联邦、州和部落提供的研究报告、规划、研究和数据组等。数据类型主要包括流域地理与自然属性、土地利用和人口特征、水质现状、污染源、污染负荷等。下面重点对水质现状、污染源、污染负荷进行分析。

（1）水质现状。水质现状主要包括水质时空分析、变化趋势分析等，识别何种污染物何时何地有什么样的变化趋势。关于流域水质现状的信息有多种来源，此类信息有助于掌握流域主要污染时段、污染区域、污染物变化趋势、潜在污染源位置等，包括水质报告、与流域相关的报告、水源评估报告等。①水质报告。各州按照美国国家环保局有关要求提交水环境质量报告，能够提供水体状况、指定用途、已有损害和潜在污染源等数据。《清洁水法》第 305 条第（b）款要求各州每两年发布一次水环境质量状况公报，公报中包括所在流域水体是否达到水质标准、流域在保护和恢复水环境方面做了什么工作以及仍然存在的问题等。《清洁水法》第 303 条第（d）款要求州、县和部落提供受损水体清单，要求地方政府对清单上水体进行优先性排序，并提出 TMDL 计划。清单介绍了 TMDL 的制定过程，以及已实施的、目前进行的或未来几年计划开展的 TMDL 等有关内容。美国国家环保局鼓励各州准备一个同时满足第 305 条第（b）款和第 303 条第（d）款要求的完整报告。②与流域相关的报告。如果所在流域已实施 TMDL 计划，就可以为流域规划编制提供大量有用信息，比如引起水质损害的污染源描述、水体损害的程度（河流长度和流域面积）和量级、污染源及其相关贡献参数、流域水质保护总量目标、点源和非点源负荷分配等。国家 TMDL 跟踪系统（NTTS）囊括了第 303 条第（d）款清单及其批准记录，NTTS 存储了各州和区域 TMDL 项目的执行情况，以确保目前清单列出的受损水体的 TMDL 执行进度。③水源评估报告。《安全饮用水法》要求各州执行饮用水水源评估计划（SWAP）以分析各州潜在的公众饮用水水源质量威胁，包括描绘饮用水水源评估区域、制定区域内潜在污染源清单、确定污染源对供水安全的影响程度和向公众发布评估结果，评估结果可以在年度消费者信心报告中获得。

（2）污染源。为便于后续进行污染负荷评估和污染源控制，应将污染源组合后再进行合理的类比，以区分优先次序和识别特定的污染物、污染源和地点，进行更有效的管理。污染物可以通过各种点源和非点源进入水体。虽然流域规划主要关注非点源，但为了有效保护流域，还应该考虑点源影响，并将其与非点源分开评估。点源主要包括污水处理厂、工业企业和集中化畜禽养殖场等。点源的污染物排放基本已通过 NPDES 排污许可证进行管理。与联邦和授权的州政府进行沟通，均可获得最新的、最精确的点源排放信息。美国国家环保局许可证守法数据库系统（PCS）中存储了大量信息，PCS 是全美关于点源许可信息的在线数据库。数据库包含企业位置和类型、进出水流量和浓度、污染物排放限值等信息，同时还包含排放监测报告和超标记录数据等。数据库中的信息会不断更新以跟踪最新的点源，可利用地理信息系统（GIS）进行绘图和分析数据。点源以外的污染源就是非点源，与工业企业和污水处理厂产生的污染不同，非点源主要来自许多分散源，而非特定管道或输送工具，主要包括畜禽养殖、农田种植、城市和农村地表径流、空气沉降、野生动植物等。非点源污染由降雨或融雪流过地表引起，携带自然的或人为造成的污染物最终流入地表水。城市和农村地区的地表水径流都是主要的非点源，城市地表水径流从马路和草地携带大量污染物，农村暴雨径流从农田、牧场和畜禽养殖场运移大量污染物。点源和非点源排放行为不同，对受纳水体的影响是在不同条件下产生的。点源向受纳水体排放负荷通常比较恒定，在流量较低、稀释水量较小时对水体状况产生影响，非点源通常对降雨发生时被冲刷的污染负荷有较大影响，在地表水径流较高、流量较大时影响水体状况。点源和非点源不仅在排放行为和影响上有差别，管理和控制机理也不相同。

（3）污染负荷。污染负荷分析为流域的各种污染来源提供了具体的数值估算方法，通过负荷估算可以评估污染来源的大小、位置和时间，有助于制定流域的修复战略规划、负荷削减目标和预测未来负荷。污染负荷的估算主要包括通过监测数据估算污染负荷（要有详细的监测和流量数据）、使用经验值估算负荷或流域模型方法。①通过监测数据估算污染负荷。监测数据主要是指对污染物浓度和流量进行周期性监测，流量乘以污染物浓度可以计算出某一监测断面某一特定周期的污染负荷。这种方法将流量与浓度联系起来，有助于估算或预测负荷，但只能估算某一监测断面上游的总负荷，并不能给出某一特定污染源或地区的负荷。流量和水质的关系可以说明流域的主要污染类型，有助于识别受损区域周边的关键状况，但前提是该流域有强大的数据库和完整的监测方案。在某些断面没有水质数据的情况下，可以根据其他断面流量和水质的关系建立回归方程，借此估算那些没有水质数据断面的污染负荷。②使用经验值估算负荷。根据土地利用类型和有代表性的负荷率（单位土地面积上的负荷率）来计算污染负荷。在这种方法中污染负荷是某一因素（比如土地利用面积）的函数，方法简单而且容易应用和说明，但负荷率是一个固定的统计值，在环境条件（如降水和土壤等）发生变化时，不能解释动态的空间变化。各种土地利用类型的负荷率会因降水、污染源的活动、土壤条件等而千差万别，即使是在同一区域负荷率也会有所不同。区域的负荷率可以根据科研文献或者附近流域开展的研究获得。③流域模型方法。模型是建立人类活动和受损水体之间的关联关系，可以通过选择不同的模型方法进行污染负荷分析，但选择何种模型取决于水质参数、时间尺度、污染来源类型以及数据需求等。同时在选择模型方法时，采用公开透明的方式，即使是最复杂的模型也要通过公众会议、研讨会等形式进行说明和审查。筛选模型时需要考虑模型的适用性、可信度、可用性。即使模型在文献中或在其他流域中有所应用，也应该进一步确认该模型是否满足流域的需求，比如在城市地区适用的模型就不一定适用于多种土地利用类型的流域。除了使用在有关期刊上经过论证的模型，也可以成立一个评审团对模型的有效性进行验证，公共领域发布的大多数模型都可以免费获取，且数据质量都可以在美国国家环保局发布的《规划中模型的数据质量保证指南》中得到检验。模型名称、适用条件、源代码、应用和使用情况在美国国家环保局环境建模监管事会提供的在线数据库中都进行了详细介绍。负荷分析的关键在于对负荷的量化，时间和空间将会影响规划的决策。通过水质数据的空间分析识别出水体的关键污染区域，如果某个区域的污染一度很严重并遇到过一些严重的环境问题，那么这些区域就要单独划分出来进行污染负荷分析。污染负荷也可以根据日、月、季节、年度等多种时间尺度进行计算，如果水质在一年中波动较大，那么污染负荷特征以及天气变化趋势图可能对季节性负荷的计算是必要的。当污染负荷量化后，最重要的工作就是分析为了达到流域目标而应削减的负荷量，而分析关键区域、特殊时段负荷，将有利于分析特定污染源的直接影响以及设立污染源的远期管理目标。

1.4.4.3　设定目标和确定解决方案

在流域规划初期建立合作伙伴关系时，大致确定了流域总体目标并以此指导流域规划。当对流域问题识别清楚、污染负荷量化后，必须进一步细化目标和指标以指导管理方案的完善和实施。分解、细化目标和指标的过程就是在利益相关者共同参与下确定和改进流域总体目标的过程。随着规划编制工作的逐步推进，流域规划者将逐渐掌握更多流域问题、水质状况、水体受损原因、主要污染源等信息，流域保护目标也将不断清晰和明确，直到确定可量化的流域目标。同时，筛选科学合理的指标体系对量化评估规划实施效果和实现流域保护目标至关重要。

通过分析数据识别出可能的污染原因和综合影响因素，然后筛选出哪种点源需要进行控制以实现上述流域保护目标，在此基础上将流域保护目标转化为管理目标。比如初始目标是"修复水生生境"，通过数据分析可以进一步确定管理目标为"通过控制农业源沉积物来修复水生生境"。管理目标确定之后，就要不断地细化环境目标和量化指标，以保证实现管理目标。环境目标由一些可测算变量组成，这些变量是联系污染源与环境质量的关键。所有环境目标均可由若干指标量化描述，比如洪峰、流量、污染物浓度、温度等。

环境目标确定之后，就要确定通过管理措施能够实现的污染物削减量。这需要通过流域模型来模拟水质—污染物的响应关系，通过响应关系推算实现环境目标流域内污染源需要削减的量。与模拟污染负荷的方法相同，选择合适的模拟方法要考虑多种因素，包括可用的数据、污染物、水体类型、污染源类型、时间段和空间尺度等，最重要的是污染负荷模拟必须预测达到环境目标情况下实现的污染源削减量。

无论采用何种方法估算流域可容纳的污染负荷及削减量，都需要考虑不同的情景或削减组合以满足流域规划目标。要想满足规划目标，需要将污染负荷削减量分配到各个污染源或者集中在一个主要的污染源。规划目标可以对应不同的削减分配方案，可以采用在不同污染源之间平均分配的原则，也可以针对特定源提出削减目标。平均分配原则看似公平，实则不合理，最好的方式是抓住几个重点区域的削减量进行核算以识别流域的重点问题和污染物来源区域，从而制定有效的和有针对性的污染负荷削减方案。

1.4.4.4 管理方案制定和最优管理方案选取

当流域环境状况分析、污染负荷核算、污染控制目标都制定完成后，需要选取适当的管理措施以实现流域保护目标。通过对管理方案的筛选，确定最适合流域规划的几套管理方案。在这个阶段中流域规划编制者需要与工程专家、技术专家、经济学家、资源管理者们沟通交流，确定实现水质目标的最优管理方案。流域规划应该包含解决流域水环境问题的各种管理方案，包括点源和非点源之间的单项或综合方法。总之管理方案是费用效益分析的管理措施的集合，以实现减少水土流失、水质污染等流域保护综合目标。

管理措施可按照多种形式分为：源头控制措施和过程控制措施、工程措施和非工程措施、点源和非点源控制措施等。政策性措施是独立于以上两种措施的另一类管理措施。工程措施包括河道缓冲带、河岸围栏、废水处理塘等工程建设。非工程措施主要是通过减少污染物的产生和污染源排放解决受纳水体的污染问题，主要包括污染应急措施、规章制度、公众信息教育计划等。

某些管理计划要求自愿或必须执行其选定的管理措施。点源污染控制通常依据政策性的方法，当然也只有当这些措施被强制和详细执行之后，才能发挥效益。在美国，点源污染通过 NPDES 排污许可证管理制度进行控制。其在《清洁水法》第 402 条中被授权认可，NPDES 通过控制向水体排放污染物的点源实现水污染防治。对于工业废水排放，NPDES 做了详细的限制要求，并根据工商业的产污特征实施一种以上的 NPDES。若工厂废水直接排入河流要有个体或特定的排污许可证，若工厂排入市政管网系统要有预处理排污许可证，无论是直接排入河流还是排入市政管网，都要遵循排放总量和排放标准的规定。雨水排放一般由降雨（雪）形成汇水径流，其排放的污染物量足以影响水环境质量，因而要有降雨排污许可证。

管理方案确定的步骤主要包括以下几个部分。①在新增流域管理方案之前，应调查流域内已实施的计划、管理方案和政策法规等。有时现有管理方案或措施已经满足流域规划目标，但现有措施并没有得到很好的执行或者在局部地区存在措施不足现象。②定量评估已有措施的效益，如果现有管理措施不足以支持可能的最大污染负荷量，就需要新增措施。如果扩展已采用的措施或改进效果以削减有关污染物，便能测算增加的削减量。③管理措施实施关键区域识别，这一过程将详细研究哪些措施带来的效益最大，哪些措施是流域利益相关者最易接受的，哪些措施的污染物削减效果最佳。

综合考虑流域关键区、污染物去除率、费用效益分析、公众接受度等指标，对支持管理目标所采取措施的效果进行预测，进而定量评估管理方案的有效性。同时与利益相关者对包含各种措施的管理方案进行评估并确定范围，最终选择最优的战略方案。通过前文提出的利用监测数据估算污染负荷、使用经验值估算负荷、使用流域模型来估算污染负荷的削减量，并估算各管理方案的建设成本和运行成本（考虑通货膨胀和贴现率因素），最终选择费用效益比率最低的管理方案。最低费用效益比率的管理方案能够以最低的成本带来最大的收益，然而也需要评估该方案是否适用于管理目标，而有时则需要选择费用效益比率较高的方案，因为这可能是实现目标的唯一方法。比如在流域沉积物削减目标上，河岸侵蚀对此有明显影响，较贵的河床构造修复可能是实现目标削减的必要措施。

1.4.4.5 实施方案设计和流域规划整合

实施规划应该考虑以下几个因素：①信息和教育部分支持公众参与，具备采纳管理措施的能力；②制定实施管理措施的时间表；③考核规划完成情况的预期阶段性成果；④制定总量减排和水质目标考核标准；⑤评价实施成果的有效性和监测部分；⑥实施规划的技术和投资估算；⑦制定评估框架。

每个流域规划都需要信息和教育部分，因为许多水质问题源于个体活动，且解决方案经常是自愿行为。依靠有效的公众参与促使管理措施实施，最重要的是改变行为方式以达到流域规划目标。信息和教育内容用于增强社区公众对规划内容的理解，鼓励公众更早、更长期地参与到筛选、设计和实施即将被执行的非点源管理措施中。广泛利用新闻、广告、海报、小册子、指示牌等媒介开展宣传，促进公众理解和相信这些信息，流域组织也可以通过乐队、气球、吉祥物、摄影比赛、庆祝活动等加强活动宣传。

建立实施进度表是规划高效实施的一部分。实施进度表就是将最终目标转化为特定任务，进度表应该包括每一阶段完成的时间期限，以及任务的负责机构和组织者。此外进度表要保持跟踪和回顾，进行合理调整。根据实施进度表设计可考核的阶段性成果，考虑已选择的管理方案、可获得的资金或取得资金的时间限制等，估计何时能取得什么效果，并说明如果阶段目标没有实现该如何调整。建立验证水质改善情况的标准，这些标准代表着相应的可测量的水质条件（溶解氧或总悬浮物）或总量控制要求（重金属排放总量、垃圾处理量、植物生长高度等），是流域规划实施的阶段目标。

建立监测方案，评估规划实施效果的有效性以及检查总量减排任务完成情况和水质目标的达成情况。监测方案能够记录流域内管理活动和污染源变化，并能评估特定管理活动和实施区域，了解点源守法和执法情况，提供数据开展宣传教育以及公开信息。综合考虑预算、时间、人员、报告需要和能力，确定监测指标、采样断面、样品分析方法和监测频次。流域规划实施前后 2~3 年应该连续监测，判断水质变化与规划的相关性，长期连续监测可以判断水质变化的区域，监测取样频次应多年保持一致。

流域规划实施的关键因素是能够获得资金支持，同时当地法律可将规划内容作为管理工具，以满足水质目标，当地政府负责制定这些法令。必须多方筹集资金，支持信息和教育活动、监测、行政等。资金来自国家、州、地方和私人渠道，尽量争取多方面的资金支持。美国国家环保局编制的《财政工具指南：环境系统可持续投入》为流域管理者和私人企业投入资金开展环境保护提供指导，同时指导规划组织者评估实施成本和地方经济能力，进而估算资金缺口。

实施规划后，要建立评估框架。目的是论证管理措施能够实现的水质目标，进而提高和改善规划的质量和效率。评估框架应在实施前建立好，确认哪些管理措施需要有效评估。通过收集整理信息，将污染源、污染指标、总量减排和流域目标联系起来。可以用逻辑模型建立评估方案，评估输入、输出和结果三个指标。输入指标主要包括完成规划任务的人力和财力资源是否充足、利益相关者是否可以充分表达意见等，输出指标主要包括实施进度能否按期完成、阶段目标能否实现、信息和教育材料能否找到目标公众等，结果指标主要包括是否提高了公众对流域问题的意识、规划的实施是否改变了公众的生活方式、是否实现了总量减排目标和水质目标等。采用逻辑模型有助于记录结果，并根据评估结果不断改变方案。

一旦完成流域规划报告，就需要编制一份通俗易懂的流域规划简本或一个常见问题的答案清单，并发放给公众。可以通过批量邮寄、公共活动、报纸等形式发布，也可以通过多种方式征集公众对流域规划的意见和评论。无论采用哪种方式，都应该确保内容简洁，并提供规划怎样制定、谁参与制定、公众如何参与实施等背景信息。也可以与当地学校合作，将流域规划纳入科学课程中，满足不同教育水平需求。

1.4.4.6　流域规划实施与方案执行

规划编制完成后，需要确定规划的实施与方案执行。为了确保流域规划执行的长期延续性，有必要使规划执行小组制度化，可以尝试设立若干由外部提供经费支持的职位来确保持续性和稳定性。执行小组除了经常召开必要的小组会议，还要考虑定期开展有关规划实施情况的实地考察和现场调研。

通过建立宣传计划，来提高规划实施过程中每个步骤的被认可度。如果缺乏沟通，不仅会极大阻碍公众参与，而且会导致规划实施成功的可能性大大降低。规划实施过程的透明度有助于建立民众信心和信任度，也有助于保持规划参与者的工作积极性和责任感。规划编制者有定期向公众报告信息的责任，可以资料和报告的形式提供规划年度进展和中期报告，鼓励公众对如何改进规划献计献策。规划实施进展情况可以通过新闻稿、广告、报纸、电视台、新闻发布会等形式，与公众讨论和共享流域规划结果。当公众看到规划进展，就会继续保持关注并为规划做出努力。

根据前文提出的评估框架建立规划跟踪计划，分析规划执行情况并与设定的阶段目标对比，向利益相关者反馈意见，并确定是否要对其进行修改。在某些情况下，模型可以用来评估规划实施过程，可以代入经过验证的流域实际监测数据预测模型好坏。如果实测数据和预测结果不匹配，则分析产生问题的原因。通过模型分析，可以根据已有监测断面数据预测、推断和验证其他区域流量、浓度、负荷等参数，但不能把模型作为评估规划进展的唯一手段。

如果规划没有实现阶段目标，则需要首先考虑以下因素，比如天气原因、资金短缺、缺少技术支持、错误估计实施措施所需时间、文化上的障碍、管理措施是否正确、既定目标是否合理、监测数据是否正确、是否需要等待更长时间等。如果排除上述所有可能性，则需要回顾规划并重新审视先前评估的污染负荷来源以及污染成因，并对规划内容进行适当调整。

1.5　小结

本章对美国水环境保护立法的发展史做了简单的梳理，向我们展示出美国水环境保护法律体系的历史价值和其中蕴含的经验。1972 年《清洁水法》是美国水环境保护历史上的里程碑，虽然该法案是 1948 年《联邦水污染控制法》的修正案，但并没有继承后者的基本组成部分，而是建立了一个全新的法令。它改变了联邦政府和地方政府在控制水污染方面的权力配置，使得联邦政府在水污染控制中居于主导地位，可以大刀阔斧地进行一系列的水环境保护政策，比如跨越州权的障碍实现联邦政府对所有地表水体的管理权限、建立雄心勃勃的"恢复和保持国家水体化学、物理和生物的完整性"的立法目标、确立国家污染物排放消除制度成为美国控制水环境污染的核心制度、建立基于技术的排放标准和基于水质的排放标准两套排放标准体系、为受损水体达到水质标准制定日最大污染负荷计划等。流域水质达标规划是美国水环境管理的基础，是对联邦和州水环境保护相关法律法规、政策等方面的细化与落实，通过制定一系列标准、政策手段、执行计划和监督规定来完成法律法规的要求。流域水质达标规划的制定是一个立法和公众参与的过程，位于法律法规之下，但统领所有相关政策，起到了一个承上启下的关键性作用。自《清洁水法》颁布实施以来，美国水环境质量的改善成效显著。《清洁水法》被认为是美国联邦环境法律中最好的法律之一，被当作以后建立的其他联邦环境法律的范本。

第 2 章

美国水环境保护管理体制

水环境保护法律体系是人们保护水环境的准绳，但只有完善的法律体系而没有与此相适应的管理体制来执行，法律体系也就没有了实际意义。美国的水环境保护法律体系不但为人们保护水环境制定了行为准则，而且制定了水环境保护管理体制的框架。总体来看，《清洁水法》确立了纵横结合、多元化的管理体制，联邦政府、州政府、地方政府部门以及环保团体、社会公众都在水环境管理中占有重要地位，发挥了关键的作用。

2.1 美国水环境管理体制演进

水是陆地与陆地之间的纽带，在美国，河流、湖泊常被作为州与州之间的边界。因此，美国水环境管理体制是连接联邦政府与州政府、州政府与州政府关系的重要纽带。从美国水环境保护法的发展史我们可以看出美国水环境管理体制的演进。早期，在 1972 年《清洁水法》出台之前，美国的水环境管理主要是由各州政府主导的，《美国宪法》也没有明确授权联邦政府对水环境进行管理。当时，水是连接国内外、州/部落的主要贸易通道，根据《美国宪法》对联邦管理贸易的授权，联邦逐渐加强了对水环境的管理，这也是后期联邦政府的水环境管理工作围绕"可航水域"开展的重要原因（李丽平，2017）。

随着政府和社会公众对水污染防治规律和州政府管理水环境效率较低的认识逐渐加深，其对水环境管理的认识也发生了重大变化。在美国水环境问题出现"恶化—改善"的过程中，水环境保护目标从"保障美国航运业的发

展、保护河道的通畅"改为"恢复和保持国家水体化学、物理和生物的完整
性",联邦政府各部门之间、联邦政府与州政府之间、州政府之间的水环境管
理职责和关系也发生了较大的变化,影响了美国水环境管理的进程。到 1972
年《清洁水法》的颁布,基本确立了目前美国水环境管理体制的框架,即联
邦政府成为美国水环境管理的主导力量,各州和地方负责在辖区内实施联邦
的水环境管理要求。水污染的外部不经济性和水环境质量作为公共物品在消
费上具有非排他性,决定了政府有必要对水污染问题采取集中管理的措施。
首先,联邦政府进行集中管理不仅可以避免各州对水污染采用程度不同的标
准,也可以从总体上制定水环境管理战略和标准,最大限度地保护公共利益
(生态环境部对外合作与交流中心,2018)。其次,集中管理可以避免各州为
了经济利益降低排放标准以吸引工业企业落户,进行逐底竞争。最后,集中
管理通过国家统一颁布法规和标准,明确地方政府和排放源应当履行的责任
和义务,更便于执行。

20 世纪 80 年代以后,随着美国水环境的好转,水环境管理又呈现从联邦
政府集权向州政府适度分权的趋势。因为水质状况、污染源排放、TMDL 等信
息一般由州政府掌握,将权力适度下放有利于各州开展更具有效性的方案。
但这种分权和之前由州政府主导的分权是完全不同的,需要受到联邦政府的
监管,是联邦集权下的分权。各州制定的水质标准、受损水体清单、TMDL 计
划、州实施计划等都需要经过联邦政府的批准。如今从流域的角度进行水
环境管理也是一种分权的体现。因为有的流域涉及多个行政区,需要各行
政区之间良好合作。有效的流域方法必须建立在以集权为背景的分权模
式下。

2.2　横向管理体制

美国环境管理体制与其三权分立的政治体制、联邦制度是相对应的
(Bell,2014)。在联邦层面分为国会、联邦政府与联邦法院三部分。具体而
言,根据《美国宪法》,美国环境管理体制有如下特点:①一个由多个立法主
体制定、多个层级负责的体系,即国会不仅负责各项环境法律的起草、修改、
制定,还可以授权其他机关制定、颁布环境法律。据此,美国联邦层面环境

法体系包括联邦宪法、国会的立法、总统及其内阁的行政命令与规章、法院的司法判决、法律解释或判例、联邦其他行政部门的环境立法（由国会或法律授权）。②多元主体负责的复合的环境管理体系，比如美国国家环保局是美国联邦政府各项环保法授权的执法部门，其环境执法队伍实行的是环境检察官制度。根据《国家环境政策法》设立的国家环境质量委员会（CEQ）是监督、协调各行政部门环境方面活动的部门，许多联邦机构都设立了具有环境执法权的内部机构。③美国联邦的环境司法执法系统由最高法院、11 个联邦巡回上诉法院和 90 个联邦地方法院构成，其主要职责是适用或解释有关的环境法律，对环境诉讼进行司法判决和司法审查。联邦层面的环境管理体制如图 2-1 所示。

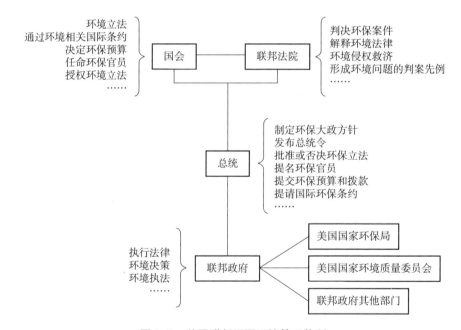

图 2-1　美国联邦层面环境管理体制

联邦政府设置的环境管理机构除了上述的美国国家环保局、美国国家环境质量委员会，共有 24 个大部和总局设有环境保护管理机构，包括国会和政府间关系办公室、管理和预算办公室、司法部、公众健康部、农业部、能源部、内政部、国防部、商务部等具有环境管理权的环境保护管理机构（车国骊，2012）。因政府各部门都设有环保机构，在具体环境管理实践中，几个部门的环境管理权常常发生交叉和冲突。为此，美国联邦政府建立了一套协调机制，负责协调联邦政府各部门之间关系的机构大体包括美国国家环保局、内政部、国家环境质量委员会等 3 个机构，其中以美国国家环保局为中心，主要由隶属于美国国家环保局的联邦环境行政办公室操作。该办公室负责人由总统指定，每两年向总统提交一次报告。在环境政策审核或环境管理中，联邦环境行政办公室可以采取一切必要的行动来促使各联邦部门遵守环境法律规定。

具体到水环境管理领域，从联邦一级来看，拥有美国水环境管理权限的主要是美国国家环保局，并设有专门负责水事务的局长助理，此外还有陆军工程兵团（负责疏浚和填埋物质排放许可）、农业部（涉及森林和草地管理）、交通部、内政部（涉及土地管理局、鱼类及野生动植物管理局、地质调查局、国家公园管理局）、商务部（国家海洋和大气管理局）、国家应急管理局、海岸警备队等诸多部门。在联邦层面，美国国家环保局是美国水环境管理体系中最核心的机构，它的行政管理地位和执法权利由《清洁水法》通过法律的形式确定。由于得到联邦政府的授权，并直接向美国总统负责，其具有较强的独立性（沈文辉，2010）。总体来看，美国国家环保局在各联邦机构中居于最高地位，担负协调、统筹和监督的职能。

2.3　纵向管理体制

2.3.1　美国国家环保局

美国是世界上最早建立环境保护管理机构的国家之一。1970 年，为满足社会公众日益增长的"拥有更清洁的水、空气和土地，修复被污染破坏的自然环境，建立新规则，引导美国人民创造更清洁的环境"的要求，美国成立了国家环保局。作为一个独立的机构，美国国家环保局代表联邦政府全面负责环境管理工作，拥有美国境内环境保护的最高权限，有权支配部分联邦财政预算，是各项环境法案的主要执行机构。其中在水环境管理方面的主要职责包括：制定和执行相关法规，制定基于技术的排放标准，颁发排污许可证，环境执法，监督和援助州计划的实施，批准流域规划、水质标准和 TMDL 计划，每年向国会报告水质状况，制定环境预算，进行科学研究和技术示范，制定相关导则和技术文件，帮助地方政府培训管理和技术人员，对州进行财政援助（韩冬梅，2014）。

美国国家环保局的组织结构是按管理职能和环境介质进行划分的，与美国现行的环境法律体制相吻合。美国国家环保局系统共有18000多名职员分布在美国各地，包括华盛顿总部12个办公室、10个区域办公室和10余所实验室，组织结构如图2-2所示。华盛顿总部的人员负责各项环境保护政策的制定，大约有6000人；10个区域办公室的人员负责组织政策的实施，并监督各个州的具体落实情况，大约有10000人；分布在华盛顿以及各地环保局直属研究机构的人员对政策的制定进行技术支持，大约有2000人。美国国家环保局局长由美国总统提名，经国会批准。虽然美国国家环保局不在内阁之列，但局长是内阁级官员，可以参加内阁会议，直接对总统负责。系统内的所有职员都受过高等教育和技术培训，半数以上是工程师、科学家和政策分析人员。此外，还有部分职员是法律、公共事务、财务、信息管理和计算机方面的专家。

美国国家环保局总部位于华盛顿特区，其中局长办公室负责监督美国国家环保局总体工作。此外，按照管理职能和污染物介质的不同，总部下设12个办公室，包括行政办公室（Office of Administration）、空气与辐射办公室（Office of Air and Radiation）、化学品安全与污染预防办公室（Office of Chemical Safety and Pollution Prevention）、首席财务官办公室（Office of the Chief Financial Officer）、执法与守法保障办公室（Office of Enforcement and Compliance Assurance）、总法律顾问办公室（Office of General Counsel）、监察长办公室（Office of Inspector General）、国际与部落事务办公室（Office of International and Tribal Affairs）、土地和应急管理办公室（Office of Land and Emergency Management）、特派团支助办公室（Office of Mission Support）、研究与发展办公室（Office of Research and Development）、水办公室（Office of Water）等。

美国国家环保局中负责水污染控制的部门是水办公室。水办公室的职能包括：确保饮用水安全，恢复和维护海洋、流域及其水生生态系统，保护人类健康；支持以水环境为基础的经济和娱乐活动，同时为鱼类、植物和野生动物提供健康的栖息地。水办公室负责实施《清洁水法》、《安全饮用水法》、

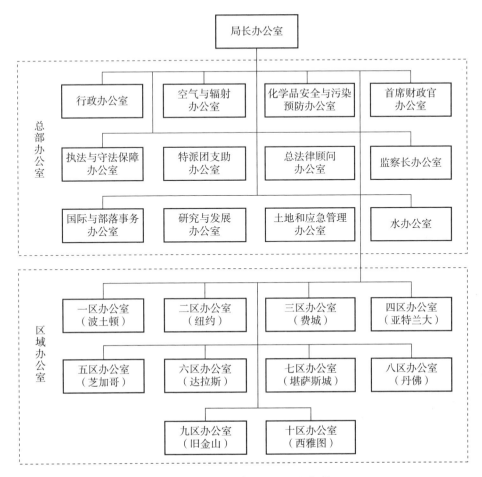

图 2-2　美国国家环保局组织机构

《海岸带法案修正案》部分内容、《资源保护和恢复法》、《反海洋倾倒法》、《海洋保护、研究和禁猎区法》、《海岸保护法》、《海洋塑料污染研究和控制法》、《伦敦倾废公约》、《国际防止船舶污染公约》等美国国内和国际法规条约。总部设在华盛顿特区的水办公室与 10 个区域办公室、其他联邦机构、州和地方政府、部落、自治社区、有组织的社会团体、土地所有者以及广大公众等共同合作；水办公室提供指导，规定科学方法和数据收集要求，对项目执行情况进行监督并促进相关人员之间的沟通；帮助各州和部落进行能力建设以及执行水相关项目。

　　水办公室负责出台美国国家环保局水环境管理相关的政策、方针和指南，主要包括水质保护、饮用水保护、废水处理、湿地保护、江河湖海水保护及其他水环境管理相关内容。这一部门由 5 个独立办公室组成：地下水和饮用水办公室（Office of Ground Water and Drinking Water，OGWDW），科学和技术办公室（Office of Science and Technology，OST），废水管理办公室（Office of Wastewater Management，OWM），湿地、海洋和流域办公室（Office of Wetlands、Oceans and Watersheds，OWOW），水办公室助理局长直属办公室（Immediate Office of the Assistant Administrator for Water）。水办公室组织结构如图 2-3 所示。

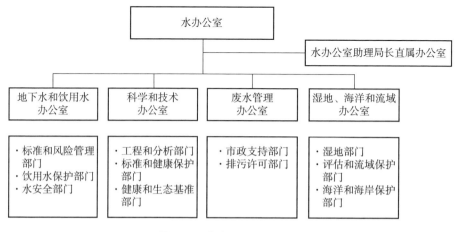

图 2-3　水办公室组织结构

地下水和饮用水办公室，联合各州、部落和众多合作伙伴，共同确保饮用水安全、保护地下水以保护公众的健康。工作职能包括：制定和协助执行国家饮用水标准，监督和促进对饮用水和水源保护计划的投资，帮助建立小型饮用水系统，通过地下灌注控制项目保护地下饮用水水源，为公众提供饮用水水质信息。

科学和技术办公室与各州、部落和其他利益相关方合作，制定国家水域水质的环境基准，确保制定的基准能够反映最新的水质污染科学和现有的最佳水污染控制技术，以确保美国的水域可用于钓鱼、游泳和饮用水。科学和技术办公室还制定国家经济和技术上可实现的绩效标准，以解决工业水污染问题。

废水管理办公室负责监督一系列对国家水体和流域有益计划的执行情况。主要职责包括：指导 NPDES 排污许可证计划，对排入湿地、湖泊、河流、河口、港湾和海洋等地表水的污染物进行控制，特别关注通过管道、沟渠、污水或雨水管道形成的点源污染；监督国家预处理计划，着重控制和防止工业企业生产设施产生的水污染；负责管理州清洁水循环基金以及对环境基础设施的投资；还为工业和各州提供技术咨询和培训，使其更好地遵守废水管理条例。

湿地、海洋和流域办公室致力于保护淡水、河口、沿海和海洋生态系统，包括流域和湿地；规范和监测海洋倾倒和船舶排放，减少海洋废弃物；保护全国 28 个河口的水质和栖息地；负责执行 TMDL 计划，帮助各州、部落和区域的受损水体达到各自的水质标准，执行非点源管理计划为各州、部落和区域执行各自的非点源计划提供保证，并为径流控制提供最优管理办法。

2.3.2　区域办公室

1970 年，由于各州环境管理水平不高、工作能力不足，环境保护立法让位于经济发展的目标。为满足区域环境监督管理的需要，美国国家环保局宣布设立 10 个区域办公室，以期加强与州和地方、私营部门在环境问题上的合作，促进公众参与（李瑞娟，2016）。每个区域办公室在所管理的几个州政府内代表美国国家环保局执行联邦的法律、实施美国国家环保局的各种项目，并对各个州的环境行为进行监督管理。这 10 个区域办公室是美国国家环保局的重要组成部分，分别位于波士顿、纽约、费城、亚特兰大、芝加哥、达拉斯、堪萨斯城、丹佛、旧金山、西雅图。负责这些区域办公室的官员由美国国家环保局委派，机构运行经费也由联邦政府调拨，在联邦环保法律法规执行方面发挥了巨大作用。区域办公室具有监督、管理、审批、许可和执法等权利，保障联邦法律法规和环保项目能够得到有效的执行和落实，相当于"小的美国国家环保局"。

联邦条例规定了美国国家环保局区域办公室的地位和具体职权。区域办公室的基本职责是代表联邦在地方执法，即执行法律规定的行动规划或项目。区域办公室局长在辖区内对美国国家环保局局长负责，作为辖区内环保局局长的首要代表，与联邦、州、跨州和地方四个层面的机构、行业、科研院所、其他公立和私立组织联系。区域办公室的工作可以概括为四个方面：一是管理美国国家环保局对各州的拨款及拨款项目；二是监管州的环保项目，确保其符合联邦的相关法律法规及标准；三是为解决州、区域和跨界环境问题提供技术指导、评估意见和对策建议；四是代表美国国家环保局协调处理与州及当地政府、公众的关系。比如，美国国家环保局第九区域办公室主要负责亚利桑那州、加州、夏威夷州、内华达州、太平洋群岛和 148 个部落执行联邦环境法律。每个区域办公室的机构组成都与美国国家环保局总体结构类似，第九区域办公室设立了空气与辐射部门（Air and Radiation Division），执法与守法保障部门（Enforcement and Compliance Assurance Division），实验室服务与应用科学部门（Laboratory Services and Applied Science Division），土地、化学品及重建部门（Land，Chemicals，and Redevelopment Division），特派团支持部门（Mission Support Division），区域法律顾问办公室（Office of Regional Counsel），超级基金和应急管理部门（Superfund and Emergency Management Division），水办公室等。

2.3.3　州环保局

虽然 1972 年《清洁水法》确立了由美国国家环保局主导的水环境管理体制，但州和地方政府在《清洁水法》实施过程中仍具有不可替代的作用。在合作联邦主义①的前提下，州政府在水环境管理过程中起着承上启下的作用②。联邦政府起着领导和监督作用，州政府在水环境管理中负责具体执行。据统计，90% 以上的环境执行行动由州启动，94% 的联邦环境监测数据由州收集，97% 的监督工作由州开展，大多数排污许可证由州颁发。州政府一般仿照联邦政府建制，设立州环保部门。各州的环保部门名称并不相同，有环境保护局、环境管理部、环境服务部、环境质量部、环境质量委员会等，州环保部门负责实施和执行环境法律、行政法规，确保本州的清洁空气、清洁水、清洁土壤、安全杀虫剂、废物循环利用和削减等，主要职能包括：

---

①　根据《清洁水法》的"合作联邦主义"，州政府和联邦政府在《清洁水法》的行政监管中必须密切合作、各司其职，联邦政府起着领导和监督的作用，主要是制定水污染物排放等环境标准和规则，给州、地方及部落政府提供财政援助和资金支持，但实际上直接进行行政监管、具体落实水污染物排放标准和水质标准的是州、地方及部落政府。

②　一方面，要负责落实联邦政府的水污染防治法律法规和政策，接受联邦政府的指导和监督；另一方面，要按照州水污染防治法律法规指导和监督下级地方政府水污染防治部门的行政执法。

经授权代表联邦执行联邦计划和州内事务；自主制定州的环境保护法律；监督环境状况，针对具体环境问题颁发排污许可证；根据有关授权，具有对违法者处以罚款的权利；对被管理者进行现场检查、监测、抽样、取证和索取文件资料；确保环境保护计划实施等。在州环保局中设立专门的水环境管理部门，具体负责水污染防治和保证水质。各州水环境管理部门与地方环保部门合作，共同执行联邦和州的法律法规，开展本州的水环境保护工作。

以加州为例，1991 年根据时任州长的行政命令，加州正式设立了环保局。加州环保局是加州政府的组成部门之一，下设空气资源控制局、水资源控制局、杀虫剂管制局、有毒物质控制局等 6 个部门，其中水资源控制局是最大的机构，预算约占全局的一半，编制约为 1500 人，其宗旨就是保护和改善加州水资源的质量，合理分配并有效利用水资源。州水资源控制局的决策机构是由 5 名全职成员组成的理事会，包括主席、副主席和 3 名成员，任期 4 年，全部由州长提名，州议会批准任命。每个成员都有专职任务，其中 1 名成员是公众代表，4 名成员分别是水质、水供应和水权领域的资深专家，以及水质、水供应、水权和农业灌溉领域的工程师（宋国君，2018）。机构设置如图 2-4 所示。

2.3.4 流域管理机构

相对于州环保局而言，地方政府部门是更加具体、更加直接的负责水污染防治的行政监管部门，美国国家环保局和州环保局的水污染防治政策法规、计划方案等都需要地方政府的水污染防治部门具体实施。根据《清洁水法》，美国水质管理按照流域设置管理机构，不受地方政府的干扰。比如，加州环保局水资源控制局按照水文特征、地形特点、气候差异等因素下设了 9 个流域水质管理分局来管理加州 58 个县，对本流域的水质保护做出关键的决定，不受管辖地区政府的左右。每个流域水质管理分局的运行经费从联邦政府和州政府而来，对本流域的水环境质量负责，包括制定流域内的水质标准、发

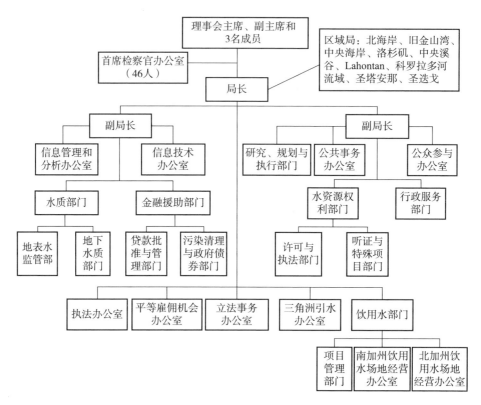

图 2-4 美国加州水资源控制局机构设置

放排污许可证、针对违法者采取相关的监管和执法措施、监测水质等①。

南加州洛杉矶流域水质管理分局是加州水资源控制局 9 个分局中的一个，主要负责管理洛杉矶地区的地表水和地下水水质，包括沿海滩涂和温杜拉县。它的决策机构也是理事会，由 7 名兼职人员组成，也由州长提名并由议会批准任命，包括主席、副主席和 5 名成员，全部来自社会各界的志愿者。理事会专门负责决策，下设局长负责执行，实现标准制定者和资源管理者的分离。目前，编制一共约有 140 人，是独立的法人机构，可以独立执法，但在人员编制、工资福利等方面隶属于加州水资源控制局（宋国君，2018）。其机构设

---

① 污染场地修复主要是由水资源控制局和有毒物质控制局负责，其他单位也有参与，像空气资源控制局。责任是由通过的法律确定的。例如，水资源控制局背靠加州水法。另外，地下储油罐渗漏和清理依照加州地下储油罐法规处理。污染场地清理也可遵循《超级基金法》。为何污染场地修复由水资源控制局负责？因为污染场地修复需要清理土壤和地下水，土壤和水体是连在一起的，污染是分不开的。污染源一般是在地表，渗入土壤，最终是会渗入地下水的。一旦污染物进入地下水，随水运行，污染范围就会扩大，清理地下水的难度也就会加大。所以，由管理水质的部门负责是比较合适的。

置如图 2-5 所示。

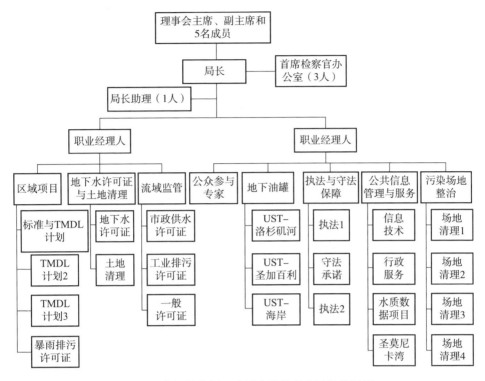

图 2-5　南加州洛杉矶流域水质管理分局机构设置

为了与流域利益相关者建立合作关系以实现水质目标，加州水资源控制局和 9 个流域水质管理分局于 1996 年开始实施流域管理倡议（Watershed Management Initiative）。流域管理倡议要求州水资源控制局和流域水质管理分局就优先领域进行整合，编制一个可以反映州所有水资源问题的规划。为了推动该倡议的实施，加州水资源控制局和流域水质管理分局设立了协调员、工作组、委员会、执行委员会、项目经理等，这些成员均有相应的职责和授权。加州通过立法授权设立了 10 个协调员，9 个流域水质管理分局各有一个。协调员负责与水资源控制局和各类利益相关者交流，分享水环境问题和识别主要利益相关者。工作组由加州水资源控制局和 9 个分局协调员组成，主要为流域管理倡议制定规划和支持规划实施，帮助利益相关者获取流域管理培训、技术援助和资金援助的机会。委员会由各个部门的执行官员组成，负责审议和签署工作组提交的决策。项目经理根据预期水质目标，与工作组和各部门沟通和协调，寻求解决方案。

总体来看，美国国家环保局、州水资源控制局的水环境保护法律法规最终需要流域水质管理分局具体执行。加州各个流域水质管理分局每月都会发布一份执行报告，主要内容包括：NPDES 排污许可证实施检查、雨水污染控制设施检查、发布不遵守通知、发布违法通知、责令违法行为承担民事责任等，除了这些主要行政监管事务，还在《清洁水法》第 401 条规定的水质认证和废物排放要求项目、地下储罐项目、盐和营养物质管理项目、防治石油和天然气生产行为污染水质等方面享有广泛的行政权利和义务。

2.3.5 地方环保部门

因各州情况不同，州环保部门的架构亦不完全相同。但总体而言，州与地方环保部门主要有两种建制：一是统一执法模式，即州政府环境执法机构直接管辖地方，也就是由州环保部门在全州范围内直接进行环境管理，各个县市不设立任何环保部门。此种建制适用于较小的州（如华盛顿特区、特拉华州）。二是多层体系的执法模式，即州政府建立环保部门，同时设立派出机构对地方执法机构进行监督，也就是州环保部门、州环保部门派出机构、地方（县市）环保部门。多层体系的执法模式下，在县市一级，还会有地方环保部门。此多层体系的执法模式逻辑为：州环保部门—州环保部门派出机构—地方（县市）环保部门。多层体系的执法模式适用于面积较大、人口较多的州。

2.3.6 环保组织和社会公众

环保组织是美国环境管理和立法的一支重要推动力量。如果说环境污染事件是美国环境立法的缘起，是美国国会对环境污染事实的被动反应，那么环保组织的发展以及环保运动的兴起则是美国主动推动环境保护的力量（赵岚，2018）。在美国，有各种民间环保组织（Environmental Non-Governmental Organizations，ENGOs），是美国非政府组织（Non-Governmental Organizations，NGO）的一种。在新的环保思想推动下，以塞拉俱乐部（Sierra Club，1892 年）为代表的传统的环保组织开始转型，而以美国环保协会（Environmental Defense Fund，1967 年)①　为代表的新生环保组织也如雨后春笋般萌生，它们在美国的环境保护中发挥了不可替代的重要作用（徐再荣，2013）。美国民间环保组织作为公众环境利益的代表，已经从最初的小团队发展为具有一套严密结构的庞大组织。其资金主要来自会员会费、个人捐助、基金会资助、政府项目经费、投资收益、其他社会捐款等。虽然各环保组织关注的重点不同，但目的只有一个，就是保护环境。这些组织历史悠久，人数众多，机构遍布美国各地，是美国公众在环境问题上的代言人。在美国，环保组织可以借助政府的签约委员会、公民咨询委员会、研究小组、圆桌讨论会和专家小组、公告和评议、公开的会议和听证会等民主协商会议参与环境决策。除此之外，环保组织也可通过写信、请愿、参加委员会和听证会、公共监督团体、监督员制度等渠道参与美国环境管理和立法。另外，环保组织往往能够掌握更多的环境保护专业知识，有更大的能力抵御市场风险和防止政府滥用公权力，而且能够更好地调动社会公众的环保热情，组织引导公众更有效地参与环境保护，维护自身的环境权益。环保组织通过各种途径普及环保知识使得"环境保护"被社会公众深入了解，提高了公众的环保意识。

　　社会公众也是环境保护的重要力量，公众参与是环境管理的重要途径之一（陈梅，2010）。1969 年美国《国家环境政策法》规定了环境影响评价报告书应按照规定向社会公开。基于此，20 世纪七八十年代，美国制定的环境法律中无一例外地将公众参与细化到每个环境政策制定之中。此外，美国国家环保局在 1981 年制定了《美国国家环保局公众参与政策》（*Public Involvement Policy of the U. S. Environmental Protection Agency*），在充分地修订和完善后，于 2003 年正式公布。根据美国《国家环境政策法》与《美国国家环保局公众参与政策》，公众可以参与国家环境政策制定的全过程，主要表现

---

　　①　美国环保协会是著名的美国非营利性环保组织，成立于 1967 年，总部位于纽约，涉及的领域主要包括气候和能源、人体健康、生态保护、海洋等。美国环保协会自成立以来，一直遵循创新、平等和高效的原则，通过综合运用科学、法律及经济的手段，始终为最紧迫的环境问题提供解决方案。美国环保协会的创立源自美国著名的杀虫剂 DDT 事件。20 世纪 60 年代，美国长岛的科学家通过科学研究，用强有力的科学证据赢得了在全美禁用杀虫剂 DDT 的官司。这个案件打破了美国法院对环境公益诉讼的资格约束，奠定了当代美国环保法的基础，引起了全国的广泛关注，并为未来的环境保护工作提供了新的解决方案。1967 年，为了解决来自全美各地的环境公益诉讼请求，进一步保护人类赖以生存的环境，这群科学家和律师成立了美国环保协会。美国环保协会是美国历史上最早成立的环境保护组织之一，比美国国家环保局的成立还要早三年，是第一个雇佣经济学家的美国环保组织，并一直致力于通过综合运用科学、法律和经济的手段解决环境问题。

为：在环境政策制定的启动阶段，行政部门就必须通过各种方式向公众特别是利益相关者公布，并鼓励大家积极建言献策，广泛参与到相关环境政策的制定过程中来；在环境政策制定过程中为公众提供讨论政策、提出意见和质疑的机会，接受各种公众的评议、质疑或建议；在收到建议后，相应政府部门必须在规定的时间内对公众评论指出的各种问题做出解释、答复，甚至修改，这种过程反复进行，直至各种问题得到充分讨论和解决、各种意见得到圆满答复或修正之后，才能确定该项政策的基本内容。

在美国，很多环境管理制度的制定和实施都离不开社会公众参与。比如，《清洁水法》鼓励并规定公众参与排放标准的制定和修订，"行政机构或各州根据《清洁水法》制定的规章、标准、排放限值、计划、规划，在其制定和修订过程中，应该规定、鼓励并协助公众参与"。在 NPDES 排污许可证排放限值导则的制定和更新中，通过数据库参考、技术验证机制设计以及公众参与的形式协调和保证不同利益相关者的权益，公开透明利益相关者参与管理机制不仅能够让利益相关者优先、充分了解排放限值导则的制定计划，也使得政府和企业在新技术研究、新数据分析方法的产生等方面进行合作。TMDL行政法规也要求在制定 TMDL 计划过程中提供公众参与的机会。一般而言，公众对当地流域的了解要比州行政机构更多，而这些知识对制定 TMDL 计划极其有用，公众通常会提供关于受损水体的有用数据和信息，提供改善其社区的真知灼见，这对确保一个流域的污染物削减战略的成功至关重要。公众参与和提供的信息能够提高 TMDL 计划的质量，最终加速受损水体的清洁或拯救受威胁水体。

2.4　小结

环境管理体制是环境管理系统的结构和组成方式，其核心内容是机构的设置，其目标是使各项环境政策具有明确、有效的责任主体。科学的环境管理体制是环境政策有效实施的前提和基础。《清洁水法》制定了水环境保护的设置框架，确立了纵横结合、多元化的管理体制，联邦政府、州政府、地方政府部门以及环保团体、社会公众都在水环境管理过程中占有重要地位，发挥了关键的作用。横向来看，美国国家环保局是美国水环境管理体系中最核心的机构，得到联邦政府的授权并直接向美国总统负责，在各联邦机构中居于最高地位，担当协调、统筹和监督的职能，可以在众多部门中发号施令。纵向来看，美国水环境管理采用"国家环保局—区域办公室—州环保局—流域管理机构—地方环保部门—污染源"的直线型管理模式。美国国家环保局是废水管理的领导者、组织者，法律法规的主要制定者和监督实施者，为地方政府提供技术帮助和财政支持，主导必要的水污染防治科学研究以及公众参与水污染防治事务的教育培训等，授权地方政府颁发或直接颁发 NPDES 排污许可证，也为州和地方水污染防治机构确定实施行政监管的准则，监督州和地方水污染防治机构严格遵照实施。区域办公室在管理的州内代表美国国家环保局执行联邦的法律法规、实施美国国家环保局的各种项目，并对各个州的环保行为进行监督。州环保局主要负责落实联邦政府的水污染防治法律法规和政策，接受联邦政府的指导和监督，具体落实水污染物排放标准和水质标准。地方环保部门是在联邦、州确定的法规、标准和政策框架内，更加具体、更加直接负责水污染防治的行政监管部门。同时，水质管理按照流域设置管理机构，理事会成员的任命和批准不受管辖地区政府的左右。在这种水环境管理体制的框架下，联邦政府起着领导、协调和监督的作用，州环保局是一个承上启下的行政机构，而流域管理机构和地方环保部门是最基层、最直接的管理者，任何一方都是不可候缺的。这种直线型的水环境管理体制便于监督，且较大程度上避免了地方政府的干扰，大大提高了监管和执法的力度，也降低了执法的成本。此外，环保组织和社会公众也是水环境管理中的重要力量。

第 3 章

点源污染排放控制

　　点源污染排放控制是美国水环境管理中最精华的部分。美国国会认为，点源排放是最直接、最重要的污染源。由于其瞬时排放量大、排放集中、毒性较强，可在短时间内对人体健康和水生态安全造成重大损害。如果不对点源加以控制，水体根本得不到保护，而且点源污染经过努力是可以得到有效控制的。所以，控制点源污染对水环境的破坏是美国水环境保护最优先进行的工程。相对于那些开展时间较短的专项工程，比如非点源管理计划和 TMDL 计划，美国在控制点源污染方面的治理经验已经相当成熟。50 多年来，点源污染排放控制在法理上经历了众多层面的挑战，如今已经相当稳定。经过政策层面和操作执行层面的频繁互动，依法治理的内容比较丰富，有不少可供我们学习和借鉴的地方。

3.1　NPDES 适用范围的重要概念

3.1.1　污染物

　　为规范管理，美国国家环保局将废水中的污染物分为三种：常规污染物、非常规污染物和有毒有害污染物。常规污染物主要包括五日生化需氧量（BOD_5）、总悬浮固体（TSS）、粪大肠菌群、油脂、酸碱度、pH，它们普遍存在于城镇生活污水当中。有毒有害污染物主要包括重金属、持久性有机物、卤化物、硫化物等，有毒有害污染物对人体健康和生态系统的危害更大，具有较强的致癌、致畸性，在一定剂量下甚至可以致命。有毒有害污染物很难通过自然系统降解，一旦进入水体，很可能在底泥中积累下来，通过食物链产生生物富集，最终对人体造成危害。从影响来看，对有毒有害污染物的控制应当比对常规污染物的控制更为严格。在 1977 年《清洁水法》通过后，有毒有害污染物经常与优先控制污染物混用。非常规污染物的定义并不像常规污染物和有毒有害污染物那样明确，指的是那些无法归类到上述两种类别中的污染物，主要包括化学需氧量、总有机碳、氮、磷等。由于二级处理标准的普及，排放到美国水体当中的点源废水，量最大的是城镇污水处理厂的排放水，主要的污染物是常规污染物，其次是非常规污染物，也会含有一些有毒有害污染物。工业废水排放量虽比城镇污水处理厂少，却含有更多的有毒有害污染物。

3.1.2　污染源

污染物可以通过多种途径进入水体，来源包括工业、农业和家庭。为了便于管理，水污染源一般被划分为"点源"和"非点源"。点源指任何可辨别、有限制且分散的输送，包含但不限于管道、沟渠、河道、隧道、泉、井、不连续裂缝、容器、车辆、规模化畜禽养殖场，以及可能存在污染物泄漏的轮船和其他流动船只；非点源一般指除点源以外的污染源，包括农业、河道底泥、大气沉降等（宋国君，2020）。典型点源排放主要包括工业点源、市政污水处理厂、垃圾处理厂和规模化畜禽养殖场。一般来说，点源常有确定的排放口，在某一局部地区水量较大、污染物含量较高、毒性较强，引起的水体污染比非点源引起的污染更为严重，可对人体健康、水生态和经济社会发展造成重大伤害。非点源污染主要由地表径流、降雨、大气沉降、渗透、沉积物释放引起，几乎没有确定的排放口，常以分散的形式进入水体，与降雨、水文、地质、地理条件等密切相关，一般只在汛期才会大量进入水体，较大的水量也会使污染物浓度大大降低。同时由于降雨时间的不确定性，导致其污染负荷不易监测，即使监测也会难度较大、成本较高。点源污染排放控制主要通过 NPDES 排污许可证进行管理，除了 NPDES 规定的某些特定农业活动（如规模化畜禽养殖场），大多数农业设施被定义为非点源而不受 NPDES 规则管辖。与控制非点源相比，点源排放控制更有效率、见效更快。

从理论上讲，排入美国水体的污染源，可分为直接排放源和间接排放源。

直接排放源直接排放污水进入受纳水体，间接排放源排放的污水在城镇污水处理厂处理后再进入受纳水体。在美国国家计划中，NPDES 排污许可证只发给直接排放的点源，工业和商业的间接排放源则由国家预处理项目进行控制（叶维丽，2014）。NPDES 主要关注工业企业和市政污水处理厂等直接排放源。市政污水处理厂接收了居民和商业的主要生活污水，大型的污水处理厂也接收和处理来自工业企业的纳管废水（间接排放者）。市政污水处理厂可以处理的污染物种类一般为常规污染物（BOD_5、TSS、类大肠菌群、油脂、pH），根据纳管的工业企业点源自身特点，也可能包括非常规污染物或有毒有害污染物。与市政污水处理厂不同，工业企业点源的原材料、生产流程、处理技术以及工业设施污染物排放变化多样，这是由工业企业所属行业及生产设施特点决定的。

3.1.3　美国水域

根据《美国联邦法规汇编》第 40 卷第 122 章，美国水域主要分为：①可航水域；②可航水域的支流；③州际水域（包括州际的湿地）；④州内的湖泊、河流、溪流等，包括那些可为旅行者提供娱乐或其他功能的水体、可以捕获鱼类或贝类且可用于州际或对外贸易的水域、在州际贸易中已用于或可能用于相关产业的水域。这样定义旨在将所有可能的水体纳入《美国宪法》框架下的联邦管辖范围，即联邦政府而非州政府的管辖范围。此定义被认为实际上包括了美国所有的地表水体，包括湿地和季节性河流。一般来说，联邦水体不包括地下水。因此，向地下水排污不在 NPDES 的管辖范围内。但如果向地下排污的区域与附近地表水体有"水文连接"，主管单位将要求排放者申请 NPDES 排污许可证。

3.2　基本原则、功能定位与管理体制

3.2.1　基本原则

《清洁水法》明确规定，任何人或组织都无权向美国的任何天然水体排放污染物，除非得到许可。排污许可证即允许点源排放污染物进入美国天然水

体的一种"执照"。所有点源排放都必须事先申请并获得由美国国家环保局或得到授权的州、地区、部落颁发的 NPDES 排污许可证。持有这个"执照"的点源拥有排放污染物的"特许权"。同时其排放必须严格遵守许可证的规定，否则便是违法。排污许可证的管理机构可以依据法律规定，撤销违反排污许可证要求的点源排放污染物的"权利"。美国国会解释了设立 NPDES 排污许可证的主要目的，是确保排污许可证持有者的排放活动遵守《清洁水法》规定的各类技术排放标准、与水质标准有关的排放标准、有毒有害污染物的排放标准、预处理标准，且承担其他法律规定的义务。

可以看出，排污许可证是将法律规定的排放标准转化为具体排污者应履行的控制水污染的义务的主要方式。虽然称作"排污许可证"，但是其首要目的不是授予"排污权"而是规定义务。首先，法律强制任何向美国水域排放污染物的点源必须获得排污许可证，这是一种必须履行的义务，是一种不履行会带来严厉法律制裁的义务（徐祥民，2004）。其次，排污许可证为排污者列出了一系列义务清单，包括必须遵守的排放标准以及监测、记录和报告义务，这些都与任何权利无关，排放标准的采纳意味着联邦政府放弃了之前"将河流稀释功能作为处理水污染的方式"的认识，也放弃了"人们拥有排污权"的认识。

3.2.2　功能定位

排污许可证是美国《清洁水法》得以执行的基础和核心，是实现美国《清洁水法》中所设定的国家目标的手段和工具，是点源排放控制政策的实施载体（李涛，2020）。排污许可证是规定了点源排放标准和自测计划的排污者守法文件，也是政府部门的监督执法文件[①]（韩冬梅，2014）。《清洁水法》第 3 章对排放标准及其实施做了详细的规定，第 4 章对国家污染物排放消除制度做了详细的介绍。其中关于点源的排放控制标准是对点源污染排放的直接要求，这些要求的实施主要依靠排污许可证。依据点源所属行业类别和排

---

① 排污许可证是企业守法和政府执法的重要依据。企业在获得排污许可证后，应该根据排污许可证中对监测和报告的要求，对本企业的具体点位的排放行为进行监测并向管理部门报告。排污许可证发放后，发证部门应在 NPDES 集成守法信息系统中输入排污许可证的排放标准和一般规定、特殊规定，以确保工业企业的运行情况得到跟踪。如果设施发生违反排污许可证排放标准的情况，排污许可证管理机构可以及时发现并对违反排污许可证规定的行为进行纠正。

入水体的指定用途，计算点源需要执行的排放标准以及相应的监测方案，并通过排污许可证予以落实。实施排污许可证制度确保了点源按照排放标准的要求进行排污，因此，排污许可证是点源排放控制的核心政策手段。

3.2.3 管理体制

NPDES 排污许可证项目的监督管理体制采取统一监督管理和分级管理相结合的模式，即"合作联邦主义"，核心是如何处理联邦政府与地方政府（各州）之间的许可证授权签发与监督上的分工与合作关系。根据《清洁水法》，美国国家环保局的职能包括"制定国家污染物排放消除制度，同时如果有必要，可以为各州制定或审批许可证计划，对尚未获得许可证审批的州以及尽管获得了许可证审批但依然存在违反国家法律或标准的州强制实施 NPDES 规定；审查、修改、暂停和吊销任何机构发放的 NPDES 排污许可证，其中包括美国陆军工程兵团"。在联邦层面，NPDES 排污许可证项目由美国国家环保局水办公室下的废水管理办公室排污许可部门负责实施，具体的分工设置如图 3-1 所示。

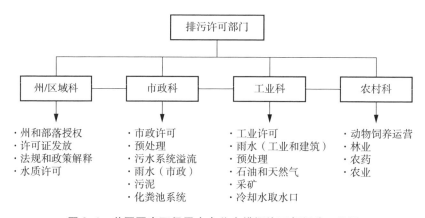

图 3-1　美国国家环保局水办公室排污许可部门分工设置

该部门有 48 名员工共同负责 NPDES 排污许可证项目。如果各州仅有实施部分 NPDES 排污许可证项目的权力①，则其他 NPDES 排污许可证的颁发工

---

① 根据《清洁水法》的授权，美国国家环保局可直接实施 NPDES 项目，也可以授权各州、领地或部落实施 NPDES 排污许可证的部分或全部内容（能证明自身具备了独立管理该许可证项目的法律授权和能力）。

作将由区域办公室负责，比如：美国国家环保局十区办公室下设的水和流域办公室 NPDES 排污许可证组负责实施在十区管理 NPDES 排污许可证项目，具体包括负责监督阿拉斯加州、俄勒冈州和华盛顿州获得授权部分 NPDES 项目的执行，发放爱达荷州的所有许可证、华盛顿州联邦设施的许可证、十区各州的部落设施的许可证、阿拉斯加州《清洁水法》第 301 条第（h）款相关设施许可证、向十区内联邦水体排放污染物的设施许可证等，如图 3-2 所示。十区办公室 NPDES 排污许可证组大约有 20 名员工。获得授权的各州对 NPDES 排污许可证项目的管理主要由本州水环境保护机构负责。

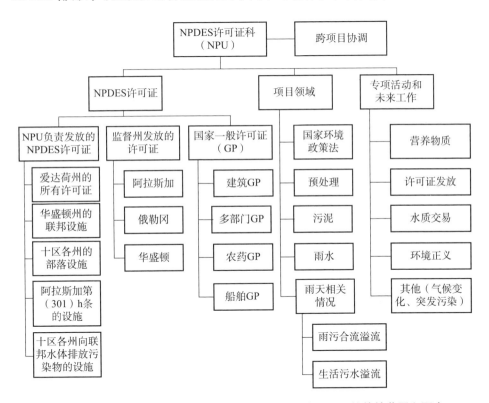

图 3-2　美国国家环保局十区办公室 NPDES 排污许可证组的管辖范围和职责

根据《清洁水法》第 402 条第（b）款和 NPDES 行政法规第 123 节，美国国家环保局可以授权州、领地或部落政府机构执行全部或部分 NPDES 项目，如果某个州想要获得授权代替国家环保局管理 NPDES 项目，则需要向国家环保局提交"一揽子"文件以获得国家环保局的批准，包括州长请求审查和批准项目的信件、达成协议的备忘录、NPDES 项目说明、法律授权的声明以及作为项目基础的州法律和行政法规。美国国家环保局在收到申请之后的 30 天内确定提交材料是否完备，90 天内答复是否给予授权。整个授权的过程包括公众审查、评论和听证会。州申请的许可证项目包括：市政和工业设施的 NPDES 个体许可证项目、一般许可项目、预处理项目、联邦设施的许可、污泥项目。一个州可以获得 NPDES 项目中一个或多个授权。目前，有 46 个州（不包括爱达荷州、新罕布什尔州、马萨诸塞州、新墨西哥州）和弗吉尼亚群岛获得授权，负责颁发本地区全部和部分 NPDES 排污许可证。对于未得到美国国家环保局授权的州政府而言，NPDES 的颁发由国家环保局区域办公室负责。获得授权运行某许可证项目的州政府，得与国家环保局签订包括 9 项具体内容的协议备忘录。备忘录既包括实体上也包括程序上的内容，比如项目组织、拟用许可证表格的形式、遵守跟踪和执行方案、实施国家环保局授权的州立法授权、对违法者施行强制执法的规定、提供关于许可决定司法审查的机会（为被许可的排污者提供法律救济）等，这实质上体现了联邦政府与州政府之间在水污染控制上的职能分工和合作主义。

州政府可能会拒绝参与，但大多数州不会这样做，因为它们也想获得联邦政府用于环保的项目基金。经批准的项目，会伴有联邦经费资助。通常，由州政府颁发的许可证或执行的项目，美国国家环保局将不再处理，但国家环保局必须检查由州政府颁发的许可证，并有权反对许可证中和联邦要求有矛盾的内容，保留必要时收回州政府对许可证的管理权。许可证一旦颁发，就要被强制执行，被授权的州和联邦机构有权监督和强制企业执行许可证的要求。可以看出，美国国家环保局依然保留对州政府许可决定的监督权威和独立的强制执行权威。

美国国家环保局通过实施许可证质量评估（Permit Quality Reviews）和州评估框架（State Review Framework）对各州 NPDES 项目的执行情况进行监督，帮助各州发现项目管理的问题并改进。NPDES 排污许可证项目在质量评估过程中，国家环保局会对某一类许可证的语言、情况说明书、排放标准的计算和其他支持文件进行审阅，评估该州的许可证是否与《清洁水法》或其他环境法规的要求一致，以提高各州 NPDES 排污许可证项目的执行一致性，识别 NPDES 排污许可证项目管理的成功案例，帮助各州改进管理方式。州评估框架主要是对各类 NPDES 排污许可证项目的绩效进行评估。根据法律法规，公民可以向美国国家环保局提出申请，要求取消对某个州的 NPDES 项目授权。

3.3 排污许可证类型、内容与程序

3.3.1 排污许可证类型

排污许可证①是特许某一设施在特定条件下向某一受纳水体排放特定数量污染物的法定文件，同时也可授予排污处理设施以及焚烧、填埋、污泥利用等设施。美国对不同点源颁发不同的 NPDES 排污许可证，以便于管理，许可证主要分为两种类型，即个体许可证（Individual Permits）和一般许可证（General Permits），然后根据污染物排放设施类型进行分类管理（谢伟，2019）。

个体许可证是专门为个体设施量身定做的，它针对该设施的具体特征、功能等制定特别的限制条件和要求（李丽平，2019）。个体许可证的条款对于被许可人而言是特定的，许可证授权机构根据设施提交申请的信息制定相关许可证（如工业活动的种类、排放种类、受纳水体水质）。个体许可证的有效期一般不超过 5 年，在终止日期之前需要重新申请。美国国家环保局颁发的许可证中绝大部分是个体许可证。

一般许可证是在一种"伞状"许可证项目下涵盖大量相似设施的许可证，无须个人申请，适用于一定地理区域内具有某种共同性质的特定排污设施，具体包括：产生暴雨径流的点源、生产工艺相同或相似的行业的设施、排放同种污染物或使用同种污水处理工艺和污泥处置方式的设施、对下水道污泥利用和处置遵循相同排放标准和运营条件的设施、有相同监测要求且差异较小的同类设施等。一般许可证是判例法确立的许可证形式，美国国家环保局最初将暴雨径流、集中的动物饲养作业、林业活动等排除在许可证适用范围外，认为这些污染源具有位置分散、排放不规律、数量大等特点，难以实施

---

① 《清洁水法》有两个排污许可证项目，一个是第 402 条 NPDES 排污许可证项目，另一个是第 404 条湿地疏浚和填埋物排放许可证项目。第 404 条监管的是向美国水域排放疏浚或填埋物质的行为，第 404 条项目监管的活动主要包括：为了开发水资源工程（如水坝和防洪堤），基础设施建设（如公路和机场）和采矿工程的填埋。美国陆军工程兵团和国家环保局共同实施第 404 条的规定，陆军工程兵团主要负责管理湿地疏浚和填埋物排放许可证项目，国家环保局主要负责监督，后者保留否决或限制拟议许可证的权力。本书主要阐述美国点源污染排放控制，即第 402 条 NPDES 排污许可证项目。

有效控制并增加行政管理成本，但在自然资源保护委员会诉特雷恩一案中法院对此做出了判决，"美国国家环保局可以做出自由裁量，采用一般许可证来管理相似的污染源"。1979年以后，联邦和各州政府开始颁发一般许可证。一般许可证可以使具有某种共同性质的排污设施无须花费金钱和时间去单独申请个体许可证，同时简化了审批流程，使环保局的工作更有效、更经济。一般许可证使许可证授权机构能够更有效地分配资源，由于颁发更及时，覆盖范围可以更广。另外，使用一般许可证可使相似排污设施的许可条件保持一致，体现了法律的公平性（李丽平，2015）。

3.3.2 排污许可证内容

根据《清洁水法》，所有排污许可证至少包括五部分内容：基本信息、排放标准、监测和报告要求、特殊规定、一般规定。如图3-3所示。

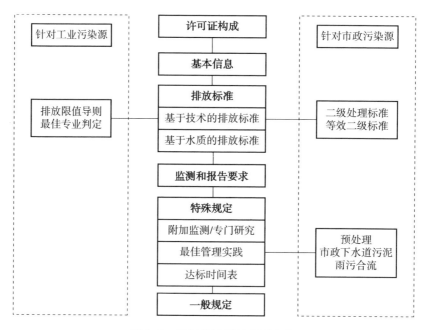

图3-3 排污许可证的主要内容

3.3.2.1 基本信息

一般包括排污许可证持证者的名称、排放设施的名称和位置、被批准排放口的具体位置、受纳水体、具体的管理部门、授权该排污许可证的法律和法规、排污许可证有效期、管理部门主管官员的签字声明。所有信息均由美国国家环保局区域办公室或经授权州提供模板式语言或格式。

3.3.2.2　排放标准

排放标准是排污许可证的核心，也是污染物向受纳水体排放的主要控制机制。基于技术的排放标准（Technology-based Effluent Limits，TBELs）是对点源排放的最基本要求，当污染源达到该标准后仍然不能满足排入水体水质要求时，应实施基于水质的排放标准（Water Quality-based Effluent Limits，WQBELs），这是对点源的更进一步要求。排污许可证编写者的大多数时间均花费在根据相应的技术和水质标准制定适当的排放标准上面，通常以最严格的计算结果作为最终的排放标准。不同污染物可能会遵守不同的排放标准，比如汞等有毒和优先控制的污染物可能会按照基于水质的排放标准进行排放，而磷酸盐等常规污染物则按照基于技术的排放标准进行排放。

3.3.2.3　监测和报告要求

用以描述废水和受纳水体特征，评价废水处理效果和确定遵守排污许可的条件。定期的监测和报告，是促进工业企业自证守法、确保污染控制正常进行的经济而有效的方法。这可以让持证者承担依法排放的责任，并及时掌握污染处理设施的运行情况，也成为监管部门执法行动的重要基础。

3.3.2.4　特殊规定

除了满足 NPDES 排污许可证所要求的"一般规定"，许可证还可以包含应对特殊情况的规定以及适应预防性的要求，用来补充排放标准的规定，同时为未来排放标准的修订和发展提供数据。这部分通常是非数值式或描述性的法定要求，因为不包括具体的量化指标，所以这部分特殊规定不能被放在排污许可证的排放标准部分，比如最佳管理实践、污染防治、额外的监测和研究、达标期限等。提出特殊规定的目的是鼓励持证者采取行动削减现阶段排放的污染物总量，或者减少未来排放污染物的可能性。

3.3.2.5　一般规定

"样板"规定，是美国国家环保局对排污者提出的各种预先设定的法定条件。这些一般规定列举了持证者在实施和遵守这些法定条件时法律、行政和程序的要求，包括定义、检验程序、记录保存、通知要求、对违规的处罚和持证者的责任。采用一般规定有助于确保国家环保局、区域办公室或州政府颁发的排污许可证的统一性。排污许可证编写者需要了解一般规定的内容，并经常向持证者解释这些内容。

3.3.3 排污许可证程序

3.3.3.1 申请程序

（1）申请主体。根据联邦法规第 40 卷第 122 章第 21 节第（a）款，向美国水域排放或打算排放污染物的任何人（一般许可证的申请人除外）都必须申请排污许可证。此外，法律还规定禁止许可证主管机关在预期的排放者提供完整申请之前签发单独许可证。这一规定与《清洁水法》第 301 条第（a）款的规定相衔接，除非遵守该法，"任何人的任何污染物排放应是非法的"。申请应由企业或行动的高级官员签署或审核，对签名和审核也有专门的要求。排放者在签署许可证申请表时必须确认："我声明以我的知识和信仰保证那些管理该系统或直接负责人所收集的信息和所提供的信息是真实、准确和完整的。我意识到提交虚假信息将会面临严厉的处罚，包括故意犯罪行为的罚金和监禁的可能性。"

绝大部分排放或打算排放到美国水域的排放源都必须先获得 NPDES 排污许可证，但联邦法规第 40 卷第 122 章第 3 节规定的例外情形除外，主要包括：排放疏浚或填埋物到美国水域的排放者，需要按照《清洁水法》第 404 款的要求执行；间接排放者通过城市下水道向市政污水处理厂排放工业废水或其他污染物的，需要遵守国家预处理计划要求；灌溉农业的回流水；按照《国家石油和有害物质污染应急计划》（*The National Oil and Hazardous Substances Pollution Contingency Plan*，NCP）规定所做出指导的任何排放；排放到私有污水处理厂的污染物；从非点源的农业和林业排放源排放的污染物，包括从果园、栽培作物、牧场、草地和森林排放的雨水径流，但不包括从规模化畜禽养殖场、规模化水产动物生产设施、水产养殖项目、林业点源的排放。这 6 种类型的污染物排放虽然不受 NPDES 排污许可证限制，但需要受其他监管项目的控制。

（2）个体许可证申请。如果一个设施需要申请个体许可证，则必须提交一个许可证申请表格。根据排放设施的类型和排放污染物，NPDES 排污许可证申请要求也不同。NPDES 排污许可证申请规则见联邦法规第 40 卷第 122 章子章节 B。大多数申请要求包含在美国国家环保局制定的表单中。得到国家环保局授权的州无须使用国家环保局的申请表，但州政府所使用的任何替代性表格必须包含国家环保局的最低法定要求。当然，各州可以使用国家环保局的申请表格以收集联邦所要求的的信息，也可以在补充的表格中收集额外的州特定要求的数据。表 3-1 概述了 NPDES 排放者申请表。除城市分流制雨水系统（MS4）申请市政暴雨排放许可证外，申请个体许可证的所有设施必须提交表 1，表 1 要求填写设施的基本资料主要包括：姓名、通信地址、联系方式和所处位置；行业分类标准（SIC）代码、营业性质的简要说明；显示现有或拟建的排污设施进出口位置的地形图。在某些情况下，一项设施可能需要提交多个申请表格，比如现有工业设施排放暴雨雨水连同加工和非加工的工业废水，可能需要提交表 1、表 2C 和表 2F。

表 3-1　NPDES 排放者申请表①

设施类型或项目领域	情况	表格	引用的法规（40 CFR 122）
所有 NPDES 申请者（除 MS4 以外）	新建和现有	表 1	122.21（f）
市政设施 ● 主要市政污水处理厂［日流量超过 3780m³（百万加仑），或服务人口超过 1 万人，或接纳工业生产废水的设施］ ● 小型市政污水处理厂	新建和现有	表 A	122.21（j）
	新建和现有	简表 A	122.21（j）
工业设施 ● 生产设施 ● 商业设施 ● 采矿设施 ● 林业设施 ● 水处理设施	新建	表 2D	122.21（f）、（k）
	现有	表 2C	122.21（f）、（g）
	非生产过程废水	表 2E	122.21（f）、（h）
规模化畜禽养殖场 ● 动物养殖场 ● 水生动物生产设施	新建和现有	表 2B	122.21（f）、（i）
与工业行为相关的暴雨排放	新建和现有	表 2F	122.26（c）
服务人口大于 10 万人的 MS4 雨水排放	新建和现有	无	122.26（d）

① 美国国家环保局对个体许可证的申请表格要求。表 3-1 中要求的相关表格，详见《美国排污许可证编写者指南》。

（3）一般许可证申请。一般许可证是为暴雨排放或在特定地理、行政区域内的特定类别的排污者设立的，使用一般许可证可以简化程序。然而，与个体许可证不同，如果某一类一般许可证已经涵盖了某个工业企业的各种行为，那么该工业企业仅能申请这类一般许可证。此外，许可证签发部门可决定不适用一般许可证的个别工业企业，并可以要求该工业企业申请个体许可证。其他有资格持有一般许可证的工业企业也可选择申请个体许可证。绝大多数情况下，申请一般许可证的工业企业都必须提交在许可范围内的申请意向书（NOI），意向书的内容和其他额外所需的信息必须在一般许可证、情况介绍或说明书中做出详细说明，至少要包括以下内容：工业企业所有者或运营商的姓名和通信地址、工业企业的名称和地址、设施或排污口的类型、受纳水体。

（4）许可证申请日期。根据联邦法规第 40 卷第 122 章第 21 节的要求，无论是新源还是现有源，都必须在实际发生排污的 180 天前提出申请。工业暴雨雨水排放，也必须在可能导致雨水排放活动开始之日前的 180 天提出申请。重新申请许可证的，必须在现有许可证到期的 180 天前提出申请。对于新申请的排放者的截止期限应在一般许可证中明确规定。各州政府规定的时间期限可能略有不同，但一般要严于联邦政府的要求。此外，国家或地方主管人员可能会允许个人申请者提交申请的日期略迟于这个时间，但不得迟于现有许可证有效期到期之日。当然对于申请人来说，最好是更早提交申请，因为许可机构核发许可证需要收集额外的信息。应当指出的是，根据联邦法规第 40 卷第 122 章第 6 节，只要排放者已经按时提交了完整的许可证续期申请，在新的许可证下发之前过期的许可证仍然有效。但若州法律不承认过期许可证的有效性，或者因企业没有及时完成许可证的续期申请，那么在许可证到期之日至新的许可证生效之前，州政府会认定该企业为无证排放。

3.3.3.2 审查程序

许可证申请表的审查是基于申请表中所包含的各部分信息，因此申请表的信息必须完整、准确[①]，以便许可证编写者编写合适的许可证。图 3-4 描述

---

① 根据联邦法规第 40 卷第 122 章第 21 节第（e）款规定，只有当许可机构确认全部所要求的信息都已提供才能被认为申请书是完整的。任何情况下，许可证编写者都不应编辑或修改申请书，因为这是由申请者签署并认证的法律文件。由申请者提供的原始申请书、任何后续的认证、任何补充信息都应该在档案中描述。同时，提交的所有信息必须是准确无误的，当发现错误时必须予以纠正。以上这些信息都将成为许可证行政记录的组成部分。

了许可证申请表审查的一般程序。申请表经过初审后，许可证编写者可以要求申请人提交其他的辅助信息，以确定是否能够颁发许可证或是否需要修订。所需要的辅助信息包括：附加信息、量化数据或重新计算的数据；如果申请者之前提交的表格形式不当，则需要提交一份新的表格；如果最初提交的信息不完整或已经过时，则需要重新提交申请。因此，在许可证编写者获得完整和准确的信息之前，可能需要相当多的信件往来（叶维丽，2014）。

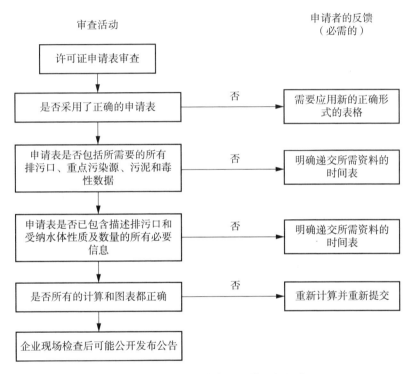

图 3-4　许可证申请表审查的一般程序

除了提交申请表，许可证编写者应考虑收集用于制定许可证排放标准与条件的其他资料。在制定许可证草案和事实情况说明之前，许可证编写者应收集和审查该企业全部的背景资料信息。这些信息包括：现有的许可证，现有许可证的情况说明书或对当前许可证的基本说明，排放监测报告（Discharge Monitoring Report，DMR），相关的核查报告，工程技术报告，企业状况或存在问题以及达标情况变更的相关信息。其中大部分资料，特别是排放监测报告数据，可能已经存储在数据自动跟踪系统里，比如美国国家环保局许可证守法数据库系统（Permit Compliance System，PCS）或州数据库、综合合规信息系统、在线跟踪信息系统等。许可证编写者也可以与其他曾经编写类似设施许可证的编写者联系，查看即将通过许可的设施是否有特殊注意事项，还可与之前核查过该设施的专员一起讨论达标情况、变更情况或投诉历史等。

现场实地考察对更新生产工艺信息、获取有关设施运行信息、获取设施和管理情况以及核实申请材料的准确性都很重要。现场实地考察也使许可证编写者与设施管理者彼此熟悉，并使管理者参与到许可证编写过程中来。现场实地考察应对生产过程详细审查，以便评估原材料、产品和副产品中可能存在的有毒或有害物质种类。应该对用水状况、废水流向以及所有生产过程中的污染控制情况进行审查，以帮助选择需要控制的有毒污染物或其他污染物，并评估在生产过程中加强污染控制的可行性。此外，现场实地考察应对执行情况、污水处理设施的使用和保养操作进行审查，这对评估现有治理设施的执行情况以及改进和执行的可行性非常有用。同时，应检查污水监测点位布设、采样方法和分析技术，以确定是否需要改变监测要求，同时评价排放监测报告数据的质量。航拍照片是对一个企业进行实地考察的有效补充，可以提供许多关于地表径流潜在污染的资料，并在无法实现实地考察或检查的情况下提供辅助参考。

3.3.3.3　编制与签发程序

（1）个体许可证。尽管每个个体许可证的排放标准和排放条件都是不同的，但确定每个个体许可证的排放标准、排放条件以及签发程序都遵守一系列相同的步骤。图3-5描述了编制与签发NPDES个体许可证的主要流程。

首先，由企业或设施运营者提交许可证的申请。收到申请后，许可证编写者要全面、准确地评估申请者的具体情况。审核通过后，许可证编写者便可以起草许可证文本，并基于申请数据对许可条件进行判断。在编制许可证的过程中，首要的步骤是确定基于技术的排放标准。其次，许可证编写者要确定达到受纳水体指定用途的排放标准，即基于水质的排放标准。然后进行比较，在NPDES许可证中采用更为严格的排放标准。许可证编写者必须在许可证的情况说明书中记录排放标准的确定过程。当然，在同一份许可证中，有可能一部分指标选择基于技术的排放标准，而另一部分指标选择基于水质的排放标准。确定排放标准后，许可证编写者需要针对许可证的一般规定和具体设施的特殊规定提出相应的监测和报告要求。最后，为公众参与许可过程提供机会。许可证管理机构必须向公众发布许可证听证会的公告，通告许可证草案，对此感兴趣的个人或团体可以对许可证草案提交建议。许可证机构可能根据公众的评论对该许可证草案做出重大的修改，然后再次邀请公众对该修订的许可证进行审查和评论。考虑公众建议后，许可证机构要给出许可证文本的定稿，认真记录其过程和决策并形成文件，最终给申请者颁发许可证。

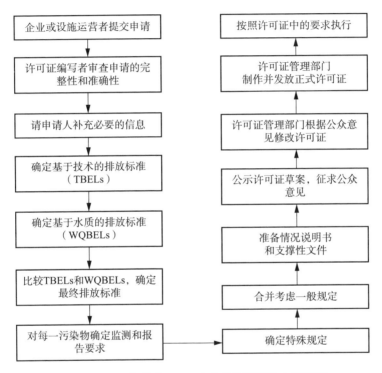

图 3-5　编制与签发 NPDES 个体许可证的主要流程

（2）一般许可证。NPDES 一般许可证的编制与签发程序与个体许可证的程序类似，但在顺序上略有不同，如图 3-6 所示。在一般许可证的编制与签发过程中，许可证主管机构首先需要确定是否有办理一般许可证的必要，并收集充分的数据证明某类排污者具有办理一般许可证的相似属性。在决定是否编制与签发一般许可证的过程中，主管机构需要考虑以下因素：是否覆盖了足量设施？这些设施是否均有相似的生产过程或行为？这些设施是否产生相似的污染物？统一的基于水质的排放标准是否能够满足水质标准的要求？其余步骤与个体许可证的程序相同。一般许可证的主要内容同样包括排放标准、监测和报告要求、特殊规定、一般规定等。许可证草案制定后，要召开公众听证会听取公众意见，要将相关机构信息记录在案，最后才能颁发许可证。许可证制定后，主管机构会提出希望获得该一般许可证需要提交的信息。此后希望获得该一般许可证的排污设施运营者向许可证主管机构提交一个"意向书"（NOI）。许可证主管机构对"意向书"及有关资料进行审查后，确定把该设施纳入一般许可证中进行管理，或者要求其申请个体许可证（张建宇，2018）。

图 3-6　编制与签发 NPDES 一般许可证的主要流程

3.4　排放标准的政策目标与体系

3.4.1　政策目标

水污染物排放标准的管理对象是点源，其是为改善水环境质量，结合技术、经济条件和环境特点，对污染源直接或间接排入环境水体中的水污染物种类、浓度和数量等限值以及对环境造成危害的其他因素、监控方式与监测方法等所做出的限制性规定。作为针对点源排放的一种环境规制手段，其实质是界定污染源排放控制的责任，或排放控制的内部化程度，保护公众健康与生态环境，最终实现"零排放"。因此，水污染物排放标准需要与保护地表水质目标挂钩，明确促进工业行业生产工艺和污染处理技术进步。水污染物排放标准制定和执行的最终目标是实现水环境质量达标，在保证水体安全的基础上，维护水体功能和价值。水污染物排放标准除了限值的规定，还包括达标判据、监测要求及其他配套措施，是一个整体、全面的管理要求。水污染物排放标准是对点源排放后，水体中化学、物理、生物或其他成分在数量、排放率和浓度上的限制，本质是确定点源污染物排放的"内部化"边界，这条内部化边界应当是"适度"的。排放标准的目标包括两个层次：第一个层次是在现有的技术、经济水平下，最大限度地削减水污染物的排放量；第二个层次是确保受纳水体的指定用途不受影响。排放标准的制定主要遵循三个原则：一是要与保护地表水水质、维护水体功能和价值总目标相一致；二是要有效率，即效益大于成本或者达到既定目标的成本有效，并对政策的选定方案和替代方案的潜在成本和收益进行分析；三是能够持续激励技术进步，激励被规制点源优化资源配置、改进技术，在抵消部分乃至全部"守法成本"的同时，提高生产率，技术的进步也是持续减排、最终达到"零排放"的动力。

水污染物排放标准分类和制定机制应当按照上述目标不断分解，根据客观约束条件，协调各类排放标准，使其目标一致，激励技术不断升级。制定排放标准时要考虑成本、技术、能源、就业等限制性因素，因此将第一级目标分解为考虑上述制约因素的基于技术的排放标准。但是，如果在达到了基于技术的排放标准的情况下，仍然无法达到水环境质量标准，则需要制定更严格的水污染物排放标准，确定未达标点源的基于水环境质量的排放标准。在标准的"强迫"下，受控点源将不断改进技术、加强管理，在实现达标排放的同时，技术也将不断进步。

从政策发生作用的过程来讲，政策目标可以分为直接目标、环节目标和最终目标。政府通过实施水污染物排放标准，促使工业企业改变其排放行为，降低排放水平。因此，改变企业的排放行为是政策的直接目标。政策的目的并不是简单地降低排放水平，而是按照先进技术和水质标准的要求降低排放水平。具体而言，基于技术的排放标准必须按照该阶段可行的最先进的技术制定，基于水质的排放标准必须按照该阶段的水质标准制定。随着技术的创新和社会对水体功能需求的提升，基于技术的和基于水质的排放标准都将进一步严格，企业面临的排放标准降低，将不得不采用更先进生产技术和污染处理技术。在这一过程中，企业的环境保护技术水平将持续提高。因此，政策目标是促进工业企业采取先进的环保技术并且通过持续的技术升级保持先进性。最终，通过技术的进步，企业的排放水平持续下降，进入水体的工业污染物逐步减少，在城市生活污水控制政策和农业面源污染控制政策的配合下，水体水质得到改善。作为一项水环境保护政策，无论是致力于降低企业排放还是刺激企业技术进步，其最终目标都是改善水环境质量。

3.4.2　排放标准体系

理想的排放标准包括基于技术的排放标准和基于水质的排放标准。基于技术的排放标准是考虑一定阶段下的社会经济条件，按照当时的先进技术水平制定的工业点源排放限值或技术要求。目的是促使企业的技术达到行业先进水平（管瑜珍，2017）。一般来说，基于技术的排放标准是按照行业标准制定的，要求在全国范围或一定区域内保持一致。基于水质的排放标准是根据一定阶段下社会对水体功能的需求以及实施的水质标准制定的工业点源排放限值，目的是保证点源的排放不影响下游水质。基于水质的排放标准是为污染源量身定制的，对每个污染源的控制要求都不同。

基于技术的排放标准严格按照最先进的技术制定，为了满足排放标准的要求，企业不得不采用先进的生产技术和污染处理技术。长期来看，随着技术的创新和发展，基于技术的排放标准逐渐严格，企业的排放水平也随之下降。基于水质的排放标准严格按照水质标准制定，以保障水体水质达标。在一个较长的时期内，伴随着社会对水体的要求提高，水质标准也逐步提高，基于水质的排放标准也会越来越严格，促使企业的排放水平不断下降。最终，随着基于技术的和基于水质的排放标准的修订和更新，工业点源排放接近"零排放"，进入水体的污染物数量接近于零，水体恢复到接近天然的状态。

3.5　基于技术的排放标准

3.5.1　排放标准的理论基础

1972 年之前，美国一直将水质标准作为控制水污染的主要手段。1972 年《清洁水法》舍弃了之前以水质标准控制水污染的做法，建立了以基于技术的排放标准为主、基于水质的排放标准为辅的排放标准体系，这一变化从根本上改变了美国水污染控制的方式，这标志着美国控制水污染的理念发生了转变。水质标准的逻辑是承认并且利用水的稀释能力，认为河流、湖泊等水域具有稀释和减轻污染的能力，只要排放不影响水体的使用功能，适当的排放是被允许的。但排放标准的管理模式与此完全不同，它否定将河流、湖泊作为公共污水的倾倒场所，认为任何人都没有污染水环境的权利（Adler，1993）。对于利益相关者来说，在生产和生活过程中将经过处理的清洁水排入水环境是每个人必须履行的义务。排放标准传递出来的道德理念就是每个人都应该尽自己最大努力去控制水污染，换句话说，控制水污染是所有人的义务。建立排放标准是人类从环境权利本位向义务本位转变的结果（于铭，2009）。

人们控制水污染的义务是绝对的，这跟水资源环境的使用量、使用方式、排放地点无关。基于技术的排放标准恰当地阐述了这种义务，BPT、BCT、BAT、NSPS 等传达的含义就是在现有技术条件和经济条件允许的范围内每个人都必须尽自己最大的能力去消除污染物。排放标准不给污染者争辩的空间，如果排污者没有能力履行这种绝对的环境义务，也就丧失了使用水资源环境的权利（Wagner，2000）。所谓“绝对”的义务并不是说要将废水处理到使用之前的水平，而是说控制水污染的义务是不能拒绝的，是人人必须履行的。即便不可能消除所有污染物，目前的处理技术也无法达到，或处理污染物的成本远超排污者的经济承受能力，但应尽量使两者达到平衡，尽可能去控制水污染（于铭，2009）。

排污许可证编写者在确定排放标准时，既要使现阶段污染物处理的技术水平达到标准的要求——基于技术的排放标准，也要确保受纳水体的特定用途不受影响——基于水质的排放标准。确定工业源基于技术的排放标准有两种常用方法：参照各种排放限值导则（Effluent Limitation Guidelines，ELG）①；使用最佳专业判定（Best Professional Judgment，BPJ）方法进行案例分析（当没有适用的排放限值导则时）。市政污水处理厂（Public Owned Treatment Works，POTW）的基于技术的排放标准来自二级处理标准；基于技术的排放标准旨在根据目前污染治理的技术水平，允许排污者采用可行的技术，达到工业/市政点源处理要求的最低标准。在某些情况下，许可证编写者会同时考虑排放限值导则和最佳专业判定（包括水质方面的考虑）来确定排放标准。

3.5.2　排放标准应遵循的原则

"反倒退"（Antibacksliding）和"反降级"（Antidegradation）原则是美国《清洁水法》对排放标准提出的基本要求。它的含义是，NPDES 排污许可证的更新不能降低对某一污染物的排放要求，其基本目的是使排放标准随着经济的发展、技术的进步逐渐严格，直至"零排放"的国家目标，而不能出现降级和倒退的情况。执行这项原则的关键是使降低排放要求的门槛更难跨过，使任何改变都十分困难，甚至不可能。排污者可以自行决定，或者达到比通常更严的排放要求，或者向管理部门提出降低排放要求的申请，并证明这样做不违反"反倒退"和"反降级"的原则。

排放标准的"反倒退"原则和水质标准"反降级"原则的使用，在美国 NPDES 排污许可证的颁发、更新过程中，成为美国水环境管理的又一个有力的武器，对制止水环境污染起到了重要作用。

3.5.3　排放限值导则

美国国会认为制定全国统一的工业行业 BPT 排放限值导则的目的在于避免出现"污染者天堂"，并且能够使美国水体的水质达到更高水平。排放限值导则是指美国国家环保局基于工业类别和子类别内技术、工艺等因素而制定的基于技术的排放标准，其目标是保证有类似特征的排污设施满足同样的排放要求，不管排污企业位置如何、废水排入水体如何，设施都必须遵循相似

---

① 排放限值导则是在充分考虑经济效益的前提下，根据工业企业所属的特定行业所能达到的污染物处理水平制定的。

的基于行业最佳污染控制技术的排放标准。

排放限值导则一般不规定企业必须采取的处理技术，但是会将模板技术在合理操作下的排放水平作为制定排放标准的依据。以不同工业类别、子类别中能够达到的技术水平，作为排污许可证中基于技术排放标准的制定依据，但并不能确保水质达标。因为基于技术的排放标准可能无法实现水质达标，从而需要排污许可证编写者制定基于水质的排放标准。一般而言，企业有选择技术设计以满足导则排放要求的自由。但在一些特殊情况下，导则也会要求企业修改工艺流程或更换原料。

截至目前，美国国家环保局已发布数十个行业类别的导则，适用于35000~45000 种直接排放污染物进入天然水体的设施和 12000 种排入市政污水处理厂的设施。据美国国家环保局估算，这些排放限值导则每年会减少 12 亿吨各类污染物的排放。

3.5.3.1　排放限值导则管理机构

排放限值导则由美国国家环保局负责，资金主要来自美国国家环保局财政预算。导则的制定主要由水办公室下的科学和技术办公室负责，科学和技术办公室下设工程和分析、标准和健康保护、健康和生态基准等 3 个部门。针对排放限值导则，科学和技术部门采取建立工作组的形式来编写相关的报告、支持文件、管理规定和其他相关材料。工作组一般包括一位环境工程师（多数情况下也是项目管理人员）、一位环境分析人员、一位统计学专家、一位经济学专家。同时，还有众多具有相关领域经验的合约工作组在必要的时候提供支持和帮助①。另外，还会安排一位负责人监管小组的运行。项目管理人员往往选择具有相关行业经验的工程技术人员，或具有排放限值导则制定经验的技术人员，或有排放限值导则总体管理经验的高级管理人员。项目管理人员需要有与法律代表、工程技术人员、许可证编写者沟通和交流的能力，尤其需要与有兴趣并且参与到排放限值导则制定中来的公众和组织的交流能力（张震，2017）。排放限值导则小组的人员构成和数量取决于管理的需要，也就是取决于有多少导则正在被制定，以及有多少工业行业需要进行审核②。

---

① 对任何小组成员，有 2~5 个合约工作组提供支持。
② 重要的技术人员为全职，统计学家和经济学家往往是兼职人员，所有的人员一般都来自美国国家环保局各个部门。

3.5.3.2 排放限值导则技术标准类型

排放限值导则在州认可后成为州的法律。目前，排放限值导则主要基于现有点源和新建点源建立。美国国家环保局针对这两种类型的点源提出了对应的污染控制技术的排放标准，主要包括 BPT、BCT、BAT、NSPS 以及工业污染源排入市政污水处理厂的预处理标准等。BPT、BCT、BAT 是针对向天然水体排放的现有工业点源，NSPS 针对的是向天然水体排放的新建工业点源，现有工业点源预处理技术（Pretreatment Standard for Existing Sources，PSES）和新建工业点源预处理技术（Pretreatment Standard for New Sources，PSNS）分别针对排入市政污水处理厂的现有源和新源。不同的污染物排放标准分别针对不同的污染源（新源和现有源）以及不同的污染物（常规污染物、非常规污染物、有毒有害污染物），同时考虑企业的承受能力，给予合理的过渡期，使不同工业行业的排放标准具有较好的针对性、可操作性和科学性（宋国君，2014）。排放限值导则适用的技术标准类型如图 3-7 所示。

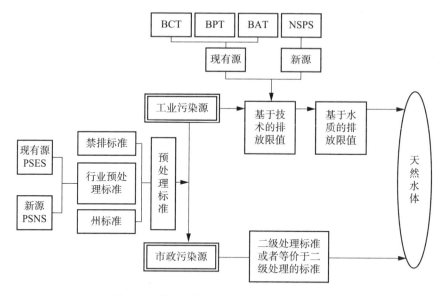

图 3-7 排放限值导则适用的技术标准类型

BPT 是指针对各类污染物当前可达到的最佳可行控制技术，是基于技术排放标准的第一阶段要求。制定 BPT 时，美国国家环保局需要考虑行业内企业设施的使用年限、污染治理工艺和技术因素，同时还要综合评估污染削减成本与收益。一般来说，美国国家环保局制定 BPT 的依据是行业内运行良好设施的最佳水平的平均值。

针对常规污染物的 BPT 后来被 BCT 所取代，该技术是美国国家环保局针对现有工业点源常规污染物排放确定的最佳控制技术。制定 BCT 同样需要考虑行业内企业设施的使用年限、污染治理工艺、技术因素以及污染削减成本与收益。此外，美国国家环保局针对 BCT 提出了需要注重成本的合理性分析：第一，充分考虑污染控制技术的成本效益，确定该技术是否合理；第二，对比市政污水处理厂处理该污染物的成本和水平。这里隐含的意思是，如果工业企业处理该污染物的成本高于市政污水处理厂成本，那么由市政污水处理厂来治理则更具成本有效性。

BAT 是指针对非常规污染物和有毒有害污染物的已经存在的最佳控制技术。BAT 的制定虽然考虑到排放削减的成本，但是并非必须达到污染削减收益与成本的平衡。美国国家环保局制定 BAT 的依据是某行业内某一类设施能够达到的最好的污染控制水平。与 BPT 和 BCT 类似，BAT 的制定也需要综合考虑行业内企业设施的使用年限、污染治理工艺、技术因素，但美国国家环保局在技术选择中保留重要裁决权，可以将 BAT 指定为工艺升级改造之后的"能够达到"的水平。根据《清洁水法》，排放有毒有害污染物的点源必须适用经济可行的最佳技术。

NSPS 适用于新源直接排入天然水体的常规污染物、非常规污染物和有毒有害污染物。由于新建点源有机会在建设之初采用最好的、最有效的生产设施、生产工艺和污水处理技术，因此 NSPS 反映的是通过最佳控制技术能够达到的水平。

PSES 是针对排向市政污水处理厂的现有工业点源的标准，PSNS 是针对排向市政污水处理厂的新建工业点源的标准，这两项标准的目的是防止工业废水中的污染物"干扰"或者"穿透"市政污水处理厂的操作。PSES 的水平与 BAT 相当。PSNS 与 NSPS 同时发布，由于新源有机会采用最好的污水处理技术，PSNS 也是按照最佳技术制定的。由于市政污水处理厂可以处理常规污染物，美国国家环保局的预处理标准中没有常规污染物，PSES 与 PSNS 中都不包括常规污染物。

排放限值导则中规定的排放标准即上述技术所能够达到的对应的排放标准，除排放标准外排放限值导则还包括根据不同污染物监测分析方法确定的达标判据和监测方案，即：针对不同工业行业、设施、污染物等规定不同的达标判定要求，科学反映污水处理设施水污染物排放的统计规律；对每项标准设计的污染物、监测要求和监测适用状况等做出详细界定，包括自愿使用先进技术而降低监测频次的激励措施等（宋国君，2014）。

3.5.3.3 排放限值导则的制定与更新

由于一个工业类别在产品、原材料、废水排放特征、型号、地理位置、设备运行年龄、污水可处理程度等方面可能有较大的差别，从而影响设施达到最佳水平的能力。因此在制定排放限值导则时，美国国家环保局首先根据特征将工业类别细分为子类别，再为每个子类别单独设定排放限值。

《清洁水法》第304条第（m）款要求美国国家环保局每两年推出一个排放限值导则修订计划，用来制定新的排放限值导则和修订现有的排放限值导则，并确定任何需要制定和修订排放限值导则的时间表。1987年修订的《清洁水法》确定以年为周期对现有的排放限值导则进行审查，指导颁布排放限值导则，最终形成了每年出台一次初审规划、每两年出台一次最终规划[①]的机制。根据《清洁水法》中对排放限值导则审核的要求，仅比普遍技术运行效率稍高的技术并非制定和更新排放限值导则的依据和样板，关键是考虑对公众健康和环境的负面影响，在审核已有排放限值导则和确定是否需要修订时必须依次考虑以下四个因素：①确定在现有的某工业行业类别中，是否仍然存在对公众健康和环境产生危害的污染物；②确定是否存在适用的环保技术、生产工艺或者污染防治技术替代措施会使废水排放显著减少，从而潜在地减少由于污染物排放而导致的公众健康及环境威胁；③污染削减成本、运行效率以及环境技术、生产工艺或者污染防治技术替代措施的成本可行性[②]；④考虑排放限值导则的执行效果和效率。

---

① 初审规划对每年排放限值导则进行审核后公开，包括正在制定的导则以及之前确定好的重点行业；第二年在初审规划基础上根据最终审核结果颁布最终规划。之所以联系如此紧密，是因为每年的初审规划审核结论都能够关注重点修订的行业。同时，也可以让有意愿的公众参与进来并提供周期性的评论和建议，更加公开和透明，也能为之后的工作提供更为详细的数据。

② 排放限值导则的制定依赖于广大利益相关者的积极合作和参与，以便提供关键信息：工业企业或设施的名称和地址、污染源排放类型、生产工艺、企业规模、利润和销售数据、污染处理成本等，更加注重成本效益分析的应用。比如技术改造的成本远远大于环境改善的效益，或工业行业的经济实力和财务状况无法满足技术推广，美国国家环保局尽量不修订该行业的排放限值导则。

美国国家环保局年度审核首先进行筛选，以确定优先性，一般分为初次筛选和第二层级筛选，之后进一步审核。初次筛选关注污染物排放量和毒性，考虑污染物对人体健康或者环境造成的危害。根据各种数据库提供的信息计算各类污染物排放情况，并对比直接点源与市政污水处理厂处理能力。通过毒性加权权重计算当年某工业类别中设施的毒性加权等量总和。第二层级工业筛选通过一些既定的条件，将毒性加权等量总和在优先排序中 95% 水平以上的列入考虑范围，排除正在制定或 7 年之内曾经修订的导则①，还要考虑所在行业的设施数量②。所有信息都会被记入公共记录中，在提交和最终发布的规划报告中予以公布。在进一步审核过程中，美国国家环保局需要对剩余工业行业类别进行重点研究并确定优先性，考虑到每个行业的复杂性和数据可得性，每次的优先排序可能都不同。在该阶段，美国国家环保局仍需要继续收集和分析尽可能多的数据信息。固定的审核和修订期限不仅能够促进污染控制技术和产业的发展，也能够保证工业企业在投产、设备改造、技术升级决策时掌握更全面的信息，避免因排放标准不可预料的修订而导致企业经济损失。随着环保技术的不断进步，排放标准一直保持在实际最好的水平，并以此来要求该行业所有排放者都达到这样的水平，不能适应这种越来越严标准的排放者最终会被淘汰。为了给每个工业子类别制定导则，美国国家环保局要对整个行业进行调查，分析达到一定要求的全行业的增量成本、污染物负担和去除量以及非水质方面的影响。在上述程序完成之后，美国国家环保局将选择一个模板技术（Model Technology）作为制定导则的依据，实际上是为每一种技术（BPT、BCT、BAT、NSPS、PSES、PSNS）都制定一个模板技术，而模板技术的运行情况和处理水平将成为制定排放标准的依据。最终规定的排放标准虽然基于特定技术的性能，但并不强制要求工业企业使用这些技术，只要能达到排放标准可使用任何有效技术。

以上介绍的是制定排放限值导则的简化程序，实际上其制定过程非常复杂，不仅需要收集和处理大量的数据，还必须经过工程分析和公众评论环节。从美国经验来看，排放限值导则的制定和更新遵循规范、科学的流程，尽量使技术、经济、环境效益协调统一，每个步骤和过程都具有全面、详细的数

①　因为 7 年是排放限值导则在报告和数据库中得到充分反映的一般周期。
②　设施数量太少的行业一般不会被列入修订范围，设施数量多的行业导则修订更有效率。

据和操作流程。同时，公众的广泛参与也保证了利益相关者的权益，使得工业企业能够充分、全面了解排放限值导则的修订计划，也使得工业企业、非政府组织、政府在很多方面进行合作（张震，2017）。

3.5.3.4 污染物排放限值的表述形式

大多数的排放限值导则都采用了浓度限值或排放量限值。无论是基于浓度的限值还是基于排放量的限值，一般都有最大日均值和最大月均值两种要求。美国国家环保局一般运用统计学方法来确定最大日均值和最大月均值，将最大日均值设定为长期均值的99%分布空间的水平，将最大月均值设定为月均排放测量值的95%分布空间的水平（朱璇，2013）。确定排放限值之后，联邦还要通过工程分析来检验它们在实际运行中的合理性。将最大月均值和最大日均值写入该设备的许可证。获许可的设备在任何时间都不得超过许可证中的限值。

最大日均值和最大月均值有不同的目标。对于最大日均值，其限值是污染源排污设施根据长期均值，在日时间尺度下的最高排放水平；最大月均值是在日最大值基础上做出的附加限制，要求设施达到长期平均水平的目标，要求排污者在月时间尺度上持续控制，追求更低的排放。在计算排放限值时，美国国家环保局将模板技术设备在良好设计和允许状态下的平均水平作为行业企业可以达到的水平，这个水平被称为长期均值。长期均值是根据模板技术设备的数据制定的，但长期均值本身并不是排放限值的一部分，它只是制定最大日均值和最大月均值的基础。

美国国家环保局同时认可工业企业在污染物排放过程中具有内在的不稳定性，于是围绕着长期均值设定了一定的容忍限度。实际上，最大月均值和最大日均值都是高于长期均值的，如图3-8所示。如果设备的排放水平围绕着长期均值，则完全可以满足最大月均值和最大日均值的要求。在数值上，最大月均值比最大日均值更小，也就是说月均值更为严格。这是符合统计学规律的，由于水污染物排放大多符合对数正态分布，最大日均值的波动范围将大于最大月均值，最大日均值有较高的概率出现高值，因此最大月均值更大，而经过平均之后的最大月均值比最大日均值更接近长期均值，因此数值更小（朱璇，2015）。

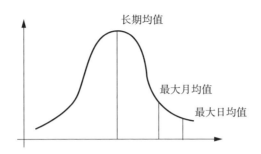

图 3-8　美国排放限值导则中长期均值、最大日均值、最大月均值的关系

3.5.4　最佳专业判定

BPJ 的排放标准是许可证编写者在考虑工业企业实际排污情况的基础上制定的基于技术的排放标准。BPJ 适用于某项污染物没有对应的排放限值导则或不在排放限值导则的管理范围内。BPJ 被定义为许可证编写者综合考虑构成 NPDES 排污许可证条款的相关可得数据和信息后做出的最高质量的技术选择。《清洁水法》第 402 条第（a）款第（1）项规定了 BPJ 的权限，授权管理者在采取必要的措施（如编制排放限值导则）之前，可以签发注明"以管理者决策作为执行本条例规定的必要措施"的许可证（叶维丽，2014）。早在 1972—1976 年，第一批许可证大部分是根据 BPJ 的授权完成的，因此第一批许可证也被称为最佳专业判定许可证。随着排放限值导则的发展和完善，许可证编写者逐渐减少了对 BPJ 的依赖。但随着对有毒有害污染物控制的持续增强，使用 BPJ 编写许可证再次普遍起来。

多年实践证明，对于 NPDES 排污许可证编写者来说，BPJ 是很有价值的工具。因为它的应用范围很广，在确定许可证条款时 BPJ 具有很强的灵活性。然而，正是这种灵活性使许可证编写者难以说明 BPJ 的合理性，使其具有可靠的工程分析基础。如果没有合理性评估，BPJ 很容易遭到持证者的质疑。因此，在应用 BPJ 时，应清楚地定义和说明许可证的情况，表明其必要性、发展情况以及基础条件。简单地说，许可证编写者必须详尽阐明 BPJ 许可证的逻辑依据，使其经受得住企业、公众以及行政法律的审查（姜双林，2016）。

联邦法规第 40 卷第 125 章第 3 节中的 NPDES 条例规定，许可证的编写需以《清洁水法》第 402 条第（a）款第（1）项为基础并结合企业实际情况。另外，还要注意以下两个方面：根据所有可得信息，确定工业企业所属工业类别或子类别中适用的污染处理技术；考虑申请人的特殊情况。许可证编写者在设定 BPJ 排放标准时之所以必须考虑已有排放限值导则规定之外的要求，是因为该工业企业所属工业类别没有排放限值导则，或者在排放限值导则中对可能造成危害的污染物没有做出明确的规定。在设定 BPJ 排放标准时，许可证编写者必须注意联邦法规第 40 卷第 125 章第 3 节第（d）款中出现的一些特定因素，这些因素同美国国家环保局在制定排放限值导则时需要考虑的因素是一样的，比如排放限值导则中对 BPT、BCT、BAT 的具体要求。在确定 BPJ 排放标准的过程中，许可证编写者必须考虑这些因素。由于 BPJ 本身就包含了判断或选择的过程，因此在使用合适工具的情况下，许可证编写者应该可以制定出技术上可行且合理的 BPJ 排放标准[①]。

编写 BPJ 排放标准需要大量的工具和参考信息。美国国家环保局编制了很多参考工具和文件，提供了污水处理系统预期处理性能的相关信息，这对编写 BPJ 排放标准非常有用。比如，美国国家环保局编制了《NPDES 工业许可证摘要》，该摘要收录了许多州排污许可机构和区域办公室向不同点源签发的 NPDES 排污许可证，可以帮助许可证编写者快速获取标准的、可以引用的并且通俗易懂的许可证信息；《可处理性手册》及相关数据库提供了 1400 多种污染物的处理信息；《基于水质保护的有毒污染物控制技术导则》为确定排放标准提供了大量的统计学方面的信息和指南；《最佳管理实践指导手册》为许可证编写者识别申请企业可能适用的最佳管理实践提供帮助；《工业活动的暴雨管理：污染防治规划和最佳管理实践的编制》为制定暴雨的 BPJ 排放标准提供了参考；《NPDES 许可证经济可行性评估工作手册》为评估 BPJ 排放标准的经济可行性和执行成本提供了基本程序。此外，在制定排放限值导则过程中收集的大量的污染物和多种工业废水的处理信息也可以作为参考。

---

① 技术上可行且合理的 BPJ 排放标准，一般不会被申请企业、公众或其他第三方质疑。"技术上可行"指的是该排放标准依靠现有技术是可以实现的，"合理"指的是企业能够承受达到该排放标准所需要的费用或成本。一直以来，对技术和经济可行性的考虑比对年限、采用的工艺和非水质的环境因素等方面的考虑要重要得多。

3.5.5　非市政污染源 TBELs

排污许可证是美国国家环保局管理污染源排放的工具，编制排污许可证也就是确定个别源的排放标准的过程。事实上，排污许可证编写者将大部分的时间都花在了确定排放限值上。TBELs 是《清洁水法》的核心内容，通过排污许可证制度实施，所有点源都必须遵守。基于技术的排放标准主要是根据技术水平制定的，体现的是美国国家环保局对处于特定行业的污染源采用特定技术的排放控制要求。一般来说，要求污染源在现有技术水平下达到最高水平。

制定基于技术的排放标准主要包括三个步骤：识别适用导则、计算确定限值、限值文本确定。如图 3-9 所示。

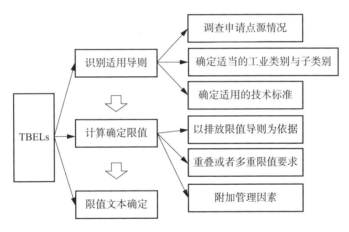

图 3-9　基于技术的排放标准

3.5.5.1　识别适用导则

排污许可证编写者需要深入了解排污设备的运行情况，收集该设备的所有信息，主要包括原料与生产工序、产品与服务的种类和数量、生产天数与停产天数、目前采用的废水处理技术、废水排放口位置与可能的监测点、排放污染物种类及来源特征等。工业企业的排污许可证申请是以上信息的主要来源，除此之外，排污许可证编写者还可通过排污许可证申请企业的排放监测报告、实地调查、实地监测来评估现有点源的守法情况。

排污许可证编写者需要根据排放限值导则目录找到适用于该企业设备

的工业类别，一个设备可能有两个或者两个以上的适用类别。在制定排放限值导则时，考虑到原料、生产工艺、产品等的差异可以导致排放特征或采取的治理技术不同，美国国家环保局把一个工业类别细分为几个子类别，一些工业类别可能有很多子类别，比如有色金属加工业包括 31 个子类别，因此识别子类别对排污许可证编写者至关重要。排污许可证编写者根据具体情况，确定设施适用的技术水平（BPT、BAT、BCT、NSPS 等）。如果是新建点源①，排污许可证编写者需要收集尽可能全面的信息来辅助决策。

3.5.5.2　计算确定限值

识别出适用于设施的排放限值导则之后，排污许可证编写者需要利用这些导则制定出 TBELs。在排放限值的形式上，美国国家环保局倾向于制定单位产品产量的排放量限值，以便在减少污染物排放的同时减少资源消耗，并且防止排污者用稀释的方式达标。但在排放量与产量无法建立联系的情况下，也可以使用浓度限值。

基于技术的排放标准并不是简单地与排放限值导则对应，而是根据实际排放情况进行系统、全面的计算后的结果。当一个设施的不同工序适用不同的导则时，编写者需要对每个工序分别应用导则。如果这些工序是彼此独立的，只是在排污口之前汇总，那么需要建立内部流量来为每种流量计算 TBELs。更为常见的是，来自不同工序的废水是在进入废水处理设备前汇总的，在这种情况下，许可证编写者需要将每个导则计算出的污染负荷结合在一起，计算出单一的 TBELs。如果该工业行业不属于现有的任何一种排放限值导则，则需要进行个案分析。

3.5.5.3　限值文本确定

排放许可证编写者需要把制定 TBELs 的程序全部记录到排污许可证的有关文件中，包括所用的数据以及数据处理方式等，同时需要保证对排污许可证申请者和公众完全的公开透明。

---

① 新建点源是指在排放限值导则颁布之后开始建设的排放或可能排放污染物的设备或装置。如果一个设备新增了排污设施或生产线，那么新增部分适用新源标准。

3.5.6　市政污染源 TBELs

市政污水处理厂作为主要的排放点源，其控制目标与其他的排放点源一致，这个目标更广为人知的说法是"可钓鱼""可游泳"。美国对市政污水处理厂制定的排放控制目标遵循以下四个重要原则：①不可随意向可航水域排放污染物；②排污许可证要求利用公共资源处理废物，并减少可能排入环境的污染物量；③废水必须按经济可行的最佳处理技术进行处理（无论其受纳水体的水质状态如何）；④排放标准应当基于污水处理技术来制定，但如果污水处理企业所用技术的排放标准无法达到受纳水体的水质要求，则应采用更为严格的排放标准（吴健，2012）。

市政污水处理厂是申请个体许可证的主要排放源。与工业污染源的排放控制方式类似，《清洁水法》要求市政污水处理厂采用可行的污水处理技术以达到要求的处理效果。《清洁水法》第 301 条要求所有的市政污水处理厂在1977 年 7 月 1 日之前达到"二级处理标准"。具体来说，《清洁水法》要求美国国家环保局依照该法案第 304 条第（d）款第（1）项，制定市政污水处理厂二级处理标准。根据这一法律要求，美国国家环保局制定了联邦法规第 40卷第 133 章，即二级处理条例。随后，修订的《清洁水法》第 304 条第（d）款第（4）项要求美国国家环保局制定特定类型市政污水处理厂的替代标准，这些标准被称为"等效二级标准"。

TBELs 是适用于美国所有市政污水处理厂的最低基础要求，考虑到各州经济技术水平和受纳水体情况，制定的排放标准限值也较为宽松。TBELs 的政策目标是合理地实现污染物进一步减排。在制定市政污水处理厂基于技术的排放标准时，美国国家环保局在全美范围内开展了处理后污水排放情况调查，收集与污染物排放相关的数据。根据法律规定，美国国家环保局有权要求污水处理厂提供有关污水排放的信息。美国国家环保局为此制定了相应的"308 部分调查问卷"，对收集的污染物排放数据进行统计学分析，并依据当下各污水处理技术和工艺状况能达到的处理效果，计算出污水处理厂正常运行条件下能够达到的排放限值，即二级处理标准和等效二级标准（文扬，2017）。

市政污水的一个显著特点就是适合使用生物方法处理。在市政污水处厂中，生物处理工艺被称为二级处理，一般排在沉淀（初级处理）之后。美国国家环保局根据污水处理厂去除有机物和 TSS 的绩效数据建立了二级处理标准。这一标准适用于所有市政污水处理厂，并限定了二级处理水质的最低水平，用 BOD_5、TSS 和 pH 等指标来表征。美国国家环保局在二级处理标准中没有规定氮和磷的排放标准，因为在正常工况下，活性污泥处理系统无法有效或稳定地去除这些污染物（Bardie，1979）。根据联邦法规第 40 卷第 122 章第 45 节第（f）款，在制定排放标准时，必须综合多个方面进行考虑，比如污水二级处理要求以及污水处理厂设计流量等。此外，还可以应用基于浓度的排放标准确定 30 日平均值和 7 日平均值。二级处理标准具体限值见表 3-2。

表 3-2　污水处理厂二级处理标准具体限值

指标	30 日平均值	7 日平均值
BOD_5	30mg/L（或 25mg/L $CBOD_5$）	45mg/L（或 40mg/L $CBOD_5$）
TSS	30mg/L	45mg/L
BOD_5 和 TSS 的去除率	不低于 85%	—
pH	6~9	

美国国会认为需要针对某些小型社区的生物滤池或氧化塘等污水处理设施制定替代标准。这些设施需要投入大量的资金才能建成可以达到二级处理标准的新处理系统。因此，为了防止建设不必要的昂贵的新处理设施，国会在 1981 年要求美国国家环保局对可替代现有技术的生物处理技术提供补助，包括生物滤池或氧化塘。美国国家环保局于 1984 年对二级处理标准进行了修订，允许采用生物滤池或氧化塘的污水处理设施使用替代限值，以满足"等效二级处理"的要求。这次修订所依据的重要概念包括：能够显著减少 BOD_5 和 TSS 但始终不能达到二级处理水平的某些生物处理设施，应区别于二级处理设施进行单独界定；等效二级处理设施费用低且更容易操作，因此可在较小的社区使用，美国国家环保局制定的标准要尽可能有利于这些技术的持续利用；用于确定等效二级处理标准的方法应与二级处理标准的方法相同；等效二级处理设施的应用不能对水质产生不利影响；等效设施运行良好，应避免费用昂贵的工艺升级改造等。能够采用等效二级处理标准的市政污水处理

厂必须满足以下条件：污染物排放无法达到二级处理标准，主体处理工艺是生物滤池或氧化塘；等效二级处理设施的排污不会对水体水质产生不利影响；有显著的生物处理效果，BOD_5 去除率 30 日平均值不低于 65%。等效二级处理标准限值见表 3-3。

表 3-3　污水处理厂等效二级处理标准限值

指标	30 日平均值	7 日平均值
BOD_5	不超过 45mg/L（或不超过 40mg/L $CBOD_5$）	不超过 65mg/L（或不超过 60mg/L $CBOD_5$）
TSS	不超过 45mg/L	不超过 65mg/L
BOD_5 和 TSS 的去除率	不低于 65%	—
pH	6~9	

如果污水处理厂在运行过程中超出设计的排放限值，则视为不合格。如果是由超负荷运行或结构性缺陷导致的处理效果不佳，那么解决该问题的方案应当是建设新的污水处理设施，而非调整排放标准限值。在无法取得州内新型生物滤池处理效果数据时，分析同类污水处理厂数据是确定许可证排放标准限值的首选方法。如果没有同类污水处理厂的分析数据，可以参照有关文献。

美国国家环保局制定污水处理厂基于技术的排放标准的目标是设定一套基于当前技术污水处理厂普遍能够达到的最低标准。2008 年，美国国家环保局通过"清洁流域需求调查"，收集了全美约 5% 的市政污水处理厂排放数据，总处理量约占全美市政污水处理总量的 70%[①]。在制定二级处理标准时，美国国家环保局将少数应用生物滤池或氧化塘等附着微生物工艺的市政污水处理设施纳入标准计算的对象设施范畴。因此，在该调查中美国国家环保局检验了执行 TSS 出水排放标准限值为 30mg/L 的将生物滤池或氧化塘作为二级处理单元的市政污水处理厂的处理程度。其中 21 座市政污水处理厂的 TSS 30 日平均值为 11mg/L，298 个监测值的 95% 分位数是 20mg/L。因为这些污水处理厂对 BOD_5 和 $CBOD_5$ 的要求不一致，所以现有数据不足以支撑生物滤池或氧化塘的 BOD_5 绩效统计。如果将生物滤池或氧化塘的绩效和活性污泥系统的数据

---

① 被调查的污水处理厂一共 166 座，日处理能力均超过 455 万 m^3（活性污泥二级处理设施）。

整合，则 TSS 30 日平均值为 9mg/L，95%分位数依旧是 20mg/L（US EPA，2013）。调查的结果表明，二级处理标准是市政污水处理厂基于当前技术条件在规范操作情况下可以达到的标准，遵循了基于技术的排放标准最初的设计原则（文扬，2017）。

3.6 基于水质的排放标准

3.6.1 水质标准的理论基础

水质标准的理论基础与排放标准不同，通过水质标准来控制水污染建立在一个基本的前提上，即水体是有自净能力的。也就是说，因为水的流动性和其中的化学、物理和生物作用，排入水体中的污染物会被稀释或降解，只要排放量不超过环境自净能力就不会使人类社会和自然环境产生诸如健康损害、财产损失、生态退化等。正是因为水体这种自净能力，制定的水质标准假设人们可以将自净能力作为处理水污染的一种手段，也就是赋予了人们排放水污染物的权利。但人们因水体自净能力而享有的排污权并不是绝对的，必须被限定在一个合理的范围内，而水质标准就是这个"临界点"。法律为管理者设定了这个责任，管理者需要把这个"临界点"转化为排放标准，并证明污染物排放和水体污染的因果关系。水质标准是美国基于水质控制污染的手段，是地表水质管理的核心内容，是执行《清洁水法》中水质清单、TMDL 和 NPDES 排污许可证等各项计划的基本原则，也是点源控制的最终依据（夏青，2004）。

3.6.2 水质标准体系

水质标准体系是水环境保护工作开展的基础，是确定水体保护目标的依据，是水环境管理的红线。水体的指定用途、保护特定水体用途的水质基准和反退化政策共同构成了美国的水质标准体系[①]。如图 3-10 所示。

水质标准是用来保证用途的，即在保证用途的情况下，每种污染物的最

---

① US EPA. Water Quality Criteria and Standards Plan-Priorities for the Future［R］. Washington D C：US Environmental Protection Agency，EPA 822-R-98-003. 1998a.

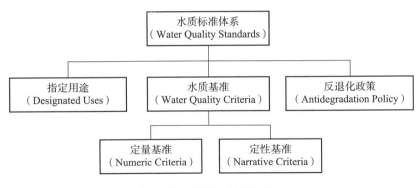

图 3-10　美国水质标准体系

大浓度水平（孟伟，2008）。美国国家环保局规定，"渔业和游泳用途"是最低的水质标准要求（朱源，2014）。美国水质标准反映了水生态系统所有组成的质量状况，主要包括营养物标准、有毒污染物标准、水体物理化学标准等（陈艳卿，2011；孟伟，2006）。但其并不由美国国家环保局统一制定，而是在水质基准的基础上由各州环保部门结合当地的水资源与水环境条件自行制定、评估和修改，且每 3 年需要回顾和修订一次水质标准，并要接受公众和地方组织的听证，最后提交美国国家环保局审批，审批的依据包括州是否实施了符合《清洁水法》的水质标准、州实施的水质标准能否保护指定的水质用途、州在修订或实施标准的过程中是否遵循了合法的程序、指定的用途是否基于适宜的科学和技术分析等内容。各州制定的水质标准经美国国家环保局审核通过后才能实施（郑丙辉，2007）。如图 3-11 所示。

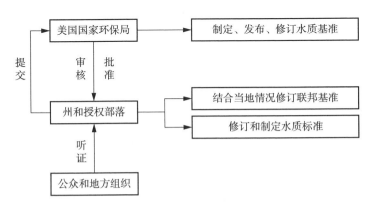

图 3-11　美国水质标准的制定

3.6.2.1　水质基准

水质基准在制定水质标准，以及水质评价、预测等工作中被广泛采用，是水质标准的基石和核心（周启星，2007）。水质基准是指水环境中污染物对特定保护对象（人或其他生物）不产生不良或有害影响的最大剂量和浓度，或者超过这个剂量和浓度就会对特定保护对象产生不良或有害的效应。美国的水质基准是基于最新的环境科学和环境毒理学建立起来的，是对最新科学知识的基本反映①。水质基准是污染物浓度的科学参考值，不具有法律效力，一般用定量基准（科学数值）和定性基准（描述性语言）来表示，为各州制定水质标准提供了技术支持和科学依据（李会仙，2012）。定量基准主要包括一些必备的参数，如污染物的含量和限值等；定性基准是对定量基准的一种补充，比如禁止排放有毒有害物质。在某种程度上，定性基准比定量基准威慑力更大。

美国依据《清洁水法》建立了一套完善的水质基准体系。早在20世纪60年代，美国国家环保局就开始了水质基准的研究工作，并发布了多个有关水质基准的技术指南，先后提出了167种污染物的基准②。主要划分为两大类：毒理学基准和生态学基准。前者是在大量的暴露实验和毒理学评估的基础上制定的，如水生生物基准和人体健康基准；后者是在大量现场调查的基础上通过统计学分析制定的，如沉积物基准、细菌基准、营养物基准等。其中水生生物的基准又可分为慢性基准③和急性基准④。

美国国家环保局提供参考性的水质基准，并根据最新的科技成果和最近的数据制定参考的水质基准，为各个州制定水质标准提供科学依据，各个州也可以不采纳国家环保局提供的水质基准（毕岑岑，2012）。国家环保局提供的参考值并没有法律的效力，除非州政府立法通过。

3.6.2.2　指定用途

州负责对本区域内的水体指定用途，即描述水质目标或水质期望。指定

---

① UK Environmental Standards [S/OL]. [2009-12-15]. http://www.wfduk.org/UK_ Environmental_ Standards/.

② US EPA. National recommended water quality criteria [R]. Washington DC：Office of Water, Office of Science and Technology, 2009. [2010-05-31]. http://www.epa.gov/ost/criteria/wqctable/.

③ 慢性基准指生物可以长期连续或重复地忍受而不会产生不良反应的毒性最高浓度。

④ 急性基准指生物可以在一个短时期内忍受而不至于死亡或受到极其严重伤害的毒性最高浓度。

用途是法律确认的水体功能类型，包括水生生物保护功能、接触性景观娱乐功能、渔业功能、公众饮用水水源功能等。这些用途是州或部落确定的维持水体健康的保障。一个水体有各种各样的指定用途，一般情况下一个水体最好指定 5~6 个主要的使用功能，同时指定用途也要考虑下游水体的使用。

指定用途＝现有用途（Existing Use）＋潜在用途（Potential Use）。如果指定用途等于现有功能，就是比较准确的描述；如果指定用途功能大于现有功能，即指定用途比现有功能更高一些，就存在一个潜在用途。如果证明达不到要求，可以通过提供用途可达性分析（Use Attainability Analysis，UAA）降低到现有使用功能；如果指定用途小于现有功能，此时反退化政策就起了作用，必须提升到现有使用功能。

另外，当一个水体有多种指定用途时，应当采取措施保护最为敏感的指定用途。比如铜的限值，人体自身抗铜的能力很强，所以含量可以较高，但对于鱼类来说极低的铜浓度就会产生危害。由此可以看出，一个指定用途为饮用水水源地的水体并不能有效地保护鱼类，在保护水生态时，要采用保护鱼类的水质基准。

3.6.2.3　反退化政策

反退化政策是美国水质标准体系中非常重要的一部分。1972 年《清洁水法》虽然没有包括反退化政策，但这一政策和原则在其颁布之前就已经出现在美国政府的环境政策文件之中。1975 年 11 月 28 日美国国家环保局将反退化政策写入水质标准，成为联邦环境法规的一部分。反退化政策的目的是防止水质优良的水体出现退化风险，即水质只能越来越好，不能变差。主要包括三个方面：①自颁布反退化政策起，所能达到的指定用途就要维持下去，如果当天达到某种指定用途，就不能继续退化。②即使某一水体的现状水质优于指定用途，也要维持和保存现状水质，不能使之退化，除非提供证明水质退化对当地的经济和社会发展至关重要。在任何水质降低之前必须满足当地政府部门之间的协调、公众参与、反降级评审等要求，同时要做好点源和非点源的控制。③被认定为国家水资源的国家公园、野生动物保护区等重点生态功能区，水质禁止任何理由的退化（席北斗，2011）。

3.6.2.4 混合区

水质标准体系中还包括一般政策（General Policy），这主要是执行方面的具体要求，取决于各州的自主裁量。简单来讲，在具体执行水质基准、指定用途和反退化政策的时候用什么政策手段来协助实现水质基准、指定用途和反退化政策，比如说混合区（mixing zon）的确定。

从上文关于美国水质标准体系的介绍中可以看出，《清洁水法》对于有关水质标准的法律规定得十分详尽具体，因此美国水质标准具有很强的操作性。同时，也表现了较强的时效性，各项技术强制性规范都以法律规定的限期为保障，且总随着现实的变化而更新，有力地促进了水环境保护工作的开展。

3.6.3 WQBELs 制定程序

通过分析污水对水质的影响，当发现基于技术的排放标准并不能满足水质标准的要求时，根据《清洁水法》，排污许可证可以采取更加严格的排放标准，以保证水体满足水质标准。因此所有排放源在执行并达到基于技术的排放标准后，受纳水体仍不能满足水质标准时，就要执行 WQBELs。WQBELs 有助于实现《清洁水法》"恢复和保持国家水体化学、物理和生物的完整性"的目标，并达到"保护鱼类、贝类和其他野生生物的生存和繁殖，满足居民休闲娱乐"的目标（"可钓鱼""可游泳"）。基于水质的排放标准是针对水体——制定的，美国国家环保局设计一种基于水质的排放标准的计算方法，而各州政府负责明确本地水体的功能，并且根据这一功能确定点源的排放标准。基于水质的排放标准完全从确保受纳水体满足水质标准这一角度出发，不考虑点源的污染控制成本和技术可行性，代表了更为严格的排放要求，是保障人体健康和水生态安全的最后一道闸门。

制定基于水质的排放标准主要包括四个步骤：确定适用的水质标准、识别废水与受纳水体的状况、确定 WQBELs 的必要性、计算特定参数的 WQBELs。

3.6.3.1 确定适用的水质标准

美国地表水质标准包括三个方面：指定用途、水质基准和反退化政策。指定用途是通过对水体适用情况的预期对州辖区内的水体进行分类。水质基准是根据指定用途制定的支持该种用途的地表水质基准。美国国家环保局要求，制定的水质基准必须保证严格、科学，使用充足的参数和论据来保证满足指定用途。反退化政策强调当前良好的水体水质不得恶化，且划定水环境质量红线，其在严格保护水质方面发挥了重要作用。

3.6.3.2　识别废水与受纳水体的状况

首先，如果具有可适用 TBELs 的污染物，则只需要验证该标准是否能够满足水质标准的要求以及是否需要进一步执行 WQBELs。在排污许可证制定过程中已经确定为需要制定 WQBELs 的污染物，排污许可证编写者只需要审定 WQBELs 是否继续有效。其次，需要识别废水的关键状况，包括污染物浓度和流量。需要识别受纳水体的关键信息，包括上游流量、污染物背景浓度、温度等特征。最后，需要确定废水进入水体的混合模型，划定稀释和混合区范围。如果稀释和混合区不被允许，则排污口必须达到水质基准要求，在这种情况下没有必要采用水质模型分析，可以直接基于水质基准的要求来制定末端排放标准。稀释和混合区是指废水进入受纳水体后与水体发生混合作用的区域，该区域内的水质在一定程度上允许超过水质标准。在稀释和混合区得到许可时，描述污水和受纳水体之间的作用通常需要使用水质模型。由于水质模型的专业度较高，许可证管理机构通常会设立水质专家组，通过模型分析确定 WQBELs 的必要性。

《清洁水法》允许各州自行决定混合区，美国国家环保局推荐各州在水质标准中对是否允许混合区做出明确说明。若混合区规定是州水质标准的一部分，那么该州需要对定义混合区的程序进行描述。各州混合区是逐案确定的，提供空间尺寸来限制混合区的范围。水质标准中一般已经列明了允许划定稀释和混合区的污染物指标。排污许可证编写者需要查阅水质标准，在允许的情况下根据废水和受纳水体的特征计算出稀释和混合区。一般来说，河流的混合区不得大于河流 1/4 宽度和下游 1/4 英里长度，湖泊的混合区不得超过水体表面面积的 5%。很多情况下，稀释和混合区被分为两种——适用于生物急性基准的混合区和适用于生物慢性基准的混合区。急性混合区面积更小一些，对排放的要求更为严格。如图 3-12 所示。

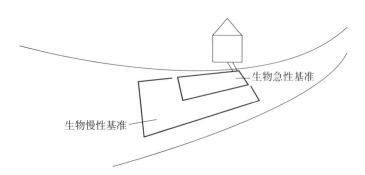

图 3-12　适用于生物急性基准和慢性基准的混合区示意图

3.6.3.3　确定 WQBELs 的必要性

美国国家环保局和很多授权的州都认为许可证编写者需要通过合理潜力分析来决定一个污染源是否需要制定 WQBELs。合理潜力分析通过合理的假设和推断来判断一个污染源的废水排放——无论是单独的还是与其他源的废水混合在一起，在一定条件下，是否会引起水质超标。如果推断该污染源会引起水质超标，则需要制定 WQBELs。

相关手册为许可证编写者提供了一系列模型用以做合理潜力分析。许可证编写者根据污染物的种类和河流水动力情况选择合适的模型。在完全混合情况下，可以应用最简单的物质平衡模型，很多的有毒有害污染物属于这种情况。在非完全混合情况下，应该根据实地观察或者染色跟踪实验来建立模型，进而做出预测。

3.6.3.4　计算特定参数的 WQBELs

如果合理潜力分析判定一项污染物排放可能违反水质标准，那么就需要为该指标制定 WQBELs。以保护水生生物为目的的排放标准为例介绍其制定过程。

第一，确定急性和慢性污染负荷（WLA）[①] 分配。在计算 WQBELs 之前，排污许可证编写者首先需要在生物急性和慢性基准之上，为排放点源确定恰当的 WLA。一个 WLA 可以根据 TMDL 计划制定，或直接针对个体点源进行计

---

①　WLA 是指在下游水体达标的前提下，允许污染物排放的总量或最大浓度。WLA 的计算需要考虑储备能力、安全因素以及其他点源和非点源的排放，一般根据污染物水平和水生生物之间的剂量反应关系来计算。

算。如果某个水体的某项污染物已经有经美国国家环保局批准的 TMDL 计划，那么特定点源排放者的 WLA 应当根据 TMDL 计划计算。第二，为每项污染控制指标的 WLA 计算长期均值浓度（Long Term Average，LTA）。美国国家环保局提供了基于统计规律利用 WLA 计算 LTA 的方法。根据美国国家环保局提供的方法，对于排放记录遵循对数正态分布的污染物来讲，排污许可证编写者将 WLA 设定为一定置信区间内的样本，之后利用标准差计算出样本均值，样本均值即长期均值 LTA。这样，如果将污染物排放浓度控制在 LTA 之下，污染物浓度超过 WLA 的概率就很小。在应用水生生物基准时，排污许可证编写者通常基于急性基准建立一个 WLA，同时基于慢性基准建立一个 WLA。之后计算对应的急性 LTA——可确保排放浓度几乎总是低于急性 WLA，计算对应的慢性 LTA——可确保排放浓度几乎总是低于慢性 WLA。每一个急性和慢性的 LTA 将代表对排放者的不同绩效期望。第三，选择最低的 LTA 作为持证排放者的基础绩效。为保证实现所有适用水质标准，排污许可证编写者将选择最低的 LTA 作为计算排放标准的基础。选择最低的 LTA 将确保企业排放污染物的浓度几乎总是低于所有计算的 WLA。此外，由于 WLA 是使用临界受纳水体条件计算得出的，限值的 LTA 也将确保水质基准在几乎所有条件下得到充分保护。第四，计算最大月均值和最大日均值。按照统计学的方法将 LTA 转化为最大月均值和最大日均值。第五，在情况说明书中记录 WQBELs 的计算结果。在排污许可证情况说明书中记录制定 WQBELs 的过程，需要清楚说明适用水质标准的数据、信息以及相关推导过程，为排污许可证的申请者和公众提供一份公开透明的、可复制和可辩护的记录。可以看出，WQBELs 在数值上并非直接等同于实现水体达标的污染物最高浓度，而是经过了一定的统计学转化。从 WLA 到 LTA 的转化，大大提高了安全性，确保企业的长期排放水平低于可能造成水生生物急性毒性和慢性毒性的水平。

市政污水处理厂除了基于水质的排放标准用平均每周限值（Average Weekly Limits，AWL，在一个自然周内每日排放均值的最高允许值）[①] 和平均每月限值（Average Monthly Limits，AML，在一个自然月内每日排放均值的最高允许值）[②] 表示，其余的与点源基于地表水质的排放标准的确定方法基本相

---

① 也可称为 7 日平均值。
② 也可称为 30 日平均值。

同。在技术支持文件中，美国国家环保局建议在制定市政污水处理厂的毒性污染物排放限值时，应按照最大日限值，而非周平均限值。WQBELs 是各州政府对当地污水处理厂制定的基于水质的排放标准，其目的是满足水环境质量的要求，因此排放标准限值更为严格。WQBELs 是在具体情况中对 TBELs 的补充，TBELs 是 WQBELs 的基础。WQBELs 由美国国家环保局授权各州环保局根据自身情况制定，具有很强的灵活性，甚至可以因厂而异。WQBELs 严格于二级处理标准中的排放限值，同时在 TBELs 中没有要求的 N、P 等指标，在 WQBELs 中也根据各州受纳水体设置了不同的排放标准。WQBELs 的制定，使水环境得到了有效保护，并产生了更为科学的参考依据，与此同时，若是污水排放量高于以上指标，则判定为超标。

综上所述，排污许可证编写者首先需要计算 TBELs，之后视需要制定 WQBELs，然后通过比较 TBELs 和 WQBELs 的数值，选择较为严格的作为最终排放标准。在写入排污许可证之前，编写者还需要进行"反倒退"审查，以避免重新发布的排污许可证或者补充、修改的排污许可证做出比原许可证宽松的决定（主要指排放标准，也包括排污许可证的其他要求或规定），最终将排放标准确定下来①。

3.7 监测和报告要求

在规定了排放标准之后，排污许可证编写者需要进一步对监测、记录和报告做出规定。许可证持有者的监测责任是《清洁水法》规定的，而不是美国国家环保局或州政府规定的，这符合成本效益原则。持证者需定期对其排放行为做自我监测并汇报监测结果，从而使管理部门获得必要的信息以评估污染物的特征以及判断污染物排放者的守法情况。定期的监测和报告可以加强持证者依法排放的意识，并及时掌握污染处理设施的运行情况。排污许可证编写者应该了解污染排放者自我监测可能带来的一些问题，例如不合理的采样程序、落后

---

① 总体来看，需要将计算出来的 WQBELs 与如下五个值进行对比：一是 TBELs；二是根据 TMDL 的计算值；三是基于流域的要求进行对比（流域管理是综合全面的管理方法，可在一个地理区域内恢复和保护水生生态系统并保护人类健康）；四是遵循反退化的政策；五是排污许可证每五年更新一次，并保证排放标准越来越严格。对比后，选出最严格的一个，通过排污许可证执行。

的分析技术、较差或者不合理的报告和文本。为了防止或尽可能减少这些问题的发生，排污许可证编写者应该在排污许可证中详细地规定监测和报告的要求。NPDES 排污许可证的监测和报告部分一般包括采样位置、采样方法、监测频次、分析方法、报告和记录储存要求等。在制定具体实施细则的过程中，应考虑到一些可能影响采样位置、方法和频率等的因素，主要包括排放限值导则的适用性、排放和处理过程的不确定性、对受纳水体流量和污染负荷量的影响；所排放污染物的特征；持证者的守法历史记录等。许可证编写者必须对这些因素慎重考虑，因为任何一个失误都会导致对排污者守法情况的错误判断，以及对排放限值导则和水质标准的不当适用。

3.7.1　监测方案

联邦法规第 40 卷第 122 章第 44 节第（i）款规定了 NPDES 排污许可证需阐述监测和报告情况，并要求持证者使用联邦法规第 40 卷第 136 章中规定的测量方法来监测污染物浓度和排污量，以及其他合适的指标，同时也规定持证者（特殊情况除外）必须每年至少一次对所有排放的污染物进行监测并上报数据。联邦法规第 40 卷第 122 章第 48 节规定，所有许可证都必须对监测设备或方法（必要时包括生物监测方法）的合理使用、维护和安装做出明确要求，所有许可证应详细规定监测的类型、间隔和频率以保证监测数据具有代表性。NPDES 要求企业对废水排放的监测按照排污口进行，每个排污口都需要根据其废水排放的特性和历史记录制定监测方案。许可证编写者会根据该企业适用的水污染物排放限值、以往监测中的超标概率和超标水平、污染物的潜在毒性，以及对指标的精确性要求来确定监测方案。

3.7.1.1　监测类型

从监测类型看，主要包括例行监测、急性毒性监测和优先污染物监测等。例行监测是对废水排放量、污染物数量和浓度的监测，例行监测的频率较高，可以是周测、月测或者每次排放必测。急性毒性监测是测试未经稀释的废水在 96 小时内致使生物死亡的效应，目的是调查废水的生物毒性。比如，在加州一家制造业的许可证中，对生物毒性的要求是在三个连续的 96 小时内，废水中生物的存活率必须大于 90%，任何一次测试中生物的存活率必须大于70%。急性毒性的监测比较复杂，没有必要经常测试，其频率基本为一年一测。优先污染物监测的目的是确定废水中是否含有联邦或州的优先污染物并测定数量。优先污染物监测是决定企业是否需要制定基于水质的排放标准的重要步骤，如果废水中优先污染物的水平可能导致水体水质超标，就需要对该企业计算基于水质的排放标准。

3.7.1.2 监测位置

排污许可证的编写者需要制定合适的监测地点来确保达到规定的排放标准，以及提供必要的数据来确定排放对受纳水体的影响。NPDES法规中并没有对监测位置做出明确要求，而是规定排污许可证编写者有责任确定最合适的点位并在许可证中详细说明。同时，持证者也有责任提供一个安全、易接近并且有代表性的取样点，并对监测地点的安全和可操作性负法律责任。NP-DES排污许可证中规定的监测位置合适与否对取得准确、可靠的排放数据至关重要，在选择监测位置时需考虑以下重要因素：废水排放量可测量、监测位置方便且安全、取得的样本可代表监测时段的排放状况。最合理的监测点应设在排放口而非受纳水体中，当执行基于水质的排放标准时尤其如此。许可证编写者应选择能代表污水排放情况的监测位置。监测地点的污水应该是充分混合的，比如在巴氏槽附近或者有液压湍流的下水道①。

在某些情况下，许可证编写者需要在许可证中增加一个备用的监测点，主要包括以下几种情况。①当企业将处理后的废水与未经处理的废水混合排放时，只在最后混合的排污口进行监测是不合适的，监测混合后的排放废水可能无法获得准确真实的排污情况。在这种情况下，许可证编写者需要根据排放限值导则监测混合前的排放情况。②某些市政污水处理厂二级处理之后有相关的配套设施，这可能会影响监测达标结果。许可证编写者需要在二级处理完成后、配套设施处理前，按照二级处理标准进行达标监测。③如果处理后废水与未经处理的废水混合排放，某些重要污染物可能无法由规定的分析手册检测出，需要在混合之前设置内部监测点位监测重要污染物特征。④许可证编写者也可能要求对某些设施污水处理单元的进口污水进行监测，比如对于市政污水处理厂，必须监测进口污水，以确保达到二级处理标准规定的85%去除率。对于工业点源，如果要获得与污水处理单元运行相关的信

---

① 应避免选择过于靠近出水堰的位置，因为容易出现固体沉降和浮油、油脂积聚。

息，也可以监测进口污水特征。

3.7.1.3　监测频次

监测频次针对每一个污染源和每一种污染物均是不同的，每个排污口都需要根据其废水排放的特性和历史记录确定监测频次，并在情况说明书中详细设定监测频次。有些州制定了取样指南，可以帮助许可证编写者确定合适的取样频次，既可以尽可能地排查出违法排污情况又可以避免不必要的重复监测。

许可证编写者可以通过查看排放监测报告，或者在没有实测数据和信息的情况下参考类似排放数据，估算相关指标浓度的变化情况从而确定监测频次。排放情况经常变化的监测频次应该比排放情况相对稳定的监测频次更高，尤其是流量和浓度变化比较频繁的情况。在设定合适的监测频次时，除了估计排污变化的情况，还应该考虑以下因素：污水处理设施的设计容量①、处理类型②、达标排放记录③、监测成本④、排放频率⑤、多级限值⑥等。

许可证编写者也可以使用《基于水质的有毒污染物控制技术支持手册》（TSD）中描述的方法来设置监测频次。概括来说，TSD 中的方法要求计算污染物浓度长期均值并与许可证限值进行比对，以确定违法排放的可能性。长期均值与许可证限值越接近，监测频次越高。该定量方法需要用科学合理的数据来计算长期均值。许可证编写者也可以采用阶梯式的监测方法来设定监测频次，当初始阶段采样数据显示达标排放时，可以逐渐降低监测频次。如果在初始阶段监测中发现了问题，则可以增加监测频次。这种方法可以在充分保护水质的前提下降低持证者的监测成本⑦。美国国家环保局颁布的《基于

---

　　①　与批次进水的污水处理系统相比，氧化塘处理系统更为稳定，受到大量工业废水排放影响的污水处理设施水量变动较大。

　　②　如果处理方法合适且稳定、高效去除污染物，监测频次可以低于没有处理设施或处理设施不足的工业企业。

　　③　如果过往达标排放情况较好，可以降低监测频次。如果达标情况较差，需要增加监测频次，以找出原因。

　　④　监测成本应与排污者自身能力保持一致，除非有必要获得大量的排放信息，许可证编写者不应有过度的监测要求。

　　⑤　非持续排污设施的频次，不同于持续排放高浓度废水或含有不常检出低浓度污染物的监测频次。

　　⑥　当包含多级限值时，需要对应不同的许可限值设定不同的监测频次。比如，在生产旺季可以增加监测频次，生产淡季时减少监测频次。

　　⑦　降低监测频次需要基于过去的良好表现。为了能持续享有这种待遇，持证者必须保持高的绩效水平和良好的守法记录。

污染源达标表现的 NPDES 监测频次变更临时导则》为企业通过历史记录调整监测频次提供了依据。

3.7.2 取样和分析方法

3.7.2.1 取样方法

排污许可证编写者还需要对每种需要被监测的污染物确定特别的取样方法。在美国，取样方法主要是随机抽样和混合抽样，也包括连续顺序监测，而真正的全年连续监测设施并未大规模使用。

随机取样是指在特定时间、地点内采集的单一样本，仅代表该时间地点下的污水成分，比如残余氯和挥发性有机物必须现场取样。当污水水质和流量不随时间变化时，随机取样完全可以满足水质监测的分析要求[①]。随机取样的另一种类型是连续取样，连续取样可以有效地确定废水在短期内的变化特征，取样的间隔与时间、流量成正比。连续采样器能单独存放大量样本，而混合采样器则是将等分的样本在普通瓶中混合。

混合取样是把在固定间隔期内获得的独立样本综合起来，通常与时间或流量相关。当待测物质因为流量或质量变化而随时间显著改变时，用混合取样比较合适。混合取样通常有两种方式，许可证编写者要在许可证中明确使用哪种方式。定时混合取样是在相同的时间间隔内每次取固定的体积，适用于排放量、浓度相对稳定的排放源。当废水流量随时间变化较大时，建议采用与流量成比例的混合取样。混合取样在许多情况下都不适用，因为有些指标是不能混合的，比如 pH、残余氯、温度、挥发性有机物、微生物测试、油和油脂等。这些指标也不推荐使用分批取样或间歇取样，需采用随机取样以监测排放水质的变化。表 3-4 描述了 8 种混合取样的方法及其优缺点。

表 3-4 混合取样方法及其优缺点

类型	方法	优点	缺点	评价
按时间混合	样本体积一定，取样间隔一定	仪器和人工投入最少；不需要监测流量	可能缺乏代表性，尤其是当流量变化大时	在自动和手动取样中都有广泛应用

---

① 主要适用于：废水特征相对稳定；需要得到短期的变化情况；混合取样不可行或者混合过程容易产生新的物质；有待确定的空间参数变化性等。

类型	方法	优点	缺点	评价
按流量比例混合	样本体积一定,取样间隔随流量成比例变化	人工投入最少	需要精确的流量测量仪器	在自动和手动取样中都有广泛应用
	取样间隔一定,取样体积随流量成比例变化	仪器使用最少	在缺少先前的最小与最大流量比例信息的情况下,根据流程图进行人工混合;对于已经给出混合体积的独立个别样品存在采样量太小或太大的可能性	适用于自动取样中,也广泛应用于手动取样中
	取样间隔一定,取样体积随上次取样后总流量成比例变化	仪器使用最少	在缺少先前的最小与最大流量比例信息的情况下,根据流程图进行人工混合;对于已经给出混合体积的独立个别样品存在采样量太小或太大的可能性	在自动取样中应用并不广泛,但可在人工取样时应用
次序混合	一系列的短期混合,取样间隔一定	在流量发生波动和考虑其随时间变化时有效	需要基于流量进行小份样品的人工混合	通用;但人工混合需要大量人力资源
	一系列的短期混合,在固定排放物数量增加时采集小份样品	在流量发生波动和考虑其随时间变化时有效	需要流量累计;需要基于流量进行小份样品的人工混合	人工混合需要大量人力资源
连续混合	取样体积一定	人工投入最少,不需要测量流量	需要大量样品;流量变化大时可能缺乏代表性	实用但应用并不广泛
	取样体积与流量成正比	人工投入最少,流量变化大时最有代表性	需要精确的流量测量仪器,大量样品体积,可变的抽水容量和功率	应用并不广泛

连续监测是监测少数指标时的一种方法,比如监测流量、TOC、温度、pH、溶解氧等。连续监测的可信度、精确度和成本因待测指标的不同而有差异。连续监测的成本很高,因此当企业排放量大且排放情况经常变化时才采用该方法。在决定是否采用该方法时,应将排放中指标变化对环境影响的重要性与相应的监测成本做比较。

3.7.2.2　分析方法

许可证编写者必须对监测所用的分析方法做出规定。联邦法规第 40 卷第

136章对许可证的分析方法进行了描述，用于检验工业废水和生活污水的分析方法必须与联邦法规要求的一致，涉及取样、前处理以及数据分析等。主要包括：联邦法规第40卷第136章附录A的测试方法、《水体和污水检验标准方法》、《水体和污水化学分析方法》、《检验方法：市政与工业污水有机化学分析方法》等。联邦法规第40卷第136章包含的分析方法是仅针对优先污染物、常规污染物以及一些非常规污染物设计的，在缺少针对其他指标的分析方法的情况下，许可证编写者必须规定应使用的分析方法。对废水水样的分析必须由有资质的实验室完成，应定期核查实验室的资质，水样分析的程序必须遵照美国国家环保局的有关导则进行，或者按照排污许可证中的监测与报告计划操作。比如，加州要求所有分析废水水样的实验室都必须由州健康服务环境实验室认证或由执行长官认证。每一份监测报告都必须以书面形式写明"所有分析都是由有资质的实验室，按照美国国家环保局的导则与报告完成"。

3.7.3 数据处理、记录和报告

依据监测方案获得的监测数据，需要经过处理加工才能转化为信息。因此，排污许可证编写者必须确定监测数据的分析方法，这些方法的大部分已经形成法规。同时，由于积累了大量监测数据，其所蕴含的大量信息为环境管理提供了重要依据。在美国，虽然排污许可证规定污染源必须一年至少申报一次监测结果[①]，但是申报的内容必须与监测方案对应（王军霞，2016）。

有关企业排放状况和污染治理情况的报告主要有例行监测报告、实施计划报告和24小时报告。我们主要介绍例行监测报告。以月为周期上报的例行监测报告，远远不只具有政府监测和核查的作用，例行监测报告结果提交到基于排放监测报告数据库，通过该数据库给排污许可证编写者提供参考，同时也能够给某些工业类别制定基于技术的排放标准提供更加丰富的资料，促进行业内污染控制技术的进步。例行监测报告主要有：最大日均值、最大月均值等。

为了便于执法者核查，排污者需要建立和保持监测记录，主要包括取样

[①] NPDES法规要求监测与报告频次应根据污水排放、污泥使用和处置的情况而定。因此，许可证编写者可以要求比年度报告次数更频繁的监测频次。

的时间和地点、取样人员名单、取样频率、分析人员名单、污染物分析规范和结果，且至少将记录保持三年，以便执法者核查，这个保存期限可以应管理人员的要求而延长。市政污泥的监测记录是一个例外，要至少保存 5 年，如果联邦法规有要求，还可以保存更长时间。按照《清洁水法》，除排污许可证中注明具有商业机密权限之外的任何许可证信息、监测记录和报告都必须对任何个人和团体无条件公开，保障公众的环境知情权（宋国君，2013）。

从排污许可证的监测和报告制度可以看出，排污许可证系统中排污者污染物排放信息的记录和报告非常翔实和可靠，能够为违法判定提供基本依据。排污者的记录和报告构成了许可证执行情况的信息基础，是执法者判定企业是否守法的主要依据。执法者的检查和监测只是为了核查企业的报告是否真实有效，起到对照和补充的作用，并不是获得信息的主要渠道。

3.7.4　违法判定与处罚

根据前文分析，无论是基于技术的排放标准还是基于水质的排放标准，都存在最大日均值和最大月均值两种形式。如果一个日历月内的日排放均值超过了最大月均值，那么执法者将报告企业违反排污许可证相关规定，并且被判定为在该月的每一天内都违反排污许可证相关规定。如果该月只有一个样本，样本的分析结果超过了最大月均值，那么该月被视为违反排污许可证相关规定。

从以上内容可以看出，美国环保部门通过设置最大日均值和最大月均值，区分了违法的程度。违反最大日均值将被记为违法 1 天，违反最大月均值则被记为该月的每一天都违法。由于违法的罚金是按日计算的，违反最大月均值的罚金远远高于违反最大日均值的罚金。因此执法者对最大月均值的判定也更为谨慎，当样本代表性不足时，可采用增加样本量的方式获得较为公平的测定结果。

3.8　特殊规定

将特殊规定纳入许可证有很多原因，比如：由于关键数据缺失，很难或无法确定某些排污设施达到了基于技术或水质的排放标准；为了拟定达标期

限，可以提供达到许可证要求的时限；为了体现预防性要求，可以通过最佳
管理实践或良好的企业内部管理实现；为了制定基于水质的排放标准，强制
进行混合区或生物富集研究等内容。

3.8.1 特殊规定类型

特殊规定主要包括额外的监测和研究、最佳管理实践、污染防治、达标
期限等4种类型，这4种类型在任何NPDES排污许可证（工业企业或市政污
水处理厂）中都适用。

3.8.1.1 额外的监测和研究

额外的监测和研究（Additional Monitoring or Special Studies）可以在许可
证已经对排放标准做出规定的基础上，为许可证编写者提供之前无法获得的
数据。这些要求通常用于补充定量化的排放标准或支持未来许可证的修订和
完善。

可处理性研究。当缺失某些关键信息时，许可证编写者很难确定基于技
术的排放标准，这需要进行可处理性研究；或者当许可证编写者认为设施的
处理能力无法满足排放标准的要求时，也需要进行可处理性研究。

毒性鉴定评估/毒性削减评估（TIE/TRE）。如果设施排放的污水经过综
合毒性（Whole Effluent Toxicity，WET）测试后被认定为存在毒性，就需要进
行评估以识别和控制废水中毒性的来源。美国国家环保局颁布了《水体毒性
鉴定评估方法》《市政污水处理厂毒性削减评估》《沉积物毒性鉴定评估》等
具体程序和要求。

混合区研究。混合区由各州自己确定，应用于确定基于水质的排放标准。
因为排放口排放的废水会跟周边的水混合，如果混合区比较大，就说明允许
排放者有较大的稀释容量。混合区的大小取决于流速、流量、动力状态等条
件，必须科学合理。

沉积物和生物富集监测。如果许可证编写者认为污染物会在沉积物中富
集，则需要进行沉积物监测；对于容易出现生物富集的污染物，如果排放标
准低于分析检测水平，就需要使用生物富集监测。

3.8.1.2 最佳管理实践

联邦法规第40卷第122章第2节对最佳管理实践（Best Management Practices，BMP）进行了定义，指一系列旨在预防和减少美国水污染的活动、行为禁令、维护程序等，也包括操作流程和控制措施，还包括控制工厂排放、溢出、泄漏以及污泥和废物处理等。BMP 可用于预防或缓解由工业生产或者污水处理过程排放造成的水污染，不是一种行为，而是各种管理的机制和方法的集合，也是对排放标准的一种补充。根据联邦法规第 40 卷第 122 章第 44 节，如果 BMP 符合下列情况，应当在可行条件下被纳入许可条件：由《清洁水法》第 304 条第（e）款授权、无法量化的排放标准、必须达到排放标准或《清洁水法》规定的目标。

许可证编写者可以制定 BMP 的总体方案，或要求特定设施、工艺或污染物实行 BMP。《最佳管理实践指导手册》罗列了工业企业或市政污水处理厂BMP 方案中推荐的管理行为与原材料，此外还描述了 BMP 如何运行，并提供了一些可供借鉴的 BMP 案例。一般 BMP 方案至少包括以下内容：一般要求（设施的名称和位置、最佳管理实践的政策与目标、企业管理者的核查）和特殊要求（最佳管理实践委员会、风险鉴定和评估、事故报告、原材料相容性、完善的场地管理、预防性维护、检查和记录、安全性、职工培训等）。BMP可提交给管理机构审查，但一般由持证者保存，如果许可证授权机构需要，可以随时提交。按照正常的日程安排，BMP 方案要求在 6 个月内制定完成，在许可证发放后的 12 个月内执行。

3.8.1.3　污染防治

通过污染源减排、循环和再利用技术，污染防治（Pollution Prevention）可以在降低污染风险的同时减少治理成本。美国国会为污染防治制定了几项政策：污染物必须尽可能在源头被消除或削减；无法避免的污染物必须尽可能以保证环境安全的方式进行循环利用；无法避免或无法循环利用的污染物必须尽可能在排入环境之前以保证环境安全的方式进行治理；只有以上都不可行时才可以处置或以其他方式将污染物排放到环境中，且应以保证环境安全的方式进行操作。

环境管理包括源头预防、回收、处理和处置等环节，它提供了一系列的治理选择，并非将污染防治作为唯一方法。源头预防通常包括生产工艺循环利用，以环境无害的方式进行回收，其具有与污染治理相同的优点，比如提升原材料、能源、水或其他资源的利用效率。在法规授权下，BMP 能够涵盖全部污染防治过程，包括生产改造、运营管理变动、原材料替代、提高资源利用效率等。

3.8.1.4 达标期限

联邦法规第 40 卷第 122 章第 47 节允许许可证编写者设定达标期限（Compliance Schedules）①，从而给了持证者额外的时间来达到《清洁水法》或其他适用法规的要求。根据该条款设定的日程安排要求持证者尽快达标，且不能超过法律设定的最后期限。比如，国家预处理项目、污泥利用和处置、BMP 方案的制定和实施、暴雨径流、合流制溢流污水和分流制雨水系统项目等。

3.8.2 工业暴雨径流排放许可

所有与工业活动相关的暴雨径流排放，不论是通过城市分流制雨水系统排放还是直接排放到联邦水体中，均要持有 NPDES 排污许可证，但排放暴雨径流至市政污水处理厂的除外。与工业行为相关的暴雨径流排放是为收集、运输工业厂区的径流并排放的行为，暴雨径流的收集与在工业厂区内的制造、加工或原材料的存储直接相关。各州环保局可根据产业的差异进行划定，主要包括金属加工与回收、烟草生产、开矿、造纸、电子加工等。工业区的各类材料、设备维护和清洁以及与工业设施相关的其他活动常常暴露室外，降雨或融雪径流接触这些设施及活动可以溶解大量污染物，并将它们直接输送到附近的河流、湖泊或沿海水域，或通过雨水管道排到受纳水体中，严重影响水质及周边环境（潘润泽，2017）。

考虑到工业暴雨径流排放设施数量过多，美国国家环保局和大部分获得授权的州政府会为需要工业暴雨径流排放许可的设施颁发一般许可证。与定量化的排放标准控制污染物的排放不同，工业暴雨径流排放主要通过污染防治方案进行控制，这需要持证者采取工程或非工程的 BMP 方案。在美国国家环保局颁发的工业暴雨径流一般许可证中规定每个工业设施必须制定一项污染防治方案，内容主要包括：说明设施排水系统以及每个排水区域工业活动的分布图、可能会遭到暴雨冲刷的物品清单、设施场地中可能存在的排放源、

---

① 达标期限不仅指污染物指标达到排放标准要求，还包括污染防治措施符合许可证要求等非定量化条件。

过去 3 年中发生的有毒有害物质泄漏事件以及用于防治或减少暴雨径流污染的各种措施或控制手段（对暴露于暴雨中的工业设施进行良好的日常管理和预防性维护、对有毒有害物质泄漏的预防和应急措施、对员工应对污染防治的培训）等。许可证编写者可以参考美国国家环保局的点源信息供给交换系统（PIPES）中已经发布的工业暴雨径流一般许可证，也可以参考美国国家环保局制定的《工业活动的暴雨径流管理：制定污染防治方案和最佳管理实践》等指导文件。

3.8.3　预处理计划①

市政污水处理厂是 NPDES 排污许可证项目中最大的一类污染源，指的是隶属于州政府或市政当局的生活污水和工商业废水的处理设施②。通常，市政污水处理厂能够有效去除生活污水中的常规污染物，但对于工业废水中的有毒有害污染物和非常规污染物去除效果不好。由于工业废水具有排放量大、污染物种类多、成分复杂等特点，如果不对工业废水间接排放进行系统性管控，则极易影响市政污水处理厂运行的稳定性。为了防止以间接排放形式进入市政污水处理厂的工业废水中有毒有害污染物和非常规污染物对市政污水处理厂正常运行产生的"干扰"或可能产生"穿透"，1977 年《清洁水法》提出了国家预处理计划（National Pretreatment Program），要求间接排放源达到预处理标准后才能将工业废水排入污水管网，从而防止对市政污水处理厂正常运行及对受纳水体水质产生的负面影响（黄新皓，2020）。随后，1978 年美国国家环保局制定了《一般预处理条例》，对预处理标准和要求、预处理计划编制、预处理计划授权等进行了详细规定，明确了联邦、州、地方政府和工业企业在实施预处理计划中的责任（付饶，2018）。

3.8.3.1　预处理计划目标

在美国国家环保局的水环境管理框架中，国家预处理计划是美国国家污染物排放消除制度的一部分，执行这个计划是发放市政污水处理厂排放许可

---

①　美国国家预处理计划在减少有毒有害污染物和非常规污染物进入污水管网、增加污泥处置和利用以及改善美国水域水质等方面取得了显著成效。同时，还建立了联邦、州、地方政府和工业企业之间的良好伙伴关系。

②　联邦法规第 40 卷第 403 章明确规定，处理设施指用于储存、处理、循环和回用城市生活污水以及工业废水的任何设备或系统，也包括将废水输送到处理设施的下水道、管道或其他运输载体等。

证的一项要求。《一般预处理条例》明确了预处理计划的目标：①有效管控工业废水污染物间接排放，防止工业废水中有毒有害污染物或非常规污染物对市政污水处理厂的干扰和破坏，保障污水处理设施安全稳定运行；②有效预防穿透效应导致的非常规污染物和有毒有害污染物的排放，或预防污水处理工艺不能处理的污染物进入；③增加市政和工业废水及污泥的回收和再利用机会；④保障污水处理厂工作人员的安全和健康（王树堂，2019）。

3.8.3.2 预处理计划管理体系

预处理计划作为 NPDES 排污许可证项目下的一个类别，由美国国家环保局或有授权的州政府负责审批和监管。《一般预处理条例》规定了预处理计划的四大主体：审批机构（Approval Authority）、控制机构（Control Authority）、市政污水处理厂①（Publicly Owned Treatment Works）和工业用户（Industrial Users），四者与美国国家环保局共同构成预处理计划的实施主体。

美国国家环保局对所有预处理计划的执行情况具有监督权和最终审批权。职责包括：监督各级别预处理计划实施情况；制定和修订预处理计划相关法规、政策、标准和技术指南；适时启动强制措施。区域办公室的职责包括：监督授权州的预处理计划实施情况；在未获授权的州履行审批机构职责；适时启动强制措施。

审批机构由美国国家环保局区域办公室或获得授权的州政府设立，目前美国已有 36 个州政府获得预处理计划审批权，区域办公室担负着 14 个未获授权的州政府的审批责任。审批机构是国家预处理计划的监管主体，负责审批控制机构提交的地方预处理计划。其主要职责包括：告知污水处理厂应履行的职责；审查和批准污水处理厂预处理计划的授权或修改请求；审查特定设施的行业预处理标准的修改请求；监督污水处理厂预处理计划的执行情况；为污水处理厂提供技术指导；对违规的污水处理厂或工业用户采取适当行动。在审批机构设立"预处理协调官"（Pretreatment

---

① 美国的"市政污水处理厂"中文直译应该是"公共拥有的处理设施"，反映了污水处理厂在美国的公有性质。这与我国政治体系中的"国有"或"集体所有"的性质都不相同。比如，洛杉矶县卫生特区的所有权属于它服务的约 500 万人口的这个集体。

Coordinator）的职位，对控制机构进行工作监督、核查和指导。审批机构每年都要对控制机构进行检查并做出年检查报告，检查内容一般为控制机构的日常工作，每 5 年就要对控制机构和污水处理厂预处理计划进行合规性审计，全面检查预处理计划的执行情况，重点核查预处理计划的预算、人力资源、仪器设备资源、地方预处理法规和标准、工业用户达标排放状况、控制机构执法情况等。

控制机构主要是污水处理厂所属的地方政府。污水处理厂在美国具有公有性质，几乎所有的污水处理厂都是由州以下的地方政府拥有的。由州以下地方政府直接执行联邦层级的计划在美国水环境管理体制中并不多见，但这种管理体制对于控制工业废水间接排放是必要的。美国的地方政府（包括市级政府和卫生特区政府）拥有污水处理厂的所有权，直接掌管污水处理厂的运行并且对其出水水质等负有法律责任，而且其对工业用户所在的区域有行政权和执法权。所以，从行政管理的效果和效率角度来看，让地方政府管理工业用户的废水间接排放显然比联邦或州政府更加适当。控制机构的主要职责包括：制定、实施和维护批准的预处理计划；评估管控工业用户的合规性；对违规的工业用户采取适当执法行动；向审批机构提交报告；根据需要制定地方标准；制定和实施执法响应计划；审查工业用户的更改请求等。

市政污水处理厂是污水集中处理单位，获地方预处理计划授权的市政污水处理厂被赋予控制机构的部分职能，承担着制定法定权限、监管工业用户和向审批机构提交报告的责任，在预处理计划实施中具有重要作用。这就使得市政污水处理厂在预处理计划实施中具有双重身份，既是污染的排放者又是污染的处理者，既是监管工业用户的主体又是受审批机构监管的主体。《一般预处理条例》规定，大型市政污水处理厂（日设计流量超过 500 万加仑）和较小的市政污水处理厂（工业用户的废水可能"干扰"和"穿透"市政污水处理厂）需要编制地方预处理计划。如果美国国家环保局或有授权的州政府发现进入市政污水处理厂的废水性质、体积及处理过程违反了市政污水处理厂废水排放标准和污泥正常处置的规定，也可要求日设计流量低于 500 万加仑的市政污水处理厂编制地方预处理计划。虽然制定地方预处理计划的市政污水处理厂只占美国污水处理厂总数的 10% 左右，但其处理的废水量占全国废水排放量的 80% 以上（黄新皓，2020）。

所有将非居民生活污水排放到市政污水处理厂污水收集管网的排放单位都是预处理计划的管理对象，被统称为工业用户，工业用户是美国国家预处理计划中最基本的构成单位。由于工业用户数量众多，美国国家环保局根据工业用户的生产规模、工艺水平、废水排放量等特征，将其划分为重点工业用户、分类工业用户、非重点分类工业用户、中间层分类工业用户等 4 类。重点工业用户主要是那些排水量较大、含有毒性或浓度较高的污染物、对市政污水处理厂影响较大的单位，需要遵守《一般预处理条例》中的附加要求。划定重点工业用户的目的是确保在大多数情况下，通过管控能对污水处理厂的正常运行提供充分保护。预处理计划要求所有工业用户均需遵守联邦、州、地方预处理标准和要求，包括提交报告、企业自行监测、通知和保留活动记录，以及确保监测采样、样品的收集和分析符合要求。根据规定，工业用户需保留各类活动记录至少 3 年，除商业机密外，提交市政污水处理厂或州的所有信息必须向公众公开，以便美国国家环保局和州代表的检查。

3.8.3.3 预处理标准体系

预处理标准体系与点源排放标准体系类似，由联邦、州和地方等不同级别的政府制定，是预处理计划的核心，可以表述为数值型标准限值，或者是叙述型的禁令或最佳管理实践（周羽化，2013）。预处理标准体系也考虑了基于技术和基于水质两个层面，目的是让工业用户排放管理与地方水环境质量保护等需求直接挂钩，包括排放禁令、行业预处理标准和地方标准。

排放禁令是由美国联邦制定的国家标准，是适用于所有工业用户的强制性最低要求，旨在为市政污水处理厂提供一般意义上的保护，明确禁止工业用户排放严重影响市政污水处理厂正常运行的污染物。排放禁令包括特殊禁令和一般禁令。特殊禁令是禁止那些已经被认定为会严重影响市政污水处理厂运行的污染物排放，主要包括美国国家环保局制定的法规中列出的易燃易爆、易腐蚀、易堵塞、严重影响人类健康和安全的 8 类污染物。此外，排放到市政污水处理厂的各种废水还可能存在上述 8 类污染物之外的会引起"干扰"或"穿透"的污染物[①]。一般禁令就是禁止工业用户向市政污水处理厂

---

① 由于工业废水所含物质复杂，本来化学性质平和的不同废水混合之后所产生的化学反应也可能会引起"干扰"或"穿透"。

排放任何可能会导致"干扰"或"穿透"的污染物。一般禁令赋予控制机构更宽泛的权力，在引起"干扰"和"穿透"的原因不能立即查清时，也可以采取有效的措施，更加严格地控制工业废水的进入，保障污水处理厂的稳定运行。

行业预处理标准是一种基于技术的排放标准，是美国国家环保局根据产生排放的设施/活动类型、原材料、污染物特征、废水处理工艺和成本、环境效益和社会效益等因素制定的，主要分为 PSES 和 PSNS。通常，PSNS 较 PSES 更为严格。目前，美国国家环保局制定了 35 个工业类别的预处理标准。行业预处理标准是一种刚性的排放标准，适用于美国任何地方的所有相关企业。任何受到行业预处理标准规范的工业企业，其废水进入市政污水处理厂之前都要先达到这种标准。行业预处理标准还特别规定，不能通过稀释的办法来规避污染物处理。必要时，除了以污染物浓度作为排放标准，还必须将污染物质量（流量×浓度）作为排放标准的测量单位来判断行业预处理标准的达标状况。按照《清洁水法》的要求，美国国家环保局为工业废水的直接排放制定了阶段性的、先低后高的技术标准，希望能以稳健的、尽量不妨碍经济发展的方式达到立法目标，即尽快地制止污染并恢复水环境。先要求工业排放达到较低水平的 BPT，然后达到高一层次的 BAT，以及更高一层次的 NSPS（在很多情形下，BAT 和 NSPS 所规定的排放标准限值很接近甚至是同样的）。BAT 是已经存在的（在工业界使用或者刚刚在实验室发展出来的）、经济上办得到的最佳控制技术，这是美国水环境保护工作中控制点源工业废水的非常规污染物和有毒有害污染物的主要方法。用于控制间接排放的行业预处理标准与控制直接排放的 BAT 的原则和方法有相似，都要求使用现有最佳的处理技术，两者的排放标准限值基本一致。

地方标准是由控制机构根据当地的情况和需要制定的。一般来说，污水处理厂所在的区域不同，接纳的生活污水和工业废水的比例、工业废水类型、污染物浓度、排放的受纳水体、水体水质、上下游情形、污水处理厂自身污水和污泥所要达到的标准等各不相同，这些条件对于每个污水处理厂来说都是特殊的，因此必须根据自己独特的条件对于所接纳的工业废水制定独特的地方标准，这体现了预处理排放标准的灵活性。生化需氧量和动植物油脂等污染物由于自身特性不适于制定全国统一的排放标准，而应该由各个市政污水处理厂根据自身处理能力制定适合本地的排放标准。比如，固态或黏状的动植物油脂会与其他固体状污染物一起阻塞污水管道，这种阻塞固然与废水中的动植物油脂浓度有关，更重要的是与污水收集管道的直径、污水流速、当地地势以及当地的气温条件等相关。某个特定浓度的动植物油脂可能对一些地区是合适的，但是在寒冷地区的污水管道就很可能阻塞。所以，这类污染物排放到污水处理厂的标准若由联邦政府统一制定并要求各州统一执行，显然是不可行的。地方标准的另一个用途是进一步控制行业预处理标准限定排放的污染物。行业预处理标准是一种基于技术的排放标准，制定时并不考虑接受排放的污水处理厂的负荷。在某些情形下，工业用户按照行业预处理标准排放的废水仍然有可能"干扰"或"穿透"污水处理厂。这种情形可能是污水处理厂接受的生活污水中某种污染物的背景值比较高，也可能是由于该区域排放同样污染物的工业用户比较集中。此时就需要控制机构为该种污染物另行制定更加严格的地方标准，使污水处理厂能够正常运行且出水能够满足地表受纳水体的水质要求。由此可见，要求所有工业用户控制其废水的污染物在排放标准之内、实施准确的排放标准是实现预处理目标的关键。这要求控制机构定期、及时检查，必要时加以修订，要求审批机构在审计污水处理厂预处理计划时必须检查地方标准的合适性。

3.8.4 污泥处理

污泥作为污水处理的副产物，含有重金属、病原体等多种有毒有害物质。根据美国国家环保局的大致统计，40%的污泥用于市政填埋，20%的污泥用于焚烧，其他的污泥用于化肥或土壤改良剂。与水污染物排放标准不同，美国国家环保局建立的污泥标准是基于人体健康和环境风险的。《清洁水法》对污水处理厂污泥的排放做出了规定，目的是减少潜在的环境风险和使污泥的效益最大化。《清洁水法》要求美国国家环保局制定技术标准，建立污泥管理实践与污泥中有毒污染物可接受的水准，以及遵守这些标准的严格的截止期限。标准颁布后一年内必须遵守，只有在需要建立新的污染管制措施时才可以将期限放宽至两年。

美国国家环保局在联邦法规第40卷第503章中列出了上述规则。这些规则对污水污泥的利用和处置提出了要求，比如土地利用、地表露天处置、焚烧、填埋。每项利用和处置方法都包括一般要求、污染物限值、管理要求、操作标准以及监测记录报告要求。联邦法规对以下 4 类人实施强制要求：污泥或污泥残渣的拥有者、污泥项目的土地利用者、污泥地表露天处置场所的拥有者或运行者、污泥焚烧设施的拥有者或运行者。这些内容很大程度上是自主实施的，这意味着任何从事相关活动的人在设定期限前必须自觉遵守要求。违反联邦法规将会受到行政、民事或刑事处罚。

《清洁水法》第 405 条第（f）款要求在每个发放给生活污水处理厂的许可证中加入对污泥的综合利用与处置的要求。美国国家环保局提供了《污泥的土地利用》《污泥的地表处置》《生活垃圾管理条例》《污水处理厂污泥病原体控制和稳定化》等指导文件来解释联邦法规第 40 卷第 503 章的要求。许可证编写者可以根据美国国家环保局发布的指导文件和实施指南，并结合持证者所采用的污泥处置利用方法的类型确定合适的标准。许可证中污泥部分需要包括以下主要内容：污染物浓度或负荷率；操作标准（如土地利用、地表处置中病原体稳定化要求，或者焚烧炉内总烃浓度要求）；管理实践（如场地限制、设计要求和运行实践）；监测要求（如监测的污染物种类、采样地点和频率、样品的收集和分析方法）；记录保存要求；报告要求（如报告内容、频率以及报告提交期限）；一般要求（如在申请土地、提交和发布地表露天处置场所关闭计划前的具体通知要求）（EPA，2010）。

如果基于现有联邦法规的许可证内容不足以保护公众和环境免受污泥中有毒物质的不利影响，可具体问题具体分析，根据实施指南和技术导则应用 BPJ 满足法规要求，制定个案的污染物限值和管理措施。

3.8.5　合流制溢流污水处理

合流制污水系统（Combined Sewer System，CSS）是同时收集生活污水、工业废水以及暴雨径流的废水收集系统，通过单一的管道连接到市政污水处理厂。在枯水期，CSS 能够将家庭、商业和工业废水收集和输送到市政污水处理厂。但在丰水期（降雨量较大的雨季或融雪季节），这些系统可能会超负荷运转并发生溢流，直接将一部分未经处理的污水排放进受纳水体（陈玮，2017）。这些溢出的污水就是合流制溢流污水（Combined

Sewer Overflow，CSO）。CSO 具有污水与降雨径流的双重属性，受随机降雨、多污染源、阶段数据等条件影响，常常含有很高浓度的悬浮固体、致病菌、有毒物、漂浮物、营养物及其他污染物，很容易导致受纳水体超标（贾楠，2019）。

1989 年，美国国家环保局发布了 CSO 控制政策，明确 CSO 是从属于 NPDES 排污许可证和《清洁水法》要求的点源排放。此后虽然在控制 CSO 方面取得了一些进展，但与公众健康和水环境相关的风险依然存在。1994 年，美国国家环保局在联邦公报上发布了全新的 CSO 国家综合战略，旨在确保市政部门、许可证管理机构、水质标准制定部门和公众参与到综合协调规划之中，努力实现符合经济效益的 CSO 控制，最终达到人体健康要求和环境目标。作为点源污染排放，CSO 必须同时遵守《清洁水法》中适用于非常规和有毒有害污染物的 BAT 和适用于常规污染物的 BCT。但美国国家环保局尚未给出基于 BAT、BCT 方法的 CSO 污染物排放标准，因此许可证编写者需要通过 BPJ 为 CSO 确定基于技术的排放要求。

CSO 控制政策指出，持证者需制定和实施 CSO 九项基本控制措施[①]（Nine Minimum Controls，NMC）和长期控制规划[②]（Long-term Control Plan，LTCP），并纳入不同阶段或相关的（如污水处理厂排放许可）NPDES 排污许可证，上报美国国家环保局或其授权的州政府审批，同时还要对各许可周期内 CSO 控制措施的实施效果、达标情况进行监测并提交审核。美国国家环保局或其授权的州政府负责监管 NMC 和 LTCP 的实施与达标情况。由于控制 CSO 需要长期规划、建设、投资和持续再评估，所以 CSO 控制措施可能持续数个许可证周期。美国国家环保局阐述了针对 CSO 的阶段性许可方法以及每个阶段应该建立的许可类型，具体见表 3-5。

---

① 政策规定的 CSO 九项基本控制措施，基于许可证编写者的最佳专业判定，主要包括：对排水系统和 CSO 项目提供正确的操作和定期维护方案；最大限度地使用存储收集系统；审核和修正预处理要求以确保 CSO 的影响最小化；使流入市政污水处理厂的待处理污水流量最大化；预防在旱季出现溢流；对 CSO 中的固体漂浮物进行控制；建立污染预防项目；进行公示以使公众充分了解 CSO 的产生和影响；通过监测有效掌握 CSO 的影响及控制效果。

② 长期控制规划通常在许可证颁发的两年内制定，主要包括：CSO 的特征描述、监测和模拟；公众参与；敏感地区的考量；替代方案的评估；成本效益分析；工作计划；现有市政污水处理厂处理量的最大化；实施日程；运营期间的监测项目。

表 3-5　CSO 许可证各阶段的主要内容

许可要求	第 1 阶段（5 年内）	第 2 阶段（5~10 年）	第 3 阶段（10 年后）
TBELs	NMC，最低要求	NMC，最低要求	NMC，最低要求
WQBELs	定性标准	定性标准 基于效果的标准	定性标准 基于效果的标准 定量的 WQBELs
监测	（1）描述 CSS 特征和运行情况 （2）监测和模拟分析	（1）监测 CSO 对受纳水体的影响 （2）监测并评估 CSO 实施效果	监测项目实施后的达标情况
报告	（1）NMC 实施报告 （2）LTCP 中期成果报告	CSO 控制措施实施报告（NMC 和 LTCP）	项目实施后的达标监测报告
特殊规定	（1）预防旱季污水溢流 （2）制定 LTCP	（1）预防旱季污水溢流 （2）实施 LTCP （3）违反 WQS 后的重新协商条款 （4）敏感水体的再评估	（1）预防旱季污水溢流 （2）违反 WQS 后的重新协商条款

由表 3-6 可知，NPDES 排污许可证的第 1 阶段和第 2 阶段要求 CSO 满足定性的要求（实施 NMC），并未给出定量的 TBELs，原因在于 CSO 控制政策指出 NMC 符合基于 BPJ 的 BAT 和 BCT 要求，即满足 TBELs 的排放要求。未明确定量的 TBELs，是因为降雨径流及其所携带污染物的类型、浓度、总量具有很大的随机性，该特征导致很难有基于技术的控制措施达到稳定的水质处理能力。同样，这两个阶段也未给出定量的 WQBELs，原因在于这两个阶段通过监测和模拟获得的 CSO 实施效果及相应受纳水体污染特征的数据不足以支撑 WQBELs 的确定。第 2 阶段用定量的基于 CSO 控制效果的标准代替，即年均溢流频次、年溢流体积削减率、年污染物总量（如 BOD、TSS）削减率等。进入第 3 阶段，全部 CSO 控制措施实施完成后，才能获得直接且充分的数据证明能否达到 WQS 要求（贾楠，2019）。

3.8.6　分流制雨水系统

大城市的暴雨径流是联邦水体的重要污染源。暴雨径流是不受控制的盲区，可能会导致鱼类、野生动物和水生生物栖息地遭受破坏，并可能通过污染的食物、饮水和娱乐用水威胁公众健康。虽然降雨和下雪均属于自然现象，但是径流的属性及其对受纳水体的影响主要取决于人类活动及土地利用方式。为此 1987 年《水质法》修订时裁定城市雨水为点源，与工业废水排放相同，需要遵守 NPDES 排污许可证的要求。为控制这些排放，《清洁水法》指导美国国家环保局制定了关于暴雨排放的 NPDES 阶段目标。

MS4 许可证和其他传统源（市政污水处理厂和非市政源）有显著差异。国会对 MS4 排放许可的规定为：可以按管辖区域发放；应有效禁止非暴雨径流排放到 MS4；应要求在最大可行性范围（Maximum Extent Practicable，MEP）内减少污染物排放。按照规定，MS4 由州或地方政府拥有或运行，只针对分流后的雨水管道系统，不包括雨污合流管道，也不由污水处理厂处理。MS4 的所有者或经营者必须获取 NPDES 排污许可证，根据许可证的要求采取相应的措施，其许可证分为两个阶段。《清洁水法》第 402 条第（p）款第（2）项中认定暴雨第一阶段的排放，包括能够控制服务 10 万人以上的城市分流制雨水系统（Municipal Separate Storm Sewer Systems，MS4）的排放。第二阶段扩展为所有其他暴雨排放的点源，包括小城市以及许可证管理机构可以指定的城市化地区以外的小型县①。

大多数州已为小型 MS4 签发了一般许可证，然而受监管的小型 MS4 可能寻求个体许可证下的排放授权。这种申请要求取决于该 MS4 是否实施包括最佳管理实践在内的六项最低控制措施。一般许可证是为暴雨排放或在特定地理、行政区域内的特定类别的排污者设立的，可以简化程序。中型或大型 MS4 运营者被要求提交综合性的许可证申请以获得个体许可证。不同于向单独的市政污水处理厂制定和发放许可证，管理部门是基于 MS4 的暴雨收集和处理系统的管辖范围来发放许可证的。

MS4 的排污许可证内容是管理雨水排放的主要标准，要求颁发 MS4 的城市或区域各级政府根据当地的雨水情况，制定雨水管理的目标和工程项目内容，制定雨水管理计划，并保证正常范围内的活动与所进行的项目在雨水排放后不会引起受纳水体的水质恶化。具体的雨水管理计划的内容一般由各级政府预先进行调研，调研后分析雨水排放后会产生受纳水体水质污染的区域

---

① 可以看出人口是 MS4 的划分标准，服务人口大于等于 25 万人的被称为大型 MS4 颁发城市，服务人口在 10 万~25 万人的被称为中型 MS4 颁发城市，小型 MS4 颁发城市不以人口数量作为划分标准，而是指包含在城市化地区内的未获得许可的地区。

与流域，然后制定解决方案。在这个过程中，各州政府环保局的职责是审阅所有的报告，所有方案都需要各州环保局或美国国家环保局批准后才能执行。另外，各级政府有专门巡视非法偷排的巡视员，巡视员会及时向上级汇报非法偷排的情况，根据情况严重性罚款或追究刑事责任（潘润泽，2017）。

3.9　一般规定

一般规定在每一个许可证中都会体现，同时也有附加的要求。这些一般规定是排放标准、监测和报告要求，以及特殊规定等许可证内容的重要支撑（叶维丽，2014）。联邦法规第 40 卷第 122 章第 41 节中列出了一般规定。

（1）遵守义务（Duty to Comply）。持证者必须遵守排污许可证中的所有规定，否则就违反了《清洁水法》，并会受到禁止令、罚款、监禁、许可证变更或终止、拒绝许可证申请续期等处罚。

（2）重新申请义务（Duty to Reapply）。如果持证者在排污许可证期满后仍想继续排污，则必须重新申请并获得新的许可证。

（3）必须停止或减少排污行为，不得抗辩（Need to Halt or Reduce Activity not a Defense）。持证者不得辩护其不遵守排污许可证要求的行为，必须停止或减少其不遵守排污要求的做法。

（4）减缓义务（Duty to Mitigate）。持证者必须采取一切合理的方法来防止任何违反许可证的、对人类健康和环境可能造成不利影响的行为，包括污水排放及污泥不当使用或处置。

（5）合理的运行和维护义务（Proper Operation and Management）。持证者必须合理地运行和维护其许可证中列出的所有设施和处理系统，持证者必须提供适当的实验室控制和质量保证程序，并提供备用系统来保证达标排放。此外，必须保证至少运行一条主要的处理工艺流程。

（6）许可行为（Permit Actions）。持证者可以要求对许可证进行修改、撤销、重新签发、终止，还可以通报可能出现的违规或许可条件的变更，但在这期间也必须遵守许可证规定。许可证包含"反降级"条款，作为一般规定，持证者不可以更新、重新签发或修改以允许该污染适用更为宽松的排放标准。

（7）财产权（Property Rights）。签发的许可证并不对持证者给与任何财产权利或任何排他性的权利，也没有授予许可证持证者可伤害任何人或其财产、侵犯其他私人权利或违反任何州或地方法律的任何排他性的特许。

（8）提供信息义务（Duty to Provide Information）。持证者必须在合理的时间内提供所有判断其排污行为是否符合许可证要求或者修改许可证所需的信息，也必须应请求提供许可证所要求的必须保持的复印件。

（9）审查和登记（Inspections and Entry）。只有在机构主管或其代理人出示有效身份证件后，持证者才能允许其进入监管排污行为或记录的场所。该负责人有权复制任何需要的记录，检查设施、运行操作，在合理的时间内进行监测。

（10）监测和记录（Monitoring and Records）。监测样本必须具有代表性。持证者必须保留3年的记录（污泥记录需要保留5年），并应负责人要求延长保留时间。监测和记录报告需注明采样日期、人员名单、采样地点和时间、分析样品所使用的技术和相应的结果。废水和污泥的测定必须遵守《联邦法规汇编》第136章、第503章或其他指定的程序，伪造结果是违法行为。

（11）签字要求（Signatory Requirement）。持证者所有提交机构主管的申请、报告或信息都必须经过署名和认证。故意作虚假声明、陈述或证明的行为，将被处以罚款或监禁等。

（12）预期的变化（Planned Change）。所有可预期的变化或设施的增加必须尽快报告机构主管。如果改变设施以确保新建污染源达标，或改变设施导致污染物的性质或浓度受到影响均需要通知机构主管。

（13）预计的不达标情况（Anticipated Noncompliance）。持证者必须提前报告任何可能造成不达标的情况。

（14）许可证转让（Transfers）。除非以书面形式通知机构主管，否则许可证不得转让。必要时，机构主管可以根据需要变更、撤销或者重新发布许可证。

（15）监测报告（Monitoring Reports）。报告必须以排放监测报告（DMR）的形式或机构主管制定的污泥利用或处置的表格形式上报。此外，更频繁的监测必须上报。除粪大肠菌群外，其他平均值必须使用算术平均值，且必须根据许可证要求的频率上报监测结果。

（16）执行日程安排（Compliance Schedules）。许可证规定的限期治理等日程安排报告必须在截止日期前的 14 天内提交。

（17）24 小时上报（24 Hours Reporting）。持证者必须在意识到可能危害到人类健康和环境的违规行为后的 24 小时内做口头报告。除非许可证监管部门不做要求，否则持证者必须在 5 天内向机构主管提供一份含有详细过程的书面报告，包括违规行为及原因、违规的确切日期、预期持续违规的时间、已采取的消除或防止再发生的措施。

（18）其他违规行为（Other Non-compliance）。当提交监测结果报告时，如果存在报告中未要求上报的其他违规情况，持证者也必须上报。

（19）其他信息（Other Information）。持证者如果发现申请中未提交一些事实，或上报了错误信息，必须立刻补交或纠正。此外，还有信息公开义务。许可证中的所有信息按照要求均应向公众公开，属于保护商业秘密的除外。这些报告要向美国国家环保局、州政府以及社会公众提供污染物排放数据，公民可以依据这些文件中的内容提起诉讼。

（20）旁道溢流（Bypass）。严禁从任何处理设施改道转移未经处理的污水，以下两种情况除外：①旁道溢流不会造成出水超标；②如果不实施旁道溢流可能造成生命危险、人身伤害或严重的财产损失，没有其他可行的替代方案并且已经递交了正式通知。如果是可预期的旁道溢流，至少得提前 10 天递交正式通知；不可预期的旁道溢流，则应在 24 小时内递交正式通知。

（21）运行不稳定（Upset）。当工业企业因为没有履行许可证规定而被处罚时，工业企业可以把运行不稳定作为一个正常的理由提出辩护。持证者（有责任提供证据的人）必须有运行台账或其他材料证明：①运行不稳定的时间和原因；②设备一直正常操作和运行；③已经提交了适当的通知；④已经根据"减缓义务"采取了弥补措施。运行不稳定不包括操作失误、设计不当或不完善的处理设施，缺乏预防性维护等。

除了适用于所有许可证的一般规定，联邦法规第 40 卷第 122 章第 42 节还提出了适用于特定类别的几项附加条件。包括：①现有的制造业、商业、采矿业、林业等排污单位持证者，当得知或有理由相信排放已经或将要超出联邦法规所规定的特定水平时，必须尽快通知机构主管；②当遇到新污染物排入市政污水处理厂、污染物的数量或性质发生巨大改变时，持证者必须向机构主管提供充足的信息；③大型、中型或美国国家环保局指定的城市分流制暴雨处理系统必须提交一份年度报告，注明雨水管理程序的状况和变化、水质数据以及联邦法规第 40 卷第 122 章第 42 节第（c）款中规定的其他信息。

3.10　小结

点源污染排放控制是美国水环境保护最优先进行的工程，与控制非点源相比，点源污染排放控制更具成本有效性。《清洁水法》明确规定，任何人或组织都无权向美国的任何天然水体排放污染物，除非得到许可。《清洁水法》下设立的 NPDES 排污许可证制度是美国水污染控制领域点源管理的核心手段。

本章介绍了 NPDES 排污许可证制度的基本原则、功能定位与管理体制，对排污许可证的类型、内容与程序进行了概述，着重介绍了排放标准的政策目标与体系以及两套排放标准体系的制定过程，并对监测和报告要求、特殊规定和一般规定进行了阐述，基本上完整地介绍了 NPDES 排污许可证制度的设计思路。可以看出，美国的排污许可证不是一个简单的"证件"或"凭证"，而是汇总了《清洁水法》对点源排放的所有要求。其以目标水体水质达标为刚性约束，采用联邦授权、地方颁发的管理体制和分类管理的机制，是企业守法排放的重要文件，也是政府对企业进行监督和执法的重要依据。排放标准是排污许可证的核心内容，点源排放标准的目标是保障其排入水体的水质达到地表水质标准。为了确定排污许可证的排放标准，美国建立了基于技术的排放标准和基于水质的排放标准两套排放标准，这两套标准对于排污许可证至关重要。排污许可证每五年更新一次，里面的排放标准只能越来越严格，因此排污许可证将排放限值与环保技术进步和水质要求联系起来，有力地促进了污染处理技术的进步和水质的改善。

第4章

非点源污染排放控制

相对点源管理，美国非点源污染排放控制起步较晚，是比较新的领域。虽然很早就提出这一概念，但真正实行也是最近十多年的事情。在经历了从偏重点源到兼顾点源和非点源的转变之后，美国非点源污染排放控制已经形成了国家环保局和其他联邦部门协调配合，以地方政府为核心管理部门，实施系统、科学的最佳管理实践的管理模式。美国的非点源污染排放控制取得了较大的成就，其相关管理方法和实践经验值得我们学习借鉴。

4.1 美国非点源污染管理的演化

4.1.1 非点源污染的定义与特征

水污染源主要分为点源和非点源。从理论上来说，非点源这个词被定义为任何不符合《清洁水法》中规定的点源定义的水污染源（美国环境保护署，2006）。非点源污染主要是由降水、土壤径流、渗透、排水、泄漏、水文条件的变化以及大气沉积引起的（付饶，2019）。降雨或融雪水的流动形成径流，携带了由自然和人类活动产生的污染物，并最终将它们沉积到河流、湖泊、湿地、沿海水域和地下水中。非点源污染包括：来自农田和居民区过量使用的化肥、除草剂和杀虫剂；来自城市径流和能源生产的石油、油脂和有毒化学物质；来自管理不当的建筑工地、农作物和森林土地、河岸侵蚀的沉积物；来自灌溉所致的盐和废弃矿井的酸性排水；来自家畜、宠物的排泄物，化粪池系统的细菌和营养物质；大气沉降和水力改变。美国各州报告指出，非点源污染是造成水质问题的主要原因。非点源污染物对特定水域的影响各不相同，可能未得到有效评估。然而，我们知道这些污染物对饮用水、娱乐用水、渔业和野生动物均有不利影响。

虽然扩散的径流一半被认为是非点源污染，但是，从上述运输工具中泄漏出来并逐渐汇集的径流则被认为是点源排放。因此，《清洁水法》要求其拥有排污许可证，而对非点源污染则无此要求。与点源相比，非点源污染具有空间上的广泛性，时间上的不确定性、滞后性、模糊性、潜伏性，信息获取难度大，危害规模大，研究、控制与管理难度大等特点（宋国君，2020）。非点源污染具有以下特征：①非点源排放的污染物间断性地以离散的方式进入地表或地下水，时间间隔通常与气象条件相关；②污染物来源于广阔的地域，并且在地表运动，最终汇入地表水或者渗入地下水；③非点源污染的程度与不可控的气候变化及地理、地质条件有关，并且在不同地点、不同季节有很大的不同；④与点源排放相比，对非点源的排放监测往往难度更大，费用更高；⑤非点源污染的消除，重点在于前端管理，即对土地和地表径流进行管理，以减少污染物的排放，而不是排放后的末端管理；⑥非点源污染物可能会以雨水沉降污染物的形式输送和堆积。

4.1.2　非点源管理制度演化

美国对非点源污染排放的控制是随着其社会经济和自然环境变化而不断加深并动态发展的，主要体现在法律制度的不断完善、治理技术的不断推广和管理方法的不断创新等方面。在1899—1970年的71年间，美国的水污染防治经历了管理的开端（1899年《河流和港口法》出台）、水污染专属法律的确立（1948年《联邦水污染控制法》）、基于水质的污染控制思路的提出（1965年《水质法》出台）、初始排污许可证制度的确定（1970年环境管理职能主体美国国家环保局成立），其间，美国的水环境治理是以点源污染治理为主的（李丽平，2019）。

自20世纪70年代以来，非点源污染一直是美国水体污染的最主要来源。20世纪70年代，美国水体中一半以上的污染物来自非点源，非点源污染负荷是市政和工业点源污染负荷的5~6倍。美国国家环境质量委员会认为，即使对市政和工业点源污水采用最严格的排放标准，1983 年国家制定的水质目标也无法实现①。

　　随后在 1972 年颁布的《清洁水法》中规定了控制非点源污染的法律条款。第 208 条要求各州和地方政府制定区域范围内的废物处理管理计划，该计划要明确并控制"与农业和林业相关的非点源污染"。这些管理计划必须明确在可行的范围内控制非点源污染的措施和方法，而且必须提交美国国家环保局批准。各州制定的旨在处理非点源污染的管理项目由国会提供财政激励。但第 208 条主要是规划，而不是任何形式的监管项目。第 208 条要求各州必须向美国国家环保局提交管理计划，但如果某州未提交计划或提交了不充分的计划，美国国家环保局没有权力要求该州提交一份适当的计划或签发一项联邦管理计划。可以看出，除了联邦的财政激励，这些废物处理计划缺乏有效的强制力，所以非点源污染管理实施效果并不理想。第 208 条失败主要是由于土地利用问题的政治敏感性，美国国会不愿让联邦政府直接处理非点源污染问题，认为控制非点源是各个州政府的权利。1972 年《清洁水法》也没有直接授权美国国家环保局管理非点源污染，非点源污染主要由各州负责，其中大部分都是自愿性的（韩洪云，2016）。在没有法定义务的约束下，各州并不愿意用严格的管理措施触动农业界的利益。另外，法律法规中也没有像控制点源污染一样采用统一的标准控制非点源污染。

　　1987 年，由于在控制点源污染方面取得了进步，同时美国越来越意识到非点源污染是影响水质的主要原因，而且其影响还在不断地扩大和增强，国会修订了《清洁水法》，为解决非点源污染提供了一个全国性的框架。在 1987 年《水质法》中，美国国会将"尽快制定和实施非点源管理计划，通过同时对点源和非点源污染进行控制实现本法案目标"列入"目标和政策声明"中。更为重要的是，1987 年《水质法》新增了第 319 条"非点源管理计划"，将非点源管理单独列出。根据第 319 条，各州政府应对区域内需进行非点源污染控制的水体开展调查评估，编制非点源污染评估报告和管理计划，提交美国国家环保局批准后实施，并以评估报告为决策基础，以管理计划作为实

① 即 1972 年《清洁水法》的过渡期目标之一：到 1983 年在那些可能的水域达到保护鱼类、贝类和其他野生生物的生存和繁殖，满足居民休闲娱乐的水质标准，即"可钓鱼""可游泳"。

施依据，对受污染水体开展针对性、精细化的管理。评估报告必须明确区域内如果不控制非点源污染就不能达到水质标准的水体，管理计划必须包括解决非点源污染的最佳管理实践和每年的实施方案。第 319 条与第 208 条相比，最大的进步在于要求各州制定规划，还要求具体落实这些规划的项目。除此之外，各州还必须有一套跟进的措施，也就是具体的实施计划。这套计划非常详细，包括怎么执行、时间表、经费保障、人员和违法处罚等。第 319 条也是一个以自愿合作为基础的项目。各州制定的最佳管理实践和实施方案大多是一些非强制性的管理方法，例如教育、培训等。美国学者评论第 319 条失败的原因是"没有足够的胡萝卜，也没有足够的大棒"（Bryant，2002）。

此后，几项相关法律和规划陆续出台。《海岸带管理法》（*Coastal Zone Management Act*，CZMA）要求 28 个沿海的城市制定非点源管理计划，由美国国家环保局和大气管理局联合执行。这个计划的目的是"与其他州和地区当局密切合作，制定和实施非点源污染的管理措施，以恢复和保护沿海水域"。《国家河口计划》（*National Estuary Program*，NEP）要求为美国有特别意义的 28 个河口的水质、鱼群数量和水体特定用途制定和实施综合性保护和管理计划，联邦予以资助。后来颁布的《海岸带法案修正案》（CZARA）、《农村清洁用水规划》（RCWP）、《环境质量激励计划》（EQIP）、《改善保护区计划》（CREP）、《湿地保护区计划》（WRP）等有针对性的专项规划，也都在非点源治理上发挥了关键的作用。

在一定程度上实践流域管理的方法也是为了应对非点源污染带来的挑战。1998 年，美国国家环保局和农业部联合颁布了《清洁水行动计划》，将流域管理的方法作为控制水污染的主要方法。以流域管理的方法控制水污染，要求在一个特定的流域中控制所有对水质有损害的污染源，包括点源和非点源，而不只是针对点源。在法律法规确定的其他控制非点源的方法均以失败告终的情况下，大家都将 TMDL 计划作为实践流域方法的基本制度。因此，制定了《清洁水法》第 303 条第（d）款下的 TMDL 计划和以流域为基础的规划，这大大改变了水质规制的图景。

4.2　TMDL 计划的背景、地位与总体框架

4.2.1　TMDL 计划的背景

1972 年《清洁水法》将水污染控制活动的重点放在了传统的点源污染上，这些点源污染由美国国家环保局和各州政府按照 NPDES 排污许可证来管理。经过 NPDES 项目的努力，美国大部分的湖泊、河流、水库、地下水和沿海水域水质得到了改善，城镇污水处理厂等点源污染物排放也得到了有效控制。虽然 NPDES 项目取得了成功，但仍以排污许可证为基础来衡量水环境保护工作，遗漏了大部分非点源（主要包括易扩散、难以监测的污染源，比如种植业面源污染、城镇地表径流、水土流失等）污染物。美国水体状况虽然得以改善，但仍未能达到"可钓鱼""可游泳"的水质目标，主要原因就是不规律的非点源污染没有得到有效控制，这使 TMDL 计划提上日程①。

上述是美国国家环保局必须实施 TMDL 计划的背景，目的是通过点源和非点源控制使水质达标。虽然早在 1972 年《清洁水法》第 303 条中就提出了 TMDL 计划，将水体点源和非点源纳入统一管理范围，对各州水域水体的水质标准和 TMDL 计划的制定和实施也都做了相应的规定，但是 TMDL 计划在 20 世纪 70 年代和 80 年代被忽略，美国国家环保局并没有真正实施。到了 20 世纪 90 年代，一系列环保团体针对美国国家环保局和州未履行 TMDL 计划提起的诉讼及越发严重的非点源污染，迫使美国国家环保局开始寻求更为精确的受损水体清单并要求制定 TMDL 计划，以作为其指导方针及实施办法。同时，美国各级法院关于 TMDL 的司法判例在推进美国国家环保局和各州有效执行 TMDL 制度方面也发挥了重要的、不可替代的作用②。

1972 年《清洁水法》中的第 303 条第（d）款规定，各州、部落要按照

---

① 非点源污染带来的一系列问题，使得美国重新将水质管理的焦点从基于排污许可证的排放标准转移到基于环境的水质标准上，各州制定的水质标准在沉睡二十多年后有了重现生机的可能。

② 据不完全统计，仅仅到 2000 年，就在 37 个州发生了 45 起关于 TMDL 的诉讼，这些诉讼绝大部分是针对美国国家环保局，督促了美国国家环保局在规定的时间内制定和实施 TMDL 计划。

治理优先顺序列出受损水体的清单。清单的内容包括受损水体名称、主要污染物、污染程度、污染范围等，并针对这些水体制定 TMDL 计划。1987 年修订的《清洁水法》要求，如果各州的不达标水体在实施基于技术和水质的控制措施后，仍未能达到相应的水质标准，那么美国国家环保局就要求州政府对这类水体制定并实施 TMDL 计划。美国国家环保局于同年颁布了 TMDL 计划的具体细则，并于 1991 年出版了《基于水质的决策——TMDL 进程指南》，对 TMDL 计划的实施起到了很好的指导作用。1992 年，美国国家环保局又对 TMDL 实施细则进行了修改，要求各州将没有达到水质标准的河流列入清单，州必须确定每个受损水体水质达标时点源和非点源排放污染物的削减量。根据当时的政策，要求大部分州在 8~13 年完成 TMDL 计划。为更快实现水质达标及完善 TMDL 计划，美国国家环保局于 1996 年开始对各州 TMDL 计划的执行情况进行全面评价。针对此次评价中出现的问题，美国国家环保局于 1997 年对 TMDL 计划进行了详细的指导性说明，并于同年 8 月出版了实施 TMDL 计划的技术指南，对完善 TMDL 计划过程中遇到的问题进行了分析。随后，根据美国国家审计局提出的各州在制定 TMDL 计划过程中普遍缺少数据的问题，美国国家环保局于 2000 年颁布了新的 TMDL 计划法则。20 世纪 90 年代末，美国大部分 TMDL 计划工作集中在单一区段，即许多点源受损水体的单一的废水负荷分配。21 世纪初，美国开始实行流域管理方法，在同一流域中制定多个 TMDL 计划共同治理。随着美国国家环保局流域框架 TMDL 的不断发展，如今使用流域框架制定实施 TMDL 计划成为解决 TMDL 发展问题的一个良好策略。流域 TMDL 可以帮助各州减少其制定单独 TMDL 计划的成本，在给定资源的情况下可解决更多受损水体的问题（胡德胜，2016）。

4.2.2　TMDL 在《清洁水法》中的地位

TMDL 制度在美国整个水污染控制法律制度中，是仅次于 NPDES 排污许可证的核心制度。随着非点源污染逐渐成为水污染的主要部分，TMDL 制度有可能超过 NPDES 排污许可证制度成为第一核心制度。纵观美国水污染控制，点源的水污染控制主要是依据 NPDES 排污许可证制度，而非点源的水污染控制有许多不同的方法，但最终能够把这两种制度融合在一起、共同实现以水质标准和指定用途为核心的水质管理则是 TMDL 计划，尤其在河流、湖泊、海湾等不同水体的水质控制方面，TMDL 是实现水环境质量达标的根本途径。

实际上，TMDL 计划是一个主要的信息工具，是执行链条中的一个不可替代的环节，包括联邦管制的点源控制、州或地方政府负责的点源和非点源污染削减、评估所有这些措施对水质的影响，最终实现水体水质达标的目标（刘庄，2016）。正是认识到 TMDL 在执行链条中的关键作用，联邦法规要求 NPDES 许可证规定排放标准必须和 TMDL 计划中任何可获得的污染负荷分配的设计和要求保持一致。TMDL 和 NPDES 排污许可证实现水质管制的过程如图 4-1 所示。

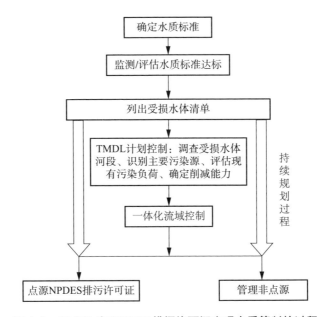

图 4-1　TMDL 和 NPDES 排污许可证实现水质管制的过程

4.2.3　TMDL 计划总体框架

TMDL 计划应该包含所有会影响水质状况的污染源。现有做法可能使 TMDL 计划更多关注用物理和化学指标表达的污染水体。污染源对水生态系统、景观福利等方面造成影响，比如栖息地恢复和河道改良，在实施 TMDL 计划时也应该将其考虑在内。

TMDL 计划的适用要基于水质的方法，重点关注优先解决的问题和区域，注重流域整体性和成本有效性。TMDL计划包含的要素如下：水质受损水体的识别、确定需要实施TMDL计划的水体的优先顺序、制定TMDL计划、实施控制措施、评价基于水质的控制措施等方面（孟伟，2007）。另外，建立合作关系、公众参与、信息公开、促进技术进步和支持创新也是非常重要的方面。TMDL计划总体框架如图4-2所示。

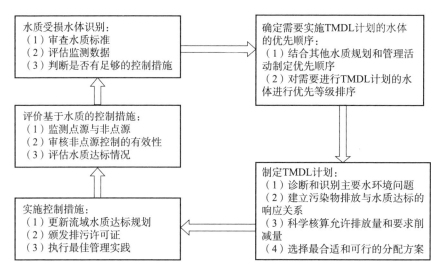

图4-2 TMDL计划总体框架

4.3 TMDL计划的制定与实施

4.3.1 受损水体调查与识别

水质标准是识别受损水体的基础，也是各州评价水体状态和实施所需控制措施的准绳。在识别受损水体的过程中，要注意生物学标准应与物理和化学标准联合起来使用，确定水体是否达标或满足某种指定用途，因为水生态系统的生物学标准与水体指定用途联系更紧密。所有的物理、化学标准和部分生物学标准的制定应考虑数量、频率和持续时间，同时用已有的监测数据衡量水质是否达标。当某些水体的控制措施不足以使水质达标时，就需要实施TMDL计划。

基于技术的排放标准是应用最广泛的水污染控制措施。在某些情况下，美国各州和当地政府可以制定超出基于技术控制的可行规定。比如,在颁发的许可证中设计更为严格的排放标准。各州要优先对那些新的点源或非点源实施合适的控制措施,保证水体的现有用途。通过识别受损水体和受威胁的良好水体①,各州在水质管理中将采取更为积极的污染预防方法。

4.3.2 优先性排序

在鉴别需要采用额外控制措施的水体后,各州需要对受损水体清单进行优先性排序。优先性排序可以由各州自行定义,各州在排序的复杂程度和设计上可以有所不同。

《清洁水法》指出,对受损水体优先性排序必须重点考虑水体的受污染程度和水体用途。各州应该制定多年计划,确定优先顺序和工作量及可用资源,通过优先治理最有价值和受威胁的良好水体及社会公众反映最强烈的水质问题,使环境利益最大化。确定制定 TMDL 计划优先顺序是对州内水体相关价值和有益性的评估,在评估中还应考虑以下因素:对人体健康和水生生物的风险;社会公众感兴趣和支持程度;特殊水体的娱乐、经济和美学价值;特殊水体作为水生栖息地的脆弱性和易损性;计划是否有迫切的程序需求,比如许可证需要更换或者修订,抑或非点源负荷需要最佳管理实践;在制定污染排放清单的过程中新发现的水体污染问题等。

各州要上交其优先性排序供美国国家环保局审查。为有效地对所有鉴别水体制定和实施 TMDL 计划,各州应制定多年度的时间表,制定中要考虑到目标水体的长期规划。《清洁水法》第 303 条第(d)款要求各州每两年进行水体评估并向美国国家环保局提交报告,各州需定期更新其水体清单数据库。

4.3.3 TMDL 计划的制定

4.3.3.1 用流域框架法制定 TMDL 计划

许多水体污染涉及广大区域,由多个点源和多种污染物(具有潜在的协同或者拮抗作用)或是非点源引起。大气沉降和地下水排放也是地表水污染的重要来源。因此,美国国家环保局推荐各州基于流域层面制定 TMDL 计划,

---

① 受威胁水体是指达到水质标准但在短期内有超标趋势的水体。

以便有效管理地表水质。TMDL 计划是个衡量竞争污染问题并制定点源和非点源综合污染削减策略的推理方法。在制定流域尺度的 TMDL 计划时，州应该考虑修订排污许可证周期以便某一流域所有排污许可证都在同一时间内有效。

制定 TMDL 计划的基本步骤①包括：利益相关者的参与、反馈和补充，这一进程应贯穿整个 TMDL 计划制定和实施的全过程；识别流域水质和水污染特征，水体受损情况；确定潜在污染源和 TMDL 计划目标；联系分析计算负荷容量；分配分析、评估，对点源进行废水负荷分配（WLA）、对非点源进行负荷分配（LA）；编写 TMDL 报告和管理记录并提交美国国家环保局。具体如图 4-3 所示。

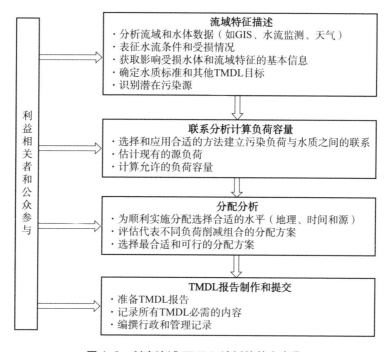

图 4-3　制定流域 TMDL 计划的基本步骤

4.3.3.2　阶段性 TMDL 的制定

联邦通过要求州上报受损水体清单和为受损水体制定 TMDL 计划，督促州进行水质达标管理。当州无作为的时候，联邦有责任为州的水质受损水体制定该计划（谢伟，2017）。制定 TMDL 计划的目的是对受损水体采取控制措

---

① 类似于流域水质达标规划编制的一般模式，详见第 1.4.4 节。

施使其水质达标，因而 TMDL 计划的制定必须考虑到污染负荷、水文、降雨、地质和其他影响水质标准的关键因素等。当数据和信息不足时，可先制定阶段性的 TMDL 计划，如图 4-4 所示。对于一些非传统的问题，如果没有充足的数据和预测工具来鉴别和分析，那么也需要采用阶段性方法。当 TMDL 中包括点源和非点源，并且点源的负荷是在假设非点源控制措施实施时计算的，也需要采用阶段性方法，此时必须有措施可以确保非点源措施能达到期望的负荷削减，若没有则需对点源进行整体负荷分配。在阶段性方法中，TMDL 包括非点源控制措施的实施机制和时间表。虽然阶段性方法有额外的需求，但实际上各州可能更倾向于采用这种方法，因为额外收集的数据可以用来校验期望的负荷削减和评价控制措施的有效性，最终确定 TMDL 计划是否需要修正。

TMDL 计划将点源和非点源综合起来考虑，将水环境管理提高到流域的层面，在数值上等于所有点源的 WLA、非点源的 LA、适当的安全临界值（MOS）[①] 和水体自然背景的污染物之和。负荷分配是分配给现存点源、未来点源或自然背景源的水体的最大负荷能力的一部分，负荷分配是污染负荷的最佳估计，但是受限于数据和技术，可能是精确的估计也可能是大概的估计。

在 TMDL 问题识别阶段，分析人员往往通过最佳专业判断决定何时引进 MOS 分析。做决策时，应充分考虑指标、污染负荷评估和水质响应等方法的不确定性，以及控制措施的资源价值和预期成本。一般来说，使用具有较大不确定性的信息制定的 TMDL 计划或为高价值水体制定的 TMDL 计划，MOS 要更大一些。同时 TMDL 计划要考虑季节性变化，这主要是由于不同季节的气候条件会改变水体的某些参数，如氮、磷含量、水文条件等。因为考虑到了气候变化，所以在某些参数较高时，仍可以保证总体的 TMDL 达到水质标准，同时也可以为 MOS 的选取提供参考。

通过适当地实行阶段性方法，州的水质管理控制措施将会根据明确的时间表实施和评估。阶段性方法制定的 TMDL 计划应包括监测和重新评价 TMDL 负荷分配的时间表，以确保水质达标。州还可以将阶段性方法用于更多的水体，比如受威胁的良好水体。

---

① MOS 表示污染物质负荷与受纳水体水质之间关系的不确定性。

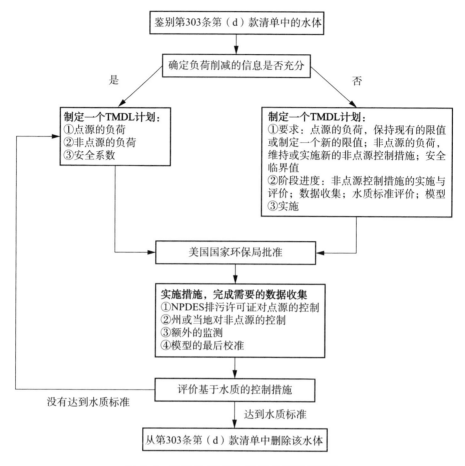

图 4-4　阶段性 TMDL 计划的制定与实施

4.3.4　TMDL 计划的提交

美国国家环保局和州政府应在 TMDL 计划的制定程序上达成一致，这一程序应符合美国国家环保局技术导则或规范，如果与导则或规范不符，则必须在技术上证明其合理性。州环保部门应书面描述技术和管理程序（如何应用背景资料、使用哪些模型及如何使用、如何进行负荷分配等）的文件。相同的制定程序可以减少美国国家环保局审查和批准 TMDL 计划的管理负担。

编制和提交 TMDL 计划报告供美国国家环保局审查和批准，是制定 TMDL 计划过程中最重要的步骤之一。无论分析多深入、准确、有意义，如果在报

告和有关的行政文档中没有记录，美国国家环保局和公众可能不明白 TMDL
计划及相关分配。流域 TMDL 计划可能涉及更多的信息和更复杂的方法，为
其建立档案是有效组织信息的方式。TMDL 报告可以将 TMDL 计划制定实施过
程中的各要素都展示出来，如图 4-5 所示。

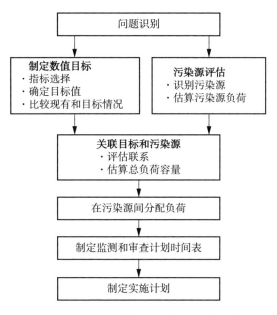

图 4-5　TMDL 计划制定与提交的要素

　　提交的流域 TMDL 报告中需特别考虑报告的组织结构。一个全面的流域
TMDL 报告通常可使报告的编写工作更有效率。报告的重点是如何决定污染负
荷分配，这不仅要满足法律法规要求和准确地反映 TMDL 计划涉及的特定水
体与污染物的组合，而且要支持公众参与。目前流域框架下制定的 TMDL 计
划在分解为各自的 TMDL 报告时，有许多方法——按受损区段、按污染物、
按子流域等。TMDL 撰写者应评估何种形式和结构最适于其所在的流域。

　　在提交的 TMDL 报告中，各州应纳入其提议的 WLA、LA 以及该区域对州
水质的评价和是否批准 TMDL 计划报告所需的配套信息的决定。区域和州应
在提交之前已就具体信息达成协议。对于阶段性 TMDL 计划，可能还需要州
将建立的控制说明、数据搜集时间表、控制措施、水质标准可达评价和额外
的模拟过程提交给美国国家环保局。

4.3.5 TMDL 计划的审批

各州环保部门需要向美国国家环保局提交 TMDL 计划及相应的管理文档和技术说明等，供美国国家环保局审查和批准。美国国家环保局对 TMDL 计划的审批过程如图 4-6 所示。美国国家环保局对 TMDL 计划的审批主要包括以下内容。

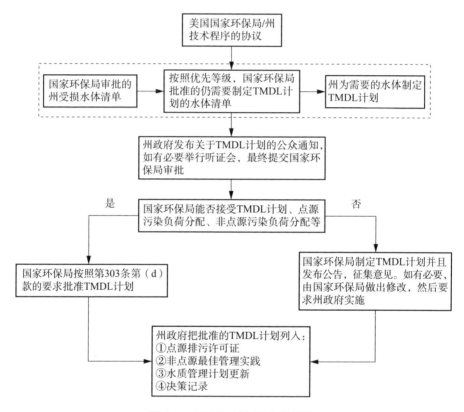

图 4-6 TMDL 计划的审批程序

4.3.5.1 受损水体鉴别、污染物、污染源、优先等级

州政府提交的 TMDL 计划应该用于美国国家水文数据集鉴别第 303 条第 (d) 款清单上的水体，并且应该清楚地表明建立 TMDL 计划针对的污染物。此外，TMDL 计划还应该确定受损水体的优先等级，并说明主要污染物和水质标准之间的联系。提交的 TMDL 计划还应该辨别需重点关注的点源和非点源，包括污染源的空间分布及负荷量。TMDL 计划还应该给出 NPDES 排污许可证

的编号。以上信息对于美国国家环保局审查点源和非点源污染负荷分配是至关重要的。

4.3.5.2　描述可适用的水质标准和水质目标

州政府提交的 TMDL 计划必须给出适用的州或部落的水质标准，包括水体的指定用途、定量或定性的水质基准、反退化政策、混合区等。美国国家环保局需要依据这些信息审查污染负荷容量的判定、点源和非点源污染负荷的分配等。

4.3.5.3　污染负荷能力

TMDL 计划必须鉴别出水体对某种污染物的负荷能力，进而将水质和污染源联系起来。美国国家环保局对负荷容量的定义是：在不违反水质标准的前提下水体可以接受的污染物的最大量。污染物的负荷可以用多种单位表示，如量/时间、毒性或其他合适的方法。如果 TMDL 不是用日负荷表示（如用年负荷表示），那么提交的 TMDL 计划应该说明选择这种方法的合理性。TMDL 计划还应该考虑临界条件，流量、水文参数、污染物浓度等都可用于分析负荷容量。特别需要注意的是，TMDL 计划还应该讨论计算和分配非点源负荷的方法，如土地利用分布、气象学条件等。

4.3.5.4　污染负荷分配

TMDL 计划需要包括 WLA 和 LA，指的是现状和将来的点源负荷容量分配、非点源负荷容量分配以及天然本底值。还需要包括一个安全系数，解决目前对点源、非点源污染负荷之间分配关系的认识不足问题。MOS 可以是隐含的，也可以是明确的。如果 MOS 是隐含的，那么就要详细说明得出 MOS 的分析中保守的假设，如果 MOS 是明确的，就要确定为 MOS 预留的负荷。同时还要考虑到季节性变化，这主要是由于不同季节的气候条件会改变水体的某些参数，比如氮磷含量、水文条件等。因为考虑季节的变化，在某些参数较高时，仍可以保证总体的 TMDL 计划达到水质标准。这也可以为 MOS 的选取提供参考。

4.3.5.5　合理的保证

如果水体受损仅仅是由点源引起的，那么颁发 NPDES 排污许可证就可以达到 TMDL 计划中规定的废水负荷。如果水体受损是由点源和非点源共同引起的，并且 WLA 是以假设非点源可削减为基础的，那么 TMDL 应该合理地担保非点源控制措施可以达到预期的负荷削减，这样才能使 TMDL 计划得到批准。

4.3.5.6 监测和实施

追踪 TMDL 计划的效率，特别是 TMDL 计划中的点源和非点源，在点源废水负荷分配基于假设非点源的负荷削减可以完成时，要制定一个监测计划追踪 TMDL 计划的效率。区域办公室可以协助州制定实施 TMDL 计划，合理地担保在 TMDL 中只受或主要受非点源污染的水体的非点源负荷分配能够完成。

4.3.5.7 公众参与

在 TMDL 计划制定过程中，必须有充分而有意义的公众参与。州环保部门必须把确定 TMDL 的计算过程向公众公开，接受公众的审查。最终提交报批的 TMDL 计划应该说明公众参与的过程，总结一些重要的建议，以及对这些建议的反馈。如果美国国家环保局认为州没有使足够多的公众参与，那么可以推迟批准 TMDL 计划，直到满足要求。

4.3.5.8 管理记录

州环保部门应该准备一个管理记录，包括一些支持 TMDL 的确立、TMDL 的计算过程和负荷分配等文件。记录应该包括州环保部门制定和支持 TMDL 计算和分配所依据的所有材料，包括数据、分析、科学/技术参考资料、利益相关者、美国国家环保局公文及往来的信件、对公众意见的反馈以及其他的支持资料等。

《清洁水法》第 303 条第（d）款及水质规划和管理规章要求美国国家环保局审批所有的 TMDL 计划。美国国家环保局至少要确定州环保部门提交的 TMDL 计划水平，确定其是否能够贯彻执行水质标准，是否考虑了季节性变化及进行了 MOS 分析。没有违反水质标准的 TMDL 计划会被批准。如果州未能及时地为适当的污染物制定所需的 TMDL 计划，或其 TMDL 计划未被美国国家环保局接受，那么美国国家环保局要与州政府合作制定 TMDL 计划，而且将主要使用美国国家环保局在最关键的水质问题上的资源来完成。

美国国家环保局在州提交 TMDL 计划的 30 天内确定是否批准。如果批准，则美国国家环保局向州政府发送批准信。如果不批准，且州不同意更正其问题，那么美国国家环保局应在反对之日起 30 天内，制定执行水质标准所需的 TMDL 计划。美国国家环保局征求并考虑公众意见，加以适当修改，将修订后的 TMDL 计划传送到州政府，使其可以纳入州的水质达标规划。美国国家环保局推崇这种通过与州政府合作履行其职责的工作方式。

4.3.6　TMDL 计划的实施

一旦某个流域制定了 TMDL 计划或阶段性的 TMDL 计划，抑或进行了适当的污染源负荷分配，就该实施控制措施。由美国国家环保局或州政府负责实施，州首先需要更新水质管理计划，然后根据 WLA 和 LA 执行点源和非点源控制。州可以选择各种污染分配机制以实现点源和非点源的优化管理。

对点源污染负荷分配，根据《清洁水法》第 402 条，通过 NPDES 排污许可证执行，该条要求点源应把以水质为基础的排放限值纳入许可证中，通过颁发许可证控制点源污染物排放。一方面，营养物质和生物积累性污染物的分配可以用排放污水的平均质量来表示，因为关注的是这些污染物的总负荷。另一方面，有毒污染物的限值要用短期的量来表示，因为对这种污染物浓度要更为重视。按照美国国家环保局的许可证法规，在 NPDES 排污许可证中以水质为基础的排放限值必须与美国国家环保局批准的 TMDL 计划中的污水负荷分配的设计和要求保持一致。

非点源污染负荷削减的主要机制是流域水质达标规划。更为具体地讲，流域利益相关者往往有资格制定获得美国国家环保局第 319 条非点源污染控制资助项目或有其他资金来源的流域水质达标规划。对于非点源，除了流域水质达标规划可为其提供削减机制，还可对其实施管理措施，使得流域水质达标。这些措施都要以 TMDL 计划制定的点源总的排放核算量为基础。当为流域内的点源设置了排污许可证时，记录应该表明未来非点源的削减有所保证，即确保实施和维护非点源控制措施，并通过监测计划验证非点源削减。当不能证明完成非点源负荷削减时，可以为点源制定一个更为严格的许可证排放限值。根据美国经验，主要使用最佳管理实践（Best Management Practices，

BMPs）进行非点源控制①。最佳管理实践是防治或减少非点源污染最有效和最实际的措施，主要用来控制农业、林业等生产实践中污染物的产生和转移，防止污染物进入水体，避免非点源污染的形成（唐浩，2010）。最佳管理实践通过技术、规章和立法等手段能有效地减少非点源污染，更加注重对污染源的管理而不是对污染物的处理。

4.3.7　TMDL 计划的监测与评估

TMDL 计划是否成功并不能以已经完成和批准的 TMDL 计划数量来衡量，也不能以国家污染物排放消除制度发放的排污许可证的数量或者消耗的成本衡量。为了评估 TMDL 计划的实施效果和评价所采取措施的有效性，需要进行适当的监测。

制定监测计划时应考虑监测活动的类型，主要包括：①基底监测。描述现状条件并为未来提供依据。基底监测也应包含流域中污染源控制措施的信息，包括目前的控制类型、实施位置和过去有效控制的一般信息。②实施监测。确保实施了确定的管理行动。实施监测通常被认为是最具成本效益的监测类型，因为它提供 BMP 是否按照计划安装或实施的信息。③效益监测。用于评估源控制是否达到了预期的效果。应监测可能影响水质状况的具体项目，确定其现场应用的效果。④趋势监测。用于评估与基底相关的条件随时间的变化，并确定目标值。在 TMDL 计划的其他要素都适当制定的情况下，趋势监测是至关重要的。它监测随着时间推移 TMDL 的具体行动和其他土地管理活动引起的水体条件的变化。这是监测计划最重要的组成部分，因为它也记录了为实现理想水质所做的努力。⑤检验监测。用来验证源分析和联系方法，这类监测提供的数据可对所用模型或方法的效用进行公正评价。

制定适当的后续监测和评估计划的第一步是明确监测计划的目标。监测计划的目标应该包括评价水质达标、确认污染源分配、校准或修改选择模型、计算污染物的稀释情况和质量平衡、评价点源和非点源控制效率，可同时实现多种监测目标。比如，大多数 TMDL 计划最基本的需要是记录取得数值目标的进程。在这个进程中，收集的额外信息可为更好地了解过程、进行源分

---

①　非点源污染控制的 BMP 和点源污染控制的 BMP 有所不同，点源污染控制的 BMP 基本上是在设施流程里面。

析提供修订建议，更快地实现水质改善，或当某一特定的恢复或改善项目没有产生预期的效果时，可对其进行适当改进。对于点源，排污者需提供关于NPDES 排污许可证守法情况的报告，为评估提供便利。在某些情况下，排污者还需要在许可证中评估其排污对受纳水体的影响。在特殊情况下，许可证可包括监测要求，只要许可证书面写明收集信息的目的。州还鼓励使用创新的监测计划（如合作监测和志愿监测），以扩大点源和非点源的监测范围。各州还应确保使用有效的监测计划评价非点源控制措施。美国国家环保局承认监测在非点源管理计划中的高优先级别。

各州应根据监测计划得出的数据及 TMDL 计划中制定的负荷削减来评价TMDL 计划的实施情况和负荷分配。TMDL 模型分析可以帮助制定实施 TMDL计划后的监测计划，确定评估点的位置和后续阶段评估的频率。如果资料足够详细，模型甚至可以通过负荷率曲线与实施后监测结果的比较来衡量 TMDL计划的实施效果。通过比较关键地点的监测结果与模型矩阵，州可得到一个真实量度，指导它们评估在负荷削减方面的成果。各州根据评估结果，对TMDL 计划进行修改和完善。如果水体通过实施 TMDL 计划实现了水质目标，则可考虑将其从第 303 条第（d）款清单中移除，并积极实施反退化政策，保护水体。

4.4　小结

美国非点源污染的排放控制经历了一个从无到有的过程，其受重视的程度在相当长的时间内远远比不上点源污染的排放控制。通过 NPDES 排污许可证的实施，点源污染排放得到了有效控制，非点源污染成为美国水体未能达到水质目标的主要原因。TMDL 计划在此背景下应运而生。美国 TMDL 计划是在点源已经被严格控制并且执行了 NPDES 排污许可证各项要求的基础之上建立起来的一项帮助受损水体达到水质标准的污染物削减计划，同时考虑水体自然背景值和适当的安全临界值，在评估不同污染负荷削减组合的分配方案的基础上，选择成本有效的分配方案来确定点源和非点源的配额，保证了科学性和公平性。TMDL 计划对点源的控制通过 NPDES 排污许可证来实施。美国将 TMDL 计划同流域水质达标规划、NPDES 排污许可证等相整合，同时通过制定具体而严格的州实施计划有效地改善了水环境质量，给我们提供了较多的成果和经验。我国总量控制制度与美国的 TMDL 计划相似，其在我国水污染防治和水环境质量改善方面发挥了积极有效的作用，但仍然存在很多问题。本章通过介绍美国 TMDL 计划的背景、地位与总体框架以及其制定、提交、审批和实施的基本思路和方法，为我国水污染物排放总量控制的发展提供借鉴和参考。

第 5 章
超级基金和污染场地治理

法为基石，是美国环境治理的主要特征。美国基于《超级基金法》构建了场地（包括土壤及地下水）[①] 污染治理的法律体系，在 40 多年实践中逐渐形成了一整套针对污染场地风险管理和修复治理的工作程序和指导规范，并被多个国家和地区学习借鉴。因此，对美国超级基金的历史背景、发展历程、演变特征、运行机制和实施成效进行分析并汲取精华，可以为我国土壤及地下水污染防治管理体系的构建提供重要参考。

5.1 《超级基金法》的历史背景

20 世纪初期，美国经济社会和城市化的高速发展使得大量工业企业由北向南、由东向西、由城区向郊区转移，遗留的污染土地被直接再开发利用，但污染场地中危险物质的释放给周边居民带来了严重的健康风险，甚至引发严重的健康危害事故（夏倩，2018）。拉夫运河事件催生了超级基金法案，也开拓了全球污染场地土壤和地下水修复事业，更是首批列入超级基金国家优先控制场地名录并在修复后采取风险管控措施长期监测计划的经典案例（Allan，2008）。因此回顾分析标志性事件并从中吸取经验教训，对我国污染场地和地下水环境修复事业发展具有重要的借鉴意义。

5.1.1 拉夫运河早期历史

拉夫运河（Love Canal）位于美国纽约州尼亚加拉瀑布市（City of Niagara

---

① 如第 2 章所述，土壤和地下水是连在一起的，污染是分不开的。

Falls）的东南角，向西 3 千米就是世界最大的瀑布——尼亚加拉大瀑布。尼亚加拉河把瀑布城一分为二，东岸为尼亚加拉瀑布市（美国），西岸为尼亚加拉瀑布市（加拿大）。正因为其丰富的水能资源，瀑布市曾是直流电、交流电世纪之战的前沿阵地，1881 年世界上的第一座水电站在这里诞生。拉夫运河的名字源自企业家威廉·拉夫（William T. Love）。19 世纪 90 年代，他梦想在尼亚加拉大瀑布附近利用水力发电的优势兴建一个工业化的"模范城市"（Model City），核心是修建一条运河连接上游的安大略湖和下游的伊利湖，此举的目的是利用水力发电（直流电）满足当地城镇居民的用电需求，发展便利的航运和水电，并吸引投资，就近发展工业。这一想法得到了当地政府的大力支持，并提供了大量的土地和水资源。但事与愿违，由于当时经济大萧条导致经费紧缺以及尼古拉·特斯拉（Nikola Tesla）交流输电新技术[①]的出现，威廉·拉夫的计划宣告失败，最终只留下一段长 1.6 千米、宽 15 米、深 3~12 米的运河河道。

自 20 世纪 20 年代开始，拉夫运河逐渐成为当地的城市生活垃圾填埋场。第二次世界大战期间，美国军队也在此倾倒了一些战争期间产生的军事废弃物，其中包括曼哈顿工程（Manhattan Project）的核废料。1942 年，胡克化学与塑料公司（Hooker Chemical）（以下简称胡克公司[②]）在尼亚加拉电力发展公司手中购买了这条废弃运河，并获得在此倾倒工业废弃物的权利。1947 年，胡克公司买下了拉夫运河及河道两侧约 21 米宽的土地，次年，尼亚加拉瀑布市停止在此倾倒工业废弃物，胡克公司成为该地块的所有者和唯一使用者。此后的 11 年里，胡克公司向拉夫运河河道倾倒了大约 21800 吨化学废弃物，包括制造香料、溶剂、橡胶、DDT 杀虫剂、复合溶剂、电路板和卤化有机物等（见表 5-1），直至 1953 年拉夫运河被填满，埋深为 6~8 米。运河填埋关

---

① 1896 年，世界第一次远距离传输交流电也在这里试验成功。正是因为这次试验，导致原计划为瀑布下游工业提供直流电而开挖的拉夫运河工程停工，拉夫运河逐渐成为一个废弃的封闭水域。

② 胡克公司创办于 1905 年，两次世界大战期间获得大量军用订单，其销售额从 1945 年的 1900 万美元激增至 1955 年的 7500 万美元，逐步成为美国工业支柱之一。"1869 年埃伦·胡克出生时，美国有机化学品主要从欧洲进口，电化学生产规模相当于实验室水平，但现在美国化学工业无人能比，产品如潮水般涌出，极大地促进了美国的发展……"随着公司的发展壮大，化学废弃物剧增的问题亟须解决。

闭后，胡克公司仅将临时的黏土防渗层作为场地处置方式①。这种处置方式符合 20 世纪中叶美国化工行业处理废弃物的普遍态度。胡克公司工程师杰罗姆·威尔肯菲尔德在查看拉夫运河废弃物填埋方案后表示："这种处置方式非常合理。"尽管拉夫运河废弃物填埋区域土质复杂、排水不畅，但当地政府与胡克公司认为："大自然就像海绵状的黏土坑，只要将废弃物填埋于其中，它就会处理剩余问题，至于未来对环境的影响，只要倾倒者一直掌握或租赁这片土地就可以了。"（刘鹏娇，2020）

表 5-1　胡克公司向拉夫运河河道倾倒的废弃化学物品类别及数量

污染物种类	物理性质	数量/吨	处置容器
酰酸，包括乙酰、辛酰、丁酰基、硝基苯	液态和固态	400	桶装
氯化亚砜，硫/氯化合物	液态和固态	500	桶装
氯化聚合物，包括蜡、油、苯胺	液态和固态	1000	桶装
十二烷基，硫醇，氯化物	液态和固态	2400	桶装
三氯酚	液态和固态	200	桶装
苯甲酰氯和三氯甲苯	液态和固态	800	桶装
氯化物（金属）	固态	400	桶装
液体二硫化物和氯甲苯	液态	700	桶装
六氯环己烷	固态	6900	桶装和非金属容器
氯苯	液态和固态	2000	桶装
氯代苯基化合物，包括氯化苄、苯甲醇	固态	2400	桶装
硫化钠/硫化氢	固态	2100	桶装
包含以上所有种类的混合物	固态	2000	—
合计		21800	—

5.1.2　场地出售和学校兴建

第二次世界大战结束后，由于经济发展和人口增长，婴儿潮现象、住房短缺、政府扶持及技术升级等促使美国郊区住宅批量增加，1949 年开工住宅突破 140 万套，1950 年超过 190 万套（Adam，2007）。然而，不论是当地地

---

①　特别是在第二次世界大战期间，为了满足氯代烃生产的需求，大量化学废弃物需要快速及时地处理，填埋方式被广泛使用。

方政府、土地所有者、开发商还是购房者，都更加注重经济利益而非环境问题。20 世纪 50 年代，尼亚加拉瀑布市城市规划延伸至地价低廉的拉夫运河区域，向胡克公司提出了购买该运河的请求，并打算在此兴建学校。出于环境风险安全的考虑，胡克公司一直拒绝出售，并邀请当地学区委员会在拉夫运河区域进行实地钻孔取样调查，以证明地下的有毒化学品存在环境风险，但学区委员会并没有放弃。面对学区委员会的谴责和诉诸征地的风险，胡克公司最终同意以 1 美元的价格将填埋场及其周边土地转让给学区委员会，转让契约中明确表明地下填埋着化学废弃物以及胡克公司对该场地化学废弃物的免责声明。胡克公司认为这可以避免将来的法律诉讼。

尼亚加拉瀑布市学区委员会对此并不以为然。1954 年，学区委员会在该土地上兴建了第 99 街区小学，剩余土地则被学校董事会转让给尼亚加拉瀑布市市政府，城市住建部门和私人开发商在此兴建街道、下水道、住宅以及其他公共基础设施。1955 年，第 99 街区建成，当时大约有 400 名儿童入学。1958 年，第 93 街区小学在 6 个街区之外建成。随着学校的开设和新建住宅小区以及联邦政府低成本抵押贷款的支持，吸引了大量蓝领阶层涌入标准化批量开发的拉夫运河地区，而且大部分是三口人的新建家庭，该地区逐渐形成一个 1400 余户、7000 余名居民的社区，拉夫运河社区一度被美国政府认为是城镇发展的典范。由于学区委员会和胡克公司达成保密协议，绝大多数居民并不清楚拉夫运河的历史，也未被告知此处曾是有毒废弃物的填埋地。地下填埋的废弃物缺乏必要的监测和评估管理，后续缺乏保护的土地开发利用进一步破坏了原有的防渗层，进而加剧了有毒有害物质的扩散和对人体健康的危害。

尼亚加拉瀑布市在铺设该地区下水管网时，施工工人破坏了黏土防尘层。特别是在建设污染场地南端的拉萨尔高速公路（LaSalle Expressway）时，工程取用了拉夫运河部分表层防护黏土，在第 93 街区小学附近回填，并在拉夫运河的黏土层上打了一些探孔。这些行为都破坏了拉夫运河原有防渗层的完整性，使得地下填埋的化学废弃物逐渐渗入了居民生活区。地表花草枯萎、宠物异常死亡、居民莫名患病，这些现象逐渐引起了舆论和公众的关注。

5.1.3 环境风险与抗争

1976 年和 1977 年连续两年的高降雨量，使得地下水位上升，填埋场堆放的化学废弃物开始溢出地表并被雨水冲刷到街上，流入污水管道，甚至渗入居民区的后院和地下储藏室。部分家庭的地面开始渗出一些黑色泥浆状的液体，引起了人们的恐慌。后来经过相关部门检测，这种黑色液体中含有氯仿（$CHCl_3$）、三氯酚（$C_6H_3Cl_3O$）、二溴甲烷（CH_2Br_2）等多种有毒有害物质，会对人体健康产生极大的危害。紧靠拉夫运河的第 99 街区的居民最先受到影响，这里的居民不断罹患各种怪病，孕妇流产、儿童夭折、婴儿畸形、癫痫、直肠出血等病症也频频发生，昔日的繁华社区逐渐被伤病的阴霾笼罩。1978年，《尼亚加拉大报》记者迈克尔·布朗（Michael Brown）采用非正式上门访问的方式，挨家挨户地调查这一地区的潜在健康问题，他发现许多孩子有先天性缺陷和畸变。他连续写了好多篇报道，并把当地的各种疾病和污染联系起来，并建议当地居民组成抗议请愿团体，向政府和公众发出自己的呼声。在布朗的帮助下，居住在第 99 街区的卡伦·施罗德（Karen Schroeder）带领两个相邻街区的居民开始关注先天缺陷儿童事件，向当地政府反映他们的困境并展开抗议。同样在 1978 年，居住在拉夫运河社区的一位叫洛伊斯·吉布斯①（Lois Gibbs）的居民偶然发现自己的孩子和邻居的孩子都患有不同程度的肝癌、癫痫、哮喘、尿道感染、白细胞含量低等多种疾病。起初，吉布斯并没有把这些事件和自身的居住环境相联系，直到她看到了布朗的报道，之后她便积极参与到民间抗议活动中，组织家长们开展"拉夫运河家长行动"（Love Canal Parents Movement，LCPM），要求关闭第 99 街区小学。1978 年 4月，纽约州卫生署（New York State Department of Health，NYDOH）在接到尼亚加拉瀑布市居民投诉后开始行动，先派健康专家到现场调查，并入户采集血样和室内空气样品，初步判断的确有公共卫生安全问题。随后，纽约州卫生署官员前往现场与居民座谈，确认存在公共卫生安全问题后，很快以纽约州卫生署名义发布了第一道命令：即刻清除填埋场大桶，警示外人不要进入填埋场区域。同期，美国国家环保局开始介入调查，采取独立的检测手段并很快做出决断，宣称地下室空气污染严重，可能严重损害居民健康。相比之

---

①　吉布斯仅是一个高中教育水平的家庭主妇，并且之前从来没有参与过任何拉夫运河社区事务，但是她参与成立了拉夫运河业主协会，并成为该协会的领导人和新闻发言人，在两年内引发了美国对危险废弃物处置问题的重视。正是这个基层社区组织激发普通民众联合起来，争取了联邦政府和州政府各个机构和政客们听取居民的需求和意见，并影响相关的政府决策。协会希望美国政府重新安置受影响地区的所有居民，并且要求美国立法，清理被废弃的危险废弃物。

下，纽约州卫生署的地下室内空气检测结果两个月之后才出来，结论是 1 级区污染物指标检出率达 95%（拉夫运河周边 99 座房子），2 级区检出率达 45%（1 级区东西两侧共 124 座房子），其余社区未检出。1978 年 8 月 2 日，基于调查的初步结果和舆论压力，纽约州卫生署宣布拉夫运河场地污染为公共卫生突发事件。他们建议关闭填埋场小学、停用地下室、居住在运河河道 1 区和 2 区的孕妇和两岁以下的儿童撤离该地区、查明污染途径并采取行动以降低危害。这个前所未有的决定立刻引起 3 区和 4 区居民的强烈不满①，决定成立业主协会并选举吉布斯为主席，组织业主请愿和抗议。1978 年 8 月 4 日，吉布斯与"拉夫运河家长行动"的成员以及其他居民成立了"拉夫运河业主协会"（Love Canal Homeowner's Association，LCHA），这个协会是拉夫运河区域最大的民间组织，它的故事已经广为人知，甚至被拍摄成纪录片和专题片。1978 年 8 月 7 日，时任总统卡特宣布该地区发生了联邦灾难并承诺给予政府财政援助，这是美国历史上应急及基金第一次援助非自然灾害事件。拉夫运河业主协会根据居民的健康情况，证明了曾经居住在拉夫运河低洼地区的 700 多个家庭的各种健康问题与拉夫运河污染有关。医生贝弗利·佩吉（Beverly Paigen）担当拉夫运河业主协会的健康研究顾问，他根据填埋场周边社区开展的流行病调查（254 例）发现该区域存在孕妇流产、新生儿缺陷、神经性紊乱、癫痫、亢奋和自杀倾向等健康风险，尽管有人质疑癌症学者流行病学调查的专业水平，但也无法完全否定。最终，美国国家流行病学会调查论证了低出生体重和出生缺陷发生率在拉夫运河地区确实有所上升。这后来也成为有害场地健康研究广泛采取的方法。1980 年，吉布斯和 6 个其他社区的家庭主妇组成领导小组，努力为没有被包括在 1978 年 8 月紧急声明范围内的家庭争取搬迁机会。1980 年 3 月，美国参众两院召开听证会，拉夫运河事件成为全国焦点，相关部门开始重视，并积极行动起来。1980 年 5 月，美国国家环保局针对拉夫运河居民组织了染色体断裂研究项目（EPA-Sponsored Cytotoxity Study），并在 5 月 17 日发布了一份健康研究报告，声称当地环境污染已经造成居民的染色体损伤，染色体断裂意味着潜在高发的癌症、新生儿缺陷和遗传变异等疾病。根据美国国家环保局的报告，"当地呈现高流产率……拉夫运河区域可以被列入环境灾难地区，哺乳妈妈的乳汁里都可以发现毒素……"

---

① 因为纽约州卫生署宣称 3 区和 4 区环境风险轻微而无须疏散。

根据医疗卫生专家的调查，这个地方的居民每 36 个人中就有一个人有畸形，出生率远远低于纽约的平均水平，肝癌的发病率也大大超出了平均水平。除了生理上的病痛，居住地的污染也对居民造成了心理上的创伤。根据吉布斯所说，"这是我第一次看到这么多成年男子哭泣，因为他们不能保护好自己的妻子和孩子"。毫无疑问，如此重磅的官方声明造成了极大恐慌，也大大激怒了拉夫运河社区居民。1980 年 5 月 19 日，LCHA 扣留了两名美国国家环保局工作人员长达 5 个小时。5 月 21 日，时任总统卡特宣布拉夫运河进入紧急状态，家庭将暂时搬迁。应急声明发表后，"化学废弃物造成的污染"问题立刻成为总统选举过程中美国民众最关心的 12 个重要问题之一。在这期间，吉布斯争取到了该地区国会议员约翰·拉法瑟（John Lafalce）的支持，她往来于尼亚加拉、奥尔巴尼和华盛顿之间，向各级政府甚至总统申诉，通过具有同情心的新闻媒体和政治活动等来争取舆论支持。1980 年正好也是当时纽约州州长休·凯瑞（Hugh Carey）争取州长连任和卡特竞选总统连任的大选年，吉布斯利用这一机会，在公开辩论中讨论拉夫运河问题。1980 年 10 月，最终在大选前 1 个月，总统和纽约州州长联合宣布收购拉夫运河外环土地，并承诺为居民提供异地购房优惠。经历数次紧急状态和大规模撤离后，拉夫运河社区历时两年多的环境抗争终获胜利。

虽然这次事故得到了暂时的解决，但是危险废弃物泄漏造成的严重后果已经引起了全国范围的广泛关注。美国各地陆续开展了一些污染场地调查活动，其结果令人十分震惊，美国境内竟有成千上万个类似于拉夫运河的危险废弃物填埋场。这些填埋场就像一颗颗定时炸弹，严重威胁着公众健康和生态安全。2004 年，美国国家环保局发布的评估报告显示，在美国境内已经确认的危险废弃物污染场地大约有 77000 个（李冬梅，2008）。这些污染场地既有已被美国国家环保局监管的情况复杂的大型污染场地，也有如废弃加油站之类的小型污染场地。评估报告称，若对所有的污染场地进行清理，将花费数千亿美元以及几十年的时间。

5.1.4　拉夫运河污染场地治理与修复

1978 年，尼亚加拉瀑布市和纽约州的环保部门开始修复治理拉夫运河场地，它们在拉夫运河填埋区域建造渗漏收集和处理系统，防止渗漏的化学物质扩散。1980 年《超级基金法》颁布实施以后，拉夫运河场地被列入污染场地国家优先名录（NPL），进入超级基金管理程序。

根据调查，拉夫运河地区填埋的化学物品超过 240 种，包括多种致癌有机物和重金属污染物，特别是还有超过 130 磅的二噁英物质。美国国家环保局联合纽约州环保部门，分步骤、分区域对拉夫运河实施了一系列清理和修复计划。主要包括 6 个长期修复行动：①填埋控制，建造渗漏收集、处理系统（LCTF）；②挖掘和暂时储存下水道和河道的底泥；③底泥和其他废物的最终处置；④第 93 街区小学土壤的修复；⑤拉夫运河土地再利用局（LCARA）对第二次搬迁房产的维护和技术支持，并实行拉夫运河土地利用主管计划（Love Canal Land Use Master Plan）；⑥LCARA 购买房产和其余财产。具体见表 5-2。

表 5-2　拉夫运河污染场地治理与修复重要事件

时间	事件
1978 年 8 月 7 日	时任总统卡特发布第一个应急声明
1978 年 10 月—1979 年 12 月	建立拉夫运河场地渗透液收集系统和处理设施（LCTF）
1980 年 5 月 21 日	时任总统卡特发布第二个应急声明，建立应急区域
1980 年 7 月 18 日	LCARA 再利用应急区域
1980 年 12 月	《超级基金法》颁布，NPL 建立
1981 年 3 月	纽约州环保局（NYSDEC）从 Elia 建设公司中承接渗透液收集系统和处理设施（LCTF）
1981 年	拉夫运河场地被提议进入 NPL
1982 年 7 月	美国国家环保局发布拉夫运河环境监测研究
1982 年 7 月	美国国家环保局发布决定备忘录：纽约州关于拉夫运河的合作协议（1982DM），该协议是超级基金修复决定档案（ROD）的前提
1982 年 9 月	美国国家环保局建立尼亚加拉瀑布市公众信息办公室，管理尼亚加拉瀑布地区的超级基金场地
1983 年 3 月	纽约州环保局在应急区域建立公众信息办公室（PIO）
1983 年	美国国家环保局发起拉夫运河应急区域可居住性研究（LCHS）
1983 年	美国国会批准拉夫运河场地进入 NPL
1983 年 7 月	"两个圆环"面积内住宅及第 99 街区小学被拆毁
1983 年 8 月	美国国家环保局建立拉夫运河治理技术评审委员会

续表

时间	事件
1983 年	纽约州环保局监督下收集系统高压材料清理
1984 年 11 月	纽约州环保局建立 40 英里高密度聚乙烯 LCL 覆盖
1984 年 12 月	拉夫运河渗滤液收集处理设施（LCTF）改善
1985 年 5 月	美国国家环保局发布 ROD 修复应急区域排水沟
1986—1987 年	下水道沉积物修复
1987 年 6 月	美国国家环保局与 LCARA 讨论第一个合作协议，以实施 SARA312 条规定的 PACA
1987 年 10 月	美国国家环保局发布 ROD 解决下水道和沉积物的最终处理问题
1988 年 9 月	美国国家环保局发布 ROD 为第 93 街区小学选择修复方式
1988 年 9 月	纽约州卫生署发布应急区域适宜居住研究决定，认为应急区域 1~3 区不适合居住但是可作为商业或工业使用，4~7 区可以居住
1987—1989 年	河流底泥修复：除水；稳定；打包进入第 93 街区小学分段运输设施
1989—1998 年	所用脱水、稳定打包的底泥、淤泥储存在胡克公司尼亚加拉瀑布市工厂内
1989 年 5 月	胡克公司和美国国家环保局签署部分和解协议，胡克公司负责部分拉夫运河清理行动
1989 年 5 月	美国国家环保局与 LCARA 讨论第二个合作协议，以实施 SARA312 条规定的 MA-TA
1990 年	LCARA 确认可再利用住房可出售
1991 年 5 月	可编程序逻辑控制器（PLC）在拉夫运河场地渗透液收集系统和处理设施（LCTF）中建立，控制场地水泵、收集器和处理罐
1991 年 11 月	纽约州环保局监督下收集系统高压清理和实录
1992 年 9 月	根据 1991 年修改决定，第 93 街区小学土壤修复完成
1993 年 3 月	纽约州环保局关闭应急区域公众信息办公室（PIO）
1995 年	纽约州环保局向胡克公司收回治理成本 1.30 亿美元
1995 年 4 月	胡克公司开始实施场地渗透液收集系统和处理设施（LCTF）监测程序，发布操作和维护报告
1996 年 3 月	美国国家环保局向胡克公司追偿治理成本 1.29 亿美元加利息
1996 年 11 月	美国国家环保局发布第二个 ESD，授权热力处理和厂区外商业焚化炉和填埋场废料或土地利用
1998 年 2 月—1999 年 8 月	胡克公司对拉夫运河废物进行最终处理
1999 年 9 月	拉夫运河前期停止清理报告（清理完成）
1999 年 10 月	打包拉夫运河废物焚化（完成）

时间	事件
2003 年 6 月	场地监测的 5 年回顾报告
2003 年 8 月	LCARA 作为纽约州的一个局，正式从纽约州政府中注销
2003 年 9 月	5 年回顾报告发布和 LCARA 修复行动报告
2004 年 4 月	拉夫运河最终场地修复完工报告
2004 年 9 月	拉夫运河场地从 NPL 中删除
2008 年 4 月	第二个场地监测的 5 年回顾报告

根据监测的统计数据，拉夫运河场地共清理了下水道淤泥和河道底泥 38900 立方米，平均 1.6 吨/立方米，总计清理淤泥 62240 吨。还包括 190 磅的其他残留废物，2350 磅的活性炭过滤器废料，35500 磅 LCTF 渗滤液。为了更加全面地监测拉夫运河场地污染治理效果，场地内一共建立了 153 口监测井，以保证所得数据完整地覆盖场地污染情况，相关研究机构每年都会对其中的 30~40 口井进行抽样，位于填埋场核心的某些监测井每年都需要进行监测。总体来看，拉夫运河填埋场内部总混合物、半挥发性有机物、杀虫剂的浓度大幅度降低，场地治理技术显现成效。填埋场区邻近区域的土壤和地下水并没有受到化学物质的直接污染，总体浓度均低于填埋场内部。拉夫运河污染场地于 2004 年 9 月 30 日从 NPL 中删除，统计数据显示，填埋场周边区域各混合物浓度都在 0 附近波动，周边场地危险物质风险已经基本消除。已有的研究和监测数据表明该场地风险已经得到控制，不再对公众健康和环境造成威胁（贾峰，2015）。

5.1.5 后续发展情况

拉夫运河事件引发美国各界对历史遗留污染威胁公众健康的关注，逐渐揭露出美国在工业化过程中积累的大量危险废弃物污染场地，也令全社会意识到现行环境法律体系的缺陷。面对人们的担忧和巨大的舆论压力，同时为了应对危险废弃物场地的威胁并杜绝类似拉夫运河事件的再次发生，美国国会通过《综合环境响应、赔偿和责任法》（*Comprehensive Environmental Response，Compensation and Liability Act*，CERCLA），并在 1980 年 12 月 11 日正式签署实施，要求联邦政府设立专门基金并授权美国国家环保局对污染场地进行治理，同时向污染责任人追诉治理费用。

1988 年，美国联邦政府和纽约州政府作为原告，根据《超级基金法》第107 条第（a）款，要求胡克公司赔偿清理拉夫运河污染场地过程中所产生的费用。胡克公司作为被告引用《超级基金法》第 107 条第（b）款第（3）项"第三人行为"来抗辩，并主张在《超级基金法》通过以前的释放不受该法案规制，其对该法案颁布前产生的反应行动没有赔偿责任。最终纽约西部地区法院判决认为，"第三人行为"抗辩不成立，因为被告与所谓的"第三人"存在合同关系，且被告是危险物质处置设施的所有人或经营人，该设施的危险物质释放导致原告产生了反应费用，且《超级基金法》是溯及既往的，在《超级基金法》颁布前后发生的反应费用都是可以追偿的。之后，胡克公司（后来被西方石油公司收购）被法庭裁定为"在废物处理和出售土地方面存在疏忽大意"，是拉夫运河污染场地事件的主要责任方。在后面的反诉中，胡克公司视图证明美国军方也曾向拉夫运河倾倒危险物质，美国军方应当承担严格的连带责任，这一诉求得到了法庭的支持。最终，该公司向纽约州政府支付了 1.30 亿美元治理费用，并向联邦政府赔偿了 1.29 亿美元。作为次要责任方，美国军方同意向联邦政府支付 800 万美元的行动费用。

如今拉夫运河地区再次发展成为一个繁荣的社区。拉夫运河的西部和北部街区被重新开发，超过 260 栋废弃的住宅被重新整修，而且新建了 10 栋公寓楼，出售给新的住户。拉夫运河以东的低洼地区不再适合住宅开发，房子都被推倒，成为"棕地"用于轻工业和商业开发。

5.2 《超级基金法》的发展与演变

考虑到《超级基金法》立法应急性的特点以及其严厉的追溯既往、连带责任制度，《超级基金法》自 1980 年颁布实施以来，在美国社会引起广泛影响的同时，也产生了许多争议和问题（卢边静子，2018）。为了调整《超级基金法》所产生的负面作用，美国国会对该法案进行了多次修订，主要阐明污染场地清理权责的适用范围，完善污染场地的责任机制的公平性，并对一些特定情况制定应对条款，还单独立法授权援助遗弃或闲置的"棕地"清理和重建（陈莉莉、王怀汉，2017）。具体包括 1986 年的《超级基金修正案和再

授权法》、1990 年的《1990 年综合预算调解法案》、1992 年的《公众环境应
对促进法》、1996 年的《财产保护、贷款人责任和存款保险保护法》、1997 年
的《1997 财年国防授权法》、1999 年的《超级基金回收平衡法》、2002 年的
《小规模企业责任减轻和棕色地块振兴法》（简称《棕地法案》）等。《超级基
金法》经历的每一次修订，都是针对实施过程中存在的问题进行的修改和补
充，特别是 1986 年的《超级基金修正案和再授权法》和 2002 年的《棕地法
案》修订意义重大，颇具影响力。具体见表 5-3。

表 5-3　《超级基金法》及主要修订法案

修订年份	法案及修正法案	法案名称（英文）	公法号数
1980	《综合环境响应、赔偿和责任法》	*Comprehensive Environmental Response, Compensation and Liability Act*，SARA	P. L. 96-510
1986	《超级基金修正案和再授权法》	*Superfund Amendments and Reauthorization Act of 1986*	P. L. 99-499
1990	《1990 年综合预算调解法案》	*Omnibus Budget Reconciliation Act of 1990*	P. L. 101-508
1992	《公众环境应对促进法》	*Community Environmental Response Facilitation Act*	P. L. 102-426
1996	《财产保护、贷款人责任和存款保险保护法》	*Asset Conservation, Lender Liability and Deposit Insurance Protection Act*	P. L. 104-208
1997	《1997 财年国防授权法》	*National Defense Authorization Act for Fiscal Year 1997*	P. L. 104-201
1999	《超级基金回收平衡法》	*Superfund Recycling Equity Act*	P. L. 106-113
2002	《小规模企业责任减轻和棕色地块振兴法》	*Small Business Liability Relief and Brownfields Revitalization Act*	P. L. 107-118

5.2.1　立法目的

美国国会在制定《超级基金法》之初有双重目的：一是通过《超级基金
法》推动那些对人类健康、福利和环境带来严重威胁的危险废弃物场地的清
理和修复，比如多年的垃圾填埋场、工业场地和采矿场地等，并严格按照污
染者付费原则要求对场地污染负有责任的主体承担清理和修复费用。二是通
过《超级基金法》严格的责任机制，促进整个社会以更谨慎的方式进行危险
物质处理、处置（李丽平，2017）。

5.2.2　法律框架

《超级基金法》共四章，其中第一章题为"危险物质释放、责任、赔偿"，一共 28 条，是本法的主体内容和最主要的部分；第二章题为"1980 年《危险物质反应税收法》"，规定的是作为超级基金资金来源的税收相关问题，是通过对 1954 年美国《国内税收法》（*Internal Revenue Code*）进行修正来实现的，相关条文可以从美国《国内税收法》中找到，《超级基金法》中只是指出了这种关系，故所占篇幅很少；第三章是杂项规定，指的是一些无法分类的条款，包括行政机关向国会提交执行情况报告和进行相关研究、法案生效失效时间、立法否决权、效力的可独立性、公民诉讼等；第四章是污染保险，规定了与承保《超级基金法》环境责任的保险机构的相关问题。纵观整部法律，其提供了一个有效应对危险物质释放的机制，规定了四项基本法律制度。

5.2.2.1　信息收集和分析制度

建立信息收集和分析制度的目的是及时了解污染场地状况，建立污染场地国家优先名录（NPL），确定反应行动的优先顺序。为此，第 103 条规定了危险物质储存、处理或处置场地的所有人或经营人的报告义务。"船舶、离岸设施或者陆地设施的负责人应当在知道该船舶或者设施发生了危险物质释放（联邦政府许可的释放除外），且释放量等于或者大于依照本法第 102 条的规定设定的数值以后，须立即上报国家反应中心。国家反应中心应当迅速通报所有有关的政府机构，包括任何受影响州的州长。"① "本法实施以后 180 日内，任何所有或者经营，或者在处置时所有或者经营，或者接收危险物质进行运输，曾经贮存、处理或者处置危险物质设施的人，除该设施依照《固体废物处置法》第 3 节的规定取得许可或者临时性许可的设施以外，须告知环保局局长该设施的存在，详细说明设施上危险物质的种类和数量，以及任何已知、怀疑或者可能来自该设施的危险物质释放。"②

---

① 《超级基金法》第 103 条第（a）款。
② 《超级基金法》第 103 条第（c）款。

5.2.2.2　将反应行动①的权力授予联邦政府

第 104 条授予总统采取清除和修复行动的权力，"当危险物质发生释放或者存在向环境释放的实质威胁时；或者当污染物或者致污物发生释放或者存在向环境释放的实质威胁，且该污染物或者致污物可能即将对公共健康或者福利造成实质危险时，总统有权按照《国家应急计划》在任何时候采取行动清除、指挥清除或者提供与该危险物质、污染物或者致污物相关的修复行动，或者按照《国家应急计划》采取任何其认为必要的反应行动保护公共健康、福利或者环境"②。同时，为了防止政府滥用权力，该法案对各项授权的执行条件和范围都做了明确的约束和限制，比如要求反应行动步骤和标准需要符合第 105 条第（a）款所规定的作为《国家应急计划》一部分的危险物质反应计划的要求，并且该法案还就国会和法院对行政机关的监督和审查机制进行了详细的规定。反应行动可以直接由联邦政府采取，也可以通过联邦与州政府的合作或合作协议由联邦政府和州政府共同采取，还可以由与政府达成和解协议的责任主体③来进行。联邦政府对名录上场地的反应行动仅限于无法找到责任主体和责任主体不能采取必要行动的情形。在责任主体采取反应行动、联邦与州共同采取反应行动的情况下，联邦政府有监督的权力。

5.2.2.3　超级基金制度

《超级基金法》创设了超级基金为联邦政府的反应行动和自然资源损害恢复工作提供资金支持。在责任主体不明确、无力或不愿承担治理费用时，用超级基金管理的资金来支付治理费用，保证了暂时不能确定责任人的污染场地也能得到及时的治理（谷庆宝，2007）。同时美国国家环保局还可对没有在有效期内支付污染场地治理费用的潜在责任人提起诉讼，以诉讼的方式追讨治理费用，追讨的治理费用中将包含高额的罚款，利用经济刺激手段使责任

---

① 反应行动，包括清除行动和修复行动及相关的强制执行。清除行动，指将危险物质释放或释放威胁从环境中清理出去，主要是在紧急情况下实施的应急行动。修复行动，是一种永久性的补救办法，指那些旨在防止或减轻危险物质进入环境，以保护当代和未来的人的健康和福利的措施。

② 《超级基金法》第 104 条第（a）款。

③ 《超级基金法》规定的责任主体是"人"，包括自然人、公司、企业、社团、合伙、联营、合资、商业实体、联邦政府、州政府、地方政府、委员会以及其他州际团体。主要有四类：一是泄漏危险废弃物或有泄漏危险的设施的所有人或经营人；二是危险废弃物处理时，处理设施的所有人或经营人；三是危险物品的生产、处置、处理和运输者以及做出安排的人；四是对危险废弃物处理或设施做出选择的运输者。详见该法第 107 条。

人依法行事，保障法律的实施（翁孙哲，2018）。

5.2.2.4　以污染者付费原则为基础的环境责任制度

该法案第 107 条系统地规定了反应行动费用追偿潜在责任人的认定、责任承担方式和范围、免责事由等，建立了以污染者付费原则为基础的环境责任制度，要求对危险物质释放或释放威胁有责任的主体承担反应行动的费用。同时该法案第 107 条和第 113 条还分别规定了通过反应费用追偿诉讼和反应费用分摊诉讼来处理责任人整体承担和个别分摊的责任。同时，该法案具有追溯既往的法律效力的严格、无限连带的责任制度。

具有追溯既往的法律效力意味着责任主体需要对《超级基金法》生效前发生的危险物质处置行为承担严格责任[①]和连带责任，即使其行为在发生的当时并不违法（翁孙哲，2018）。虽然在法案中并没有关于追溯既往的明确规定，但联邦法院已经在司法判决中将其解释为溯及既往地适用于法律生效前危险物质的不当处置行为。这也反映了法案的立法目的，即对多年来积累的危险废弃物场地的清理和恢复，以免危害人类健康和生态环境。实行严格的无限连带责任，意味着任何一个责任方均可以依法被要求承担所有依照该法案而产生的清洁责任，即有可能向政府或有关第三方索赔全部清除污染的费用（翁孙哲，2017）。如果有关责任方无力负担其依法应当偿付的污染清理费用和损害赔偿费用，任何对其控股或参股的组织和个人均可成为责任的对象。

5.2.3　发展历程

《超级基金法》于 1980 年颁布实施，是美国为应对 20 世纪 70 年代末国内严重的危险物质泄漏事故而制定的关于历史上遗留的污染场地治理的重要立法，至今已 40 多年。《超级基金法》是一部发展中的法律，自实施以来立法和司法部门不断对其进行调整、补充和修正，使其逐渐走向完善（薛英岚，2021）。这个过程不仅是法条设置不断修订的过程，同时也是管理机制逐渐完善的过程。

---

① 一般认为，《超级基金法》采用的归责原则是严格责任。美国国会在《超级基金法》立法过程中有关严格责任的讨论相当充分，留下了丰富的资料。严格责任确保了那些从事商业活动而获得经济利益的主体将其商业活动所产生的健康和环境等外部成本内部化。严格责任是一项将因制造、运输、使用和处置危险物质而对社会承受的风险进行分配的重要工具。

5.2.3.1 1980 年之前

早在拉夫运河事件发生前，美国就出现了一些历史遗留污染造成的公众健康受损案例，只是因为规模较小未曾引起广泛关注。到了 20 世纪 70 年代末，随着"纽约州拉夫运河"和"密苏里州时代海滩"等严重污染场地事件的爆发，进一步提升了社会大众对于危险废弃物污染的认识和关注程度，同时也使公众深刻体会到要保护自身的环境权益不受侵害，必须依赖于专门的立法（焦文涛，2021）。公众对危险废弃物污染的相关立法热情空前高涨，自发组织环保团体通过自救、诉讼、宣传和教育、咨询服务等形式来推动美国国会建立新的环境法，以弥补当时法律体系的缺陷。虽然在此之前，美国国会已经完成了部分环境立法，比如《清洁水法》①《资源保护和恢复法》②《有毒物质控制法》《清洁空气法》和《安全饮用水法》③ 等。但这些法律中仅有一些关于危险废弃物处置的零散规定，无法为清理历史遗留污染场地和消除其对公众健康的隐患提供有力的法律支持，尤其对那些法律生效前产生的污染问题的追责，更是束手无策（卢军，2017）。因此，制定一部综合性的可以对历史污染场地进行全面处置的法律显得十分必要。

正因如此，美国参议院、众议院针对石油化工等行业的危险污染和治污情况进行了大量的立法调研和准备工作，在几乎整个 20 世纪 70 年代，国会有 4 个立法小组在开展相关的工作。所涉议案包括众议院第 85 号议案（名为《石油污染责任和赔偿法》，在《清洁水法》的基础上修改而成）、众议院第 7020 号议案（《危险废弃物污染法》，在《固体垃圾处置法》的基础上修改而成）、参议院第 1480 号议案（《环境紧急反应法》）和参议院第 1341 号议案（《石油、危险物质和危险废弃物反应、责任和赔偿法》，又称卡特政府议案）。其中，前三个议案都已经完成了立法讨论并进入审议程序，但因为利益

---

① 《清洁水法》规定了危险物质泄漏至水体时，船舶或设施所有人或经营人需履行告知义务，承担污染清理和赔偿的责任。但该法案仅对水体污染进行了规定，对于危险物质透过土壤造成的水体污染，或因水体污染扩散导致的土壤污染，只能由联邦法院通过司法解释适用其责任条款才能进行归责。

② 《资源保护和恢复法》规定了固体废物包括危险废弃物在内的产生、处理、清运以及处置的联邦管制措施，但对该法案生效前由于危险废弃物不当处置所引起的场地污染问题，并没有提供相应的救济途径。

③ 《有毒物质控制法》《清洁空气法》《安全饮用水法》中虽然规定有"紧急危险"条款，授权联邦政府对严重的环境事故采取紧急反应行动，但也仅限于在紧急情况下方能采取行动。

集团的争斗和缺乏广泛的共识，没有一个最终成为法律。

拉夫运河事件的爆发和政府处置不力以及随后政府须承担的数十亿美元的沉重财政压力，让美国国会面临失职的指责，迫使美国国会在 1980 年后半年加速了立法进程，最终在当年国会休会前，以《危险废弃物污染法》为蓝本，在吸收另外三个议案内容的基础上，以及各方相互妥协下近乎"拼凑"地匆匆通过了《综合环境响应、赔偿和责任法》。该法案突破了《清洁空气法》《清洁水法》《有毒物质控制法》等以往联邦环境立法在环境义务和管理程序方面的不足，建立了严格的法律机制以确定清除治理危险废弃物填埋场地的民事责任，即清理费用的承担方式，同时设立了专门的信托基金①用于清除和治理被弃置的受有毒有害物质污染的土地。因为该法案提出设立"超级基金"来为污染去除或环境修复提供资金，故实践中大家又称该法案为《超级基金法》。但《超级基金法》的出台在很大程度上源于公众的不满和舆论的压力以及各方的妥协，因此很多条款在内容上并不严密，造成了司法解释的困难。

5.2.3.2　1981—1989 年

1980 年颁发的《超级基金法》，试图为当时难以解决的危险废弃物场地污染问题建立合理的法律框架，并实现两个目标：一是加速美国境内危险废弃物场地的清理，二是使污染场地的责任人承担应有的法律责任和治理义务。为了实现第一个目标，美国国会授权总统对那些已经产生污染物质释放或存在释放风险的场地，给予专门资金进行治理。为了实现第二个目标，法律制定了详细条款对场地污染责任主体的责任分担进行了规定。《超级基金法》实施之初，就发生了肯塔基州的卓姆山谷事件，美国国家环保局在该法的框架下成功识别了污染责任人并迫使其做出应急反应清除了化学污染。此后，美国国家环保局先后发布了危害评估系统（HRS）和第一批 NPL，并在 1986 年成功实现第一个污染场地从 NPL 名单中删除。但仍然有很多问题呈现出来：根据当时对污染场地的统计，应列入 NPL 的场地有 1500～10000 个，治理成

---

①　在 1980 年《超级基金法》中设立了两项基金：一项是"危险物质反应信托基金"，用于已有的被遗弃的危险废弃物场地和设施的治理，以及为应对其他紧急状况提供资助。该信托基金在 1986 年《超级基金修正案和再授权法》中被更名为"危险物质超级基金"，简称"超级基金"。另一项基金为"关闭后责任信托基金"，此项基金因为对关闭后风险承担费用的能力受到了质疑而被废除。

本为 1000 亿~10000 亿美元，远远超出了当时的超级基金拨款。不仅如此，在污染场地分析和清理的过程中还存在着巨大的科学问题。与此同时，判定既定污染场地责任主体的责任分担也十分困难。尽管法律明确授权政府对潜在责任人可以提起诉讼追讨场地清理成本，但由于污染场地潜在责任人数量众多，使得诉讼过程极其漫长而且花费较高。

为了避免高额的诉讼成本，提高场地清理的速度，使《超级基金法》执行更加高效，1986 年美国国会通过了《超级基金修正案和再授权法》（SARA），对 1980 年的法案进行了扩展和税收的再授权，是对超级基金母法改变较多的一部法案。修正内容主要包括以下几个方面：

（1）拓宽资金来源。超级基金设立之初，资金主要有两大来源：一是对石化制品征收环境税（占整个资金来源的 86%），二是美国联邦政府拨款（4400 万美元/年，授权期限 5 年，占整个资金来源的 14%）。这一阶段的税收于 1985 年 12 月 30 日结束，1986 年颁布的 SARA 延续了之前的资金来源，再授权 5 年的联邦一般财政拨款，同时新增了两项税收以补充超级基金，即进口化学衍生物税和公司环境收入税（对年收入在 200 万美元以上的公司征收环境税）。

（2）规定了清理及和解程序。SARA 对场地调查、进入 NPL、修复调研可行性研究环节的时间节点做了具体的规定并增加了和解程序条款。美国国家环保局可以与责任主体就清理行动的实施或承担反应费用达成和解协议，一旦环保局移除命令或修复行动正在进行，则联邦法院不可受理关于该场地的诉讼，这在很大程度上减少了诉讼案的数量，提高了执法效率。

（3）强调永久性修复措施和创新技术。规定清理行动应以保护人类健康和生态环境为本，以长期救助措施为主，包括对危险物质进行处理和资源的回收利用，尽量少用填埋等方式。该法案对污染场地清理建立了严格的标准。对于 NPL 中常见的危险物质，有毒物质与疾病登记署（Agency for Toxic Substances and Disease Registry，ATSDR）每年要进行不少于 25 次的毒理学报告。ATSDR 每年要对 NPL 场地进行健康评价，促使危险废弃物场地更加重视其对人体健康的影响。

（4）增强了州政府和公众的参与度。规定州或当地政府参与清理规划，并鼓励环保组织和其他利益主体加入和解程序。这在一定程度上厘清了联邦政府和州政府在场地清理上的关系，也鼓励了潜在责任人和相关主体承担场地清理的任务，提高污染场地修复的效率。

总体来看，1986 年颁布的《超级基金修正案和再授权法》是《超级基金法》体系中最重要的一个修正案，在一定程度上弥补了法律实施初期的不足，推动了法律的实施和污染场地的治理。但面对污染场地复杂的潜在责任关系，场地污染清理技术、标准等的不完善，法律的实施及场地污染问题还需要更多的改革。

5.2.3.3　1990—2000 年

20 世纪 90 年代以来，《超级基金法》开始了旨在简化程序、提高管理效率、降低诉讼成本、确保修复技术有效性的改革。这一阶段的修正案主要包括《1990 年综合预算调解法案》《公众环境应对促进法》《财产保护、贷款人责任和存款保险保护法》《1997 财年国防授权法》《超级基金回收平衡法》。

《1990 年综合预算调解法案》的出台将超级基金税收和财政拨款的期限由《超级基金修正案和再授权法》所规定的 1990 年延展到 1995 年 12 月 31 日，其税收幅度和一般财政拨款的数额不变。《公众环境应对促进法》补充了公众在应对土壤污染事件过程中的义务，鼓励公众积极参与土壤污染的预防和治理。同时，为了解决美国境内众多已关闭的军事基地因不能快速开发使用而对当地民众的经济状况产生的负面影响，该法规定军事基地中未被污染的部分可以进行转让，前提是污染场地清理工作可以继续进行。1995 年以后，超级基金未获得继续征税授权，资金来源主要是联邦财政拨款，以及向潜在责任方的追款、基金利息、罚款等。《财产保护、贷款人责任和存款保险保护法》减轻了有担保债权人的责任，规定对并没有参与过污染设施管理的债权人和受托人，可以实施免责。《1997 财年国防授权法》为了减少污染场地治理对当地经济发展产生的负面影响，规定即使污染物质在场地上仍有存留，联邦场地也可以进行转让，但必须确定该场地的预期使用对公众健康和生态环境没有损害。在《超级基金法》严格的责任机制下，部分从事资源回收的企业承担了巨额清理费用，有的企业被迫停业或破产。基于此，1999 年美国国会通过了《超级基金回收平衡法》，免除了某些责任人在可循环材料回收方面的责任，以避免对资源回收行业的负面影响。但也同时规定，如果资源回收者明确了解所回收的材料中含有危险物质或在管理过程中没有承担应有的监督责任，是不予免责的。

5.2.3.4　2001年至今

由于《超级基金法》过于苛刻的责任界定、污染程度评估和清洁费用预测的不甚清晰，土地所有人和潜在私人投资者不愿参与到污染场地的再开发中。1995年后，超级基金再授权的失败，使得基金不再有税收的来源，直接引起了超级基金项目执行的滞后。公共财政捉襟见肘，无法满足污染场地治理的需要。那些未达到NPL要求的污染较轻的不动产存在引起过于严格的超级基金法责任的可能性，促使开发商放弃棕色地块①，大量污染程度较轻的不动产无人问津，而来自清洁绿地的竞争更减少了开发污染不动产的机会，从而造成了经济衰退、土地浪费、社会不公、环境与健康隐患无法消除等一系列综合性的社会问题。

《超级基金法》针对的主要是美国污染程度最严重的场地，美国国家环保局仅有权对污染程度最高、大范围的环境紧急事件动用超级基金，将那些较小的、污染程度较轻的棕色地块留给各州及地方政府来应对。美国国会立法的缺失，使得各州及地方政府行动起来应对棕色地块问题。为了解决《超级基金法》的低效问题，个别州开始推行自愿治理计划（Voluntary Cleanup Program，VCP），即通过提供财政激励与环境责任免除等措施吸引私人开发商及不动产所有人参与到棕色地块的治理及再开发中。这一思路随后被美国国家环保局采纳并发展成为棕色地块计划进行推广，最终在2002年通过了《棕地法案》并确定为法律措施。《棕地法案》的核心内容包括减轻某些主体的法律责任、鼓励对棕色地块进行治理与再开发、提供资金与技术支持、放松监管措施、协助完善州反应计划等。这些内容是美国总结了历史遗留污染场地治理制度的实践后所做的政策调整，反映了其环境管理思想的变化、污染场地环境责任分配原则的调整以及灵活性、本地化对环境政策制定的重要意义（高洁，2018）。

《棕地法案》为以下情况减轻清理责任：①小量豁免人，只对场地产生极少量的废物，或仅仅是生活垃圾（非危险废弃物）；②相邻地产所有者，场地

---

①　棕色地块，通常是指已经被遗弃的、利用不足或闲置的已知或怀疑存在污染的场地，而潜在的清理责任通常被视为地产交易和重建的障碍。在实践中，棕色地块主要指污染程度较轻、不足以纳入NPL的场地。

污染由其他人拥有的毗邻场地污染迁移造成；③ "善意" 准购买人，由于担心获得场地所有权后承担潜在的清理责任，而犹豫是否购买该污染场地。该法案还建立了更为具体的准则，豁免 "无辜" 业主的污染清理责任，即他们在购买前对场地已有的污染并不知情，也没有参与导致污染的行动。《棕地法案》要求，如果寻求诸如 "善意" 准购买人、相邻地产所有者或 "无辜" 业主这样的责任豁免，必须在获得所有权之前进行 "一切适当的调查"，并且在获得所有权之后采取 "合理步骤" 防治环境污染的潜在有害暴露。如果达到这些要求，这些场地当事人就可以从 CERCLA 的清理行动和责任中得到豁免，但仍然需要承担一定的污染管理责任。经过 20 多年的实践，美国在棕色地块治理与再开发方面已经取得了一定的成效——大部分州都设有各自的棕色地块计划。在资金筹集、就业岗位创设、不动产评估与治理等方面取得了较为显著的环境、经济、社会效益；但是资金短缺、伙伴关系不佳、相关标准弹性过大、环境责任依然较为严厉、绿地竞争以及公众反对等因素仍然阻碍着棕色地块问题的解决。作为纠正过于严厉的超级基金责任不良后果的措施，美国棕色地块治理与再开发的政策目标与方向得到了初步的认可。

2009 年，美国国会通过《复苏与再投资法》（*Recovery and Reinvestment Act of* 2009），该法的目标之一为促进科学与健康领域的技术进步，并向可产生长期经济效益的环境保护及其他基础设施进行投资。美国国家环保局将 6 亿美元注入超级基金场地治理的 51 块场地，加速正在进行清理和新进的工程项目的建设。其中，该法为棕色地块计划提供了 1 亿美元的资金，用于污染不动产的治理、振兴及可持续的再利用，该资金通过培训、评估、周转性贷款基金以及治理等专项拨款授予符合条件的实体。此外，时任美国总统奥巴马也提出了绿色振兴计划，将更加重视环境保护和可再生能源的开发，此发展理念也为《超级基金法》的再发展提供了有力的支持和条件。2017 年，美国国家环保局宣布成立超级基金专责小组，旨在进一步精简超级基金流程，提高综合效率。

5.3 《超级基金法》污染场地反应机制

超级基金法污染场地（Superfund Site），又译作超级基金场地，指进入

NPL，可依法动用超级基金进行清理修复活动的场地。美国国家环保局根据《超级基金法》责任条款确定潜在责任人并组织反应行动，以减轻对公众健康、福利和环境的危害。在这套严格的连带责任、追溯既往的条款下，美国国家环保局构建了一套完整的清理和修复程序，成功地实现了对美国污染场地的管理。超级基金项目所取得的成就，与它拥有一套完整的包括清除行动、修复行动以及相关执法程序在内的反应机制有很大的关系，这对我国污染场地的管理具有重要的借鉴意义。

5.3.1 污染场地反应行动相关法律授权

与超级基金场地管理活动相关的法律和规定有很多，其中主要有 1980 年《综合环境响应、赔偿和责任法》、1986 年《超级基金修正案和再授权法》以及《国家应急计划》，这三部法律法规构成了超级基金管理活动的基础，也为超级基金场地的反应程序奠定了基础①。

《国家应急计划》最早于 1968 年通过，用来执行《清洁水法》关于水体中石油和有害化学物质泄漏事故处理的规定。《国家应急计划》也是执行《超级基金法》的行动管理规章。自《超级基金法》颁布实施以来，《国家应急计划》经过了多次修订，制定了美国国家环保局应对有害物质释放的国家反应计划，对场地清除和修复行动的流程做了详细规定。

《国家应急计划》定义了美国国家环保局、其他联邦机构、州政府、私人组织以及公众在有害物质释放紧急反应过程中的角色和作用。规定由 14 个联邦机构代表成员组成国家反应组，负责对反应行动进行计划和协调准备。由每个联邦机构和州政府指派代表组成区域反应组，负责各区域的反应行动。

《国家应急计划》规定了开展应对有害物质紧急释放威胁的清除行动实施程序，选择清除行动的依据是有害物质释放的实际情况和潜在风险。如有必要采取清除行动，则由环保局组织场地评估并选择实施方案。在清除行动实施前，将允许公众就行动方案进行评论，协助确定最后行动方案。《国家应急计划》规定了污染场地修复行动的实施程序，确定了修复行动方案选择的 9

---

① 1980 年《超级基金法》和 1986 年《超级基金修正案和再授权法》对反应行动的授权在 5.2 节进行了描述，本节不再赘述。《超级基金法》出台以后，一个重要的作用就是促使《国家应急计划》重新修订和更新，较之前更加的完善。本节主要对《国家应急计划》对反应行动的授权进行阐述。

个基本原则。美国国家环保局选择方案后，需要向公众展示一份建议文件，说明为什么该修复方案可行，并且向市民提供充足的机会，让其对所有的修复方案进行评论，最后决定必须在考虑公众意见的情况下做出。整个过程将记录在修复决定档案（ROD）里。

5.3.2　场地反应执行程序

根据《超级基金法》，场地反应执行程序的基本原则是使潜在责任人支付场地清理和修复活动费用。《超级基金法》要求建立 NPL，以便对危害程度最高的污染场地优先采取行动。NPL 需要每年至少更新一次，主要使用危害评估系统对场地评估打分，以决定哪些场地列入 NPL（李昊，2020）。危害评估系统主要考虑污染物、场地特性和目标等因素，包括危险物质的数量和性质，污染物在地下水、地表水、空气的迁移环境和暴露环境，以及人群和敏感环境的接近程度等。

《超级基金法》授权两类反应行动：清除和修复。清除并非仅指从环境介质中物理移除污染物，修复也并非一定涉及污染治理。相反，这两类行动都可能通过切断暴露途径、疏散潜在暴露人群，达到控制场地风险的目的。需要注意的是，《国家应急计划》规定只有列入 NPL 的污染场地才能使用超级基金进行修复；而如果只是采取清除行动则没有这一限制，不管场地是否列入 NPL 都可以使用超级基金。

5.3.2.1　执行程序目标

执行程序的两个主要目标：①通过自愿清理协议、单方面命令或诉讼等手段让潜在责任人进行场地清理；②监督由潜在责任人主导的清理活动，确保修复措施的执行与和解协议的条款以及相关法律规定相符，保护公众健康和环境。如果潜在责任人不愿意承担污染场地清理工作，美国国家环保局可以发出行政命令，强制潜在责任人进行清理，也可以动用超级基金，对场地先进行必要的清理。在后一种情况下，国家环保局先对污染场地进行清除、修复，然后依照执行程序追偿反应费用。执行程序目标既适用于清除反应行动，也适用于修复反应行动，两种反应行动的执法过程相似。

5.3.2.2　执行程序

《超级基金法》授权美国国家环保局并为之提供所需的法律工具，使之直接开展或强制潜在责任人来应对场地的有害物质释放或释放威胁，并授权美国国家环保局颁发单方面行政令、与潜在责任人谈判签订和解协议等。为了实现最终的场地清理目标，超级基金场地反应活动包含了清理活动和相关的执行程序，这是一套综合体系，一般来说执行程序为：搜寻潜在责任人—与潜在责任人谈判协商—开展反应方案研究及清理活动—和解—监督；如果谈判或和解不成功，则发布行政指令强制潜在责任人清理—起诉及处罚—动用超级基金清理—追偿行动成本。基本的执行程序如图 5-1 所示。

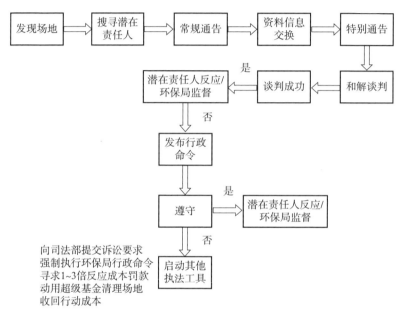

图 5-1　场地反应行动的执行程序

（1）搜寻潜在责任人。《国家反应计划》规定美国国家环保局要尽量在场地被列入 NPL 之前找到潜在责任人。该过程包括详细的资料搜索、公众访谈、与场地所有人和经营人沟通、访问周边企业等。识别出潜在责任人后，美国国家环保局将向潜在责任人发布常规通告，告知对方应承担的责任，并通知他们可以与美国国家环保局进行谈判以及签订协议开展场地清理活动。

《超级基金法》对潜在责任人有严格的责任规定，并不考虑过失。如果场地污染损害不能分离出多个潜在责任人，法院可能判定所有潜在责任人承担连带责任，每个责任人都可能独立承担整个反应行动费用。美国国家环保局试图确定并通知尽可能多的潜在责任人，并向尽可能多的责任人发出命令和提起诉讼。只有在三种情况下，潜在责任人的责任可以被免除：不可抗力；战争行为；在极少数情况下，危险产生是由第三方造成的，而且第三方不是潜在责任主体员工，也与潜在责任主体没有合同关系。

（2）与潜在责任人谈判协商。在识别了潜在责任人之后，美国国家环保局开始与他们进行沟通，发出特别通告。双方开始正式谈判，并进入一个约60 天的反应活动暂停阶段。如果在 60 天内，潜在责任人答应主导开展反应行动，则可以再延长活动暂停时间，以留出充足的时间来达成最终和解协议，就修复调查与可行性研究（RI/FS）、修复方案设计与修复行动（RD/RA）进行协商。RI/FS 协商一般在 60～90 天完成，RD/RA 协商一般在 60～120 天完成。

谈判协商的目的是达成一致意见，使潜在责任人执行 RI/FS 或 RD/RA 活动并支付反应费用和美国国家环保局的监督成本。如果美国国家环保局相信潜在责任人有能力主导反应行动，则与之签订和解协议。如果无法达成和解协议，美国国家环保局可以采取以下措施：发布行政命令，强制有义务又有能力的潜在责任人主导反应行动；使用超级基金执行清理工作，之后要求责任人赔偿以追偿反应费用。

（3）和解。如果谈判成功，美国国家环保局和潜在责任人将签署法律文件，一般有行政和司法两种和解协议。两种协议均由《超级基金法》授权，由美国国家环保局发起而无须法院批准，但仍可由司法强制执行，这也是超级基金的一大强势特色。

如果美国国家环保局与潜在责任人没有达成和解协议，则可以使用以下几种执法权：单方面的行政命令；诉讼/裁决。单方面的行政命令是和解谈判失败后，强制潜在责任人主导场地清理活动时最常用的命令。如果潜在责任人不遵守单方面的行政命令，将面临每天 25000 美元的罚款和昂贵的诉讼处罚。如果潜在责任人仍不肯合作，美国国家环保局则可以对它处以 3 倍于反应成本的最高罚款。为获得司法行动，美国国家环保局可将案件移交给美国司法部，再由司法部代表国家环保局向法院提出申请。对于和解失败的情况，一般某个场地 50 万美元以下的反应成本国家环保局可直接使用单方面的行政命令进行追偿，超过 50 万美元则需要经司法部部长书面批准后才能使用行政手段。但诉讼程序往往耗时又费钱，所以一般只作为最终手段使用。

5.3.3 污染场地类型与修复技术、修复标准

5.3.3.1 污染场地类型

污染场地是社会经济发展的产物，伴随着城市化和工业化进程的发展而产生。总体来看，污染场地的污染源有两种：①对废弃物的不当处置；②工业生产过程中废物的排放。污染源的类型决定了污染场地的类型，同时污染场地的类型又是场地修复技术标准的主要依据。超级基金相关主要场地类型如下。

（1）CERCLIS 场地："综合环境响应、赔偿和责任信息系统"场地，由美国国家环保局负责监督，主要来自公众及地方报告，被输入美国国家环保局有毒有害物质潜在释放场地信息资料库，作为未来 NPL 场地的候补。

（2）超级基金场地（Superfund Site）：指进入 NPL，可依法采用超级基金进行清理修复的场地，又分为常规场地（非联邦场地）和联邦场地（该类场地是位于已关闭或即将关闭的军事基地的危险废弃物场地）。美国国家环保局不主导联邦场地的修复，仅参与这部分场地的管理。该类场地通常含有较高浓度的危险废弃物，通常是污染物未受控排放，有较高的公共健康风险，一般具有很高的治理成本、长期的修复时限以及严格的责任规定。

（3）NFRAP 场地（No Further Remedial Action Plan）：场地进入 CERCLIS 后被查明无须采取进一步的反应行动，则将其从 CERCLIS 名单中除名并建档。

5.3.3.2 污染场地修复技术

污染场地修复技术指可改变待处理污染物的结构，或降低污染物毒性、迁移性，或数量的单一或系列的化学、生物或物理处理技术单元。根据修复处理工程的位置可以分为原位和异位修复；根据修复介质可以分为土壤和地下水修复；根据修复原理可分为物理、化学、生物、热处理等。对污染场地修复技术进行分类，不仅有利于修复技术的识别和比较、修复经验与修复技术的传播，也有利于在相似的污染场地上迅速开展修复活动（杨凌晨，2018）。

场地修复技术筛选一般发生在场地修复的可行性研究阶段（谷庆宝，2008）。修复技术筛选的目标是筛选出能持续保护人体健康和生态环境的修复技术，使待处理的废物最少化。在选择具体的场地修复技术时，《超级基金法》规定了 9 个基本原则：①短期效果；②长期效果；③对污染物毒性、迁

移性和数量减少的程度；④可操作性；⑤成本；⑥符合应用于其他相关要求；⑦全面保护人体健康与生态环境；⑧州政府接受程度；⑨公众接受程度。依据以上 9 个方面，综合考虑选择最优的修复技术。

超级基金场地修复技术筛选的基本程序主要包括两个环节：①可能修复方案的筛选；②从可能的修复方案中筛选出最优方案。在制定了可能的修复方案后，还需要对这些方案进行详细分析，不仅要将备选技术和筛选标准（9个基本原则）进行比较，还需要进行备选修复技术之间的比较，最终确定修复工艺。此外，还需要注意以下几点：①在可能的情况下，对于高风险污染物应采取异位处理手段；②对于低风险污染物，或在处理技术不适用的情况下，应采用工程措施；③尽可能采用多种技术联合的方法来达到保护人体健康和生态环境的目的；④采用制度管理措施作为工程控制技术的辅助手段，阻止或减少污染物的可能暴露；⑤如果新型技术可能具有更好的处理效果，不利影响更小，或达到相同目标的成本更低，应考虑采用新型技术。

5.3.3.3　修复标准

场地修复标准主要依据人类健康风险和生态健康风险制定。美国国家环保局规定的基于人体健康风险评估的场地修复标准，一是致癌物暴露浓度以 $10^{-6} \sim 10^{-4}$ 的个体生命周期致癌风险系数为标准，二是非致癌物质的暴露浓度水平要保证个体生命周期的累积暴露风险不会对人群造成不利影响。修复行动完成后，修复地块必须达到相关环境法律的规定，比如《安全饮用水法》建立的最高浓度目标（MCLG）和《清洁水法》建立的水质标准，还有《有毒物质控制法》《资源保护和恢复法》《清洁空气法》等法律相关规定，以及场地所在州的可能更为严格的法律标准及要求。此外，美国各州还会制定适合本州的土壤修复标准及水平，大多数州都采用基于风险管理的方法，并公布了计算场地修复目标值的方法。

5.3.4　污染场地清理修复程序

《超级基金法》实施 40 多年来，美国国家环保局已发展出一套完整有效的工作程序和方法。其基本上分为三个阶段：第一为场地筛选阶段，第二为清除行动阶段，第三为修复行动阶段。如图 5-2 所示，且各阶段的工作于表5-4 中做简要说明。场地筛选是整理收到的所有报告资料，以确保每个场地都能进行合适的处理，主要目的是把风险较高的污染场地列入 NPL，从而优先清理修复。在场地筛选后，超级基金场地的清理和修复行动还要经历初步评估（Preliminary Assessment，PA）、场地调查（Site Inspection，SI）、危害评估系统分析（Hazard Ranking System，HRS）、修复调查与可行性研究、修复方案设计与修复行动等一系列过程（周聪慧，2013）。其中，NPL 的建立是核心部分，因此要知道超级基金场地的产生过程首先应了解污染场地列入 NPL 的程序。污染场地从被列入 NPL 直至从 NPL 中删除是超级基金场地管理的重要内容。

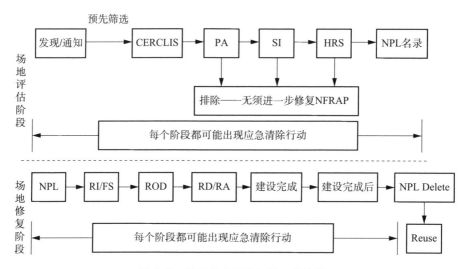

图 5-2　超级基金污染场地工作流程

表 5-4　超级基金工作流程说明

缩写	英文名称	中文名称	内容介绍
	Discovery/Notification	发现与通知	通过举报、稽查等发现污染场地
	Pre-CERCLIS Screening	预先筛选	筛除不符合 CERCLA 的场地
CERCLIS	Comprehensive Environmental Response, Compensation and Liability Information System	综合环境响应、赔偿和责任信息系统	CERCLA 数据库，管理美国污染场地基本信息，记录场地清理行动计划、美国国家环保局行政命令及保存相关资料等
PA	Preliminary Assessment	初步评估	场地初步筛选，不含现场取样分析
SI	Site Inspection	场地调查	采样验证 PA 假设，收集所需资料

缩写	英文名称	中文名称	内容介绍
HRS	Hazard Ranking System	危害评估系统	对场地评分，将超过 28.50 分的列入 NPL
NPL Listing	National Priority List Listing	列入国家优先控制场地名录	将可能需要进行长时间修复的最严重污染的场地列入 NPL
RI/FS	Remedial Investigation/Feasibility Study	修复调查与可行性研究	详细调查场地污染程度、范围，评估修复目标，针对备选修复技术进行可行性前期研究
ROD	Record of Decision Remedy Selection	修复决定档案	主管部门选择何种修复技术方案的决策记录。如果修复成本高于 2500 万美元，需要通过国家修复评审委员会（National Remedy Review Board）的评审
RD/RA	Remedial Design/Remedial Action	修复方案设计与修复行动	场地修复工程设计、施工实施
Construction Completion		建设完成	修复工程建设完成，不一定达到修复目标
Post Construction Completion		建设完成后	确保超级基金响应行动为人体健康和安全提供长期保护，包括长期响应行动（Long-Term Response Actions, LTRA）、操作与维护（Operation and Maintenance）、5 年回顾（Five-Year Reviews）和修复方案优化（Remedy Optimization）
NPL Delete		移出国家优先控制场地名录	场地修复完成，所有修复目标已达到，将场地从 NPL 移出
Reuse		场地再利用	与社区等合作，调查当地的发展需求和规划，对修复后的场地进行再利用、再开发

5.3.4.1　场地筛选程序

场地筛选有四个可能的结果：①某些场地因为没有实质性风险不需要进行处理；②某些场地经过评估不需要采取进一步反应行动计划（NFRAP），进入存档记录；③某些场地分给其他机构（比如《清洁水法》负责的办公室）处理；④风险较高的场地可能被提议列入 NPL，在公众评议后最终获得超级基金资助。

（1）场地发现和初步筛选。美国国家环保局有多种方法来获知有害物质的排放消息，主要途径包括：①环保局的定期和不定期监测；②大部分污染场地都是通过州发现的，发现者往往是警察、消防队员以及辅助医务人员；③场地信息还可以来自地方当局、企业和有关公民的报告或举报；④进行土地使用权转让时，要求企业出具的土壤污染检测资料。

发现污染场地后，将对场地进行初步筛选。美国国家环保局为可能需要采取反应行动的场地建立了一个大型数据库，即综合环境响应、赔偿和责任信息系统（CERCLIS）。一个场地是否能列入 CERCLIS，必须先经过一个被称为"Pre-CERCLIS Screening"的筛选过程。各州在环保局资助下执行大部分的 CERCLIS 预先筛选程序，并确保进入数据库的场地值得采取进一步行动。经过 CERCLIS 的前期筛选后，够资格的场地被录入 CERCLIS，并被赋予唯一的 CERCLIS 识别号码。场地进入 CERCLIS 后再进行评估，以确定哪些场地有必要采取超级基金行动。

（2）场地评估。《超级基金法》颁布之初，因意识到清理所有危险物质释放或潜在释放将超过超级基金现有成本，美国国家环保局制定了计分制以确定可以使用基金进行清理的污染场地。该评分系统被称为危害评估系统，根据该系统来确定优先修复的场地和分配超级基金。场地评估是超级基金清理和修复程序的第一步，指由美国国家环保局以及各州对污染场地的确认、评估和排序活动，目的在于评选出国内风险最高的有害污染场地。主要包括以下几个步骤。

①PA。PA 通常不采样，是对场地及其周围进行的一个相对快速、低成本的现场资料的汇编和初步分析，是所有 CERCLIS 中的场地都要进行的一项概况调查工作。PA 的目标是在有限的经费支持下，根据有限的数据资料，区分出场地对于人类健康和生态环境的危害程度，减轻超级基金后续工作任务和节约管理成本。PA 工作通常要求完成以下任务：审核场地有关现有信息；对场地和周围地区进行现场勘查；收集更多的场地信息；评估所有场地信息，按照 PA 程序评分；编制一个简短的场地总结报告和场地特性表。主导机构将收集来自联邦、州和地方文件、私营监测井以及地质、地形、水文和气象等的数据，此外主导机构还将采访联邦、州和当地工作人员并检查其他相关记录。通过 PA，潜在的污染场地被初步评估，危害较大的场地会被要求进行详细场地调查（SI），以评估其是否列入 NPL 进入超级基金后续程序；危害较小

的场地会被排除，给出无须进一步修复建议（NFRAP）。据美国国家环保局统计，完成 PA 的场地，大约 60% 需要 SI，但最终只有 5%~7% 会列入 NPL 实施超级基金修复（王兴润，2014）。

PA 评分表结构和 HRS 结构一脉相承，实质是一种简化或量化了部分 HRS 指标的评估方法。HRS 评分除了需要场地及周边的大量信息，还必须有广泛的分析数据（来自 SI）；而 PA 的调查范围、可用时间和经费预算都有所限制，美国国家环保局筛选出有关场地评分的有利指标在 PA 阶段进行定量评估，对于在 PA 阶段无法轻易获得的其他重要指标，可通过合理假设进行定性评估。PA 场地评估采用 HRS 结构，包括三个迁移途径（地下水、地表水和空气）和一个暴露途径（土壤暴露）。每个途径考虑三个因素：排放/暴露可能性（LR）、废物特性（WC）、目标（T）。PA 和 HRS 都强调目标——可能受到场地污染威胁的人和环境敏感因素，在场地评分过程中起到关键作用。PA 过程收集各类信息以对这三个因素进行评价。PA 途径与因素见表 5-5。

表 5-5　PA 途径与因素

途径	因素		
	排放可能性	废物特性	目标
地下水	可疑排放	危险废弃物数量	首要目标人口、次要目标人口
	无可疑排放 含水层深度		最近的饮用水井
			水源保护地、资源
地表水	可疑排放	危险废弃物数量	首要目标人口、次要目标人口
	无可疑排放 至地表水距离 洪水频率		最近的饮用水取水点、资源
			首要目标渔场、次要目标渔场
			首要目标敏感环境 次要目标敏感环境
土壤暴露	可疑污染	危险废弃物数量	居住人口、个体居民、工人
			陆地敏感环境、资源
			附近人口
空气	可疑污染	危险废弃物数量	首要目标人口、次要目标人口
			最近的个人、资源
	无可疑污染		首要目标敏感环境 次要目标敏感环境

②SI。SI 是采集和分析场地废弃物和环境样品的首次调查工作，其采样

位置主要根据 HRS 评估需要，用于识别场地存在的危险物质，确定污染物是否排放到环境介质中，以及危险物质是否影响了特定目标。SI 是一种灵活的、动态的过程，各个场地的调查程序应依据场地具体情况而定。SI 的目的并非获得一份关于场地污染范围的详细信息，也不是用于场地风险的计算，而是为了完善 HRS 资料要求，对场地废物和环境介质的必要采样分析，通过验证 PA 过程的部分假设以满足 HRS 评分要求。当某个场地被列入 NPL 以后，进一步的修复决定和更多的修复资金会要求对场地进行详细的污染调查，这是超级基金程序修复阶段 RI/FS 的工作内容。

完成 PA 之后，大多数场地的有效调查建议分两个步骤，即在"重点的场地调查"（focused SI）之后，如有必要则再采取"扩大的场地调查"（expanded SI）。一般来说，"重点的场地调查"主要是验证 PA 阶段的假设和解决 PA 之后仍然存在的问题。如果场地情况比较复杂，完成了"重点的场地调查"仍然无法满足 HRS 数据要求，则需要采取"扩大的场地调查"，以完成 HRS 数据收集和评分。SI 主要包括四项活动：审核可用信息，包括分析数据；组织项目团队，制定场地调查工作计划、采样计划、健康与安全计划，以及调查衍生废物计划；执行现场工作，观测现场情况，采集样品；评估所有的数据，编制场地调查报告。

③HRS。1980 年，美国国会通过《超级基金法》，旨在应对危险物质及污染物释放污染场地问题。为确保《超级基金法》的实施，美国国家环保局多次修订《国家应急计划》，为污染场地管理和处置提供指南。HRS 作为《国家应急计划》的附件，用以评估场地已发生或潜在的危险物质排放及造成的威胁，协助制定场地管理和修复的优先等级，是判断场地是否列入 NPL 的主要方法。

HRS 是对潜在释放风险采取的一种标准化的客观方法，它对风险提供了一种定量评价。利用 PA 和 SI 阶段获得的信息，进行 HRS 评分，分数高于 28.50 分的场地可能被列入 NPL。但是，美国国家环保局决定污染场地管理的优先级并不完全依照 HRS 分数，因为 HRS 分数本身并不足以提供特定场地污染信息，也难以支撑采取何种应变措施的决策。场地修复范围、目标和修复方案决策都必须依赖后续的修复调查与可行性研究，以获取更详细、完整的场地污染信息。

HRS 对场地的评分采取结构化分析方法，与 PA 评分表结构一脉相承，都是采用四途径三因素的评分方法：地下水迁移（饮用水）；地表水迁移（饮用水、人类食物链和敏感环境）；土壤暴露（居住人口、附近人口和敏感环境）；空气迁移（人口和敏感环境）。HRS 对每个因素基于场地条件进行赋值，将三个因素赋值相乘（LR×WC×T）并转化成百分制，从而得到场地每个途径的分数。场地最终的 HRS 得分采用均方根法综合各个途径的得分。HRS 的数据来自 PA、SI，数据越多，准确性越高。

（3）NPL。NPL 是一个在全美范围内，对已知或潜在威胁的危险物质或污染排放场地，进行优先排序的国家级管理清单，类似于《清洁水法》第 303 条第（d）款的水体黑名单。根据《超级基金法》，NPL 以《国家应急计划》附录 B 的形式发布，每年至少修订一次。

根据《超级基金法》，NPL 场地有三种引入方式。

①危害评估系统打分超过 28.50 分，这是最主要的引入方式；

②各个州或地区可提出优先列入 NPL 的场地，而不管其 HRS 评分结果；

③如果场地满足以下标准，则该场地自动列入 NPL：美国卫生部有毒物质与疾病登记署（ATSDR）通过人群撤离该场地以避免有毒有害物质暴露、美国国家环保局确认该场地严重威胁公众健康并认为对该场地采取修复行动比紧急清除行动更经济。

综合来看，影响场地进入 NPL 优先等级的因素包括：土地环境污染对人类健康或敏感环境的危害程度；是否需要应急反应；州政府等对修复场地污染的支持力度；修复者的管理能力等。

5.3.4.2　场地清除程序

污染场地清除行动是指为避免和消除对人体健康和生态环境有潜在的直接威胁而采取的紧急行动，一般是对污染源的清除。对于污染场地短期清除行动，《超级基金修正案和再授权法》里规定了清除费用需控制在 200 万美元以内，时间不能超过 12 个月。清除行动的事故主要源于生产设施、废物管理场所的不当操作、不合法的排污倾废、交通运输以及其他污染事故（容跃，2017）。

美国国家环保局将污染场地短期清除行动分为两类：时间紧急行动以及

非时间紧急行动。时间紧急行动又分为突发性紧急清除行动和非突发性紧急清除行动。突发性紧急清除行动是指需要在数小时内就进行的清除行动，通常是在人口密集区域发现高浓度有害物质，以及在生产车间、废物处理、储存或倾废场所发生火灾或爆炸；非突发性紧急清除行动是指经过场地评估，主导机构认为必须在 6 个月以内开始的清除行动；非时间紧急行动则是指经场地评估后，主导机构认为准备时间可以超过 6 个月的行动。除了非时间紧急清除行动，大部分清除行动不需要开展广泛研究或长期行动。

大多数《超级基金法》规定的污染场地都由美国国家环保局负责，以确保不管是谁主导场地清理行动，都会遵守《国家反应计划》的要求。根据 CERCLIS 记录统计，约 70% 的清除行动是时间紧急行动。其他清除行动则是针对一些 NPL 场地，在对其采取修复行动前，由于场地污染情况恶化，所以需要采取清除行动。对 NPL 场地执行清除行动在场地发现后的任何时间段都有可能进行。但大多数清除行动发生在非 NPL 场地。

场地短期清除行动程序主要包括三个步骤。

（1）污染场地发现。根据《超级基金法》，负责人在发现有害物质排放超过规定的数量后，应马上报告给国家应急中心，国家应急中心对报告的有害物质排放事件进行组织、协调与处理。发现场地后，执法过程由寻找潜在责任人开始。一旦找到并确定污染排放的所有潜在责任人，美国国家环保局将对其进行询问以获取信息，这一程序将贯穿整个清除和修复过程。

（2）场地污染物迁移转化评估。如果认为排放对人体健康和生态环境有紧急威胁，现场协调员将立即采取一项场地清除评估。主要包括：释放源和释放威胁性质的确定；对公众健康的威胁评估；威胁量级评估；对采取清除行动的所需要素进行评估；判断非联邦组织是否采取了合适的应对措施。在评估完成的基础上，将决定是否采取清除行动。在确定某项清除行动计划后，现场协调员对潜在责任人或所在州进行评估，判断其是否能执行清除行动。如果潜在责任人不确定或州也不能履行清除行动，则开展超级基金资助的清除行动。

（3）实施场地污染物清除行动。实施清除行动前，需先制定行动备忘录并经相关部门审核通过。行动备忘录获批后，美国国家环保局将依照备忘录内容组织实施清除行动。一旦清除行动结束，需按照场地竣工验收程序进行验收，包括出具数据证明行动已经完成、威胁已经解除、工程已按期完成等，还需明确后期场地维护管理工作如何进行，以确保清除行动持续有效。

5.3.4.3　场地修复程序

《国家反应计划》授权美国国家环保局对危险物质的实际或潜在释放采取更大、更复杂的修复行动计划。修复行动寻求对污染场地的永久解决办法，这是和清除行动的一个重大区别。清除行动可能会暂时切断污染物的暴露途径，以消除实时的人体健康暴露风险和危害，但仍将污染物留在原地或只移除了部分污染物。这需要通过修复来提供一个长期的解决办法。

如果美国国家环保局将某个场地列入污染场地 NPL，该场地就有资格由超级基金资助进行长期修复行动。长期修复行动是为有害物质排放造成的问题提供长期的解决办法。一般这种类型场地具有多介质污染（土壤、地表水、地下水）以及多种化学品复合污染的特点，因此可以将污染场地分解成多个修复单元。污染场地修复需要广泛收集数据以分析场地污染特征、污染范围以及污染对人类健康和生态环境造成的潜在威胁。首先，需要进行场地修复调查，以获得污染程度、修复标准、可能的修复方案和修复费用预算等数据，再编制可行性研究报告。之后，进行修复工程的设计、实施与运营维护。当污染场地达到修复标准后，一般还需要 5 年的跟踪监测，确定稳定达标后可将其从 NPL 中删除。在整个修复期间，可将场地已稳定达标的部分修复单元提前从 NPL 中删除。污染场地修复程序如图 5-3 所示。

（1）修复调查与可行性研究。当某个场地被列入 NPL 后，主导机构必须进行修复调查（Remedial Investigation，RI）活动，以进一步诊断场地污染问题。RI 活动与 SI 活动类似，但更详细也更复杂。RI 的目的是确定场地问题的性质和程度，并为开发和评估清理实施提供必要的信息。

可行性研究（Feasibility Study，FS）是为支持修复方案的选择和实施提供数据，有助于判别美国国家环保局选择的修复方案是否符合《超级基金法》中关于"利用永久的解决办法以及替代处理技术或资源追偿技术"的要求。在范围确定阶段，需进行与风险污染修复相关的各种技术文献调研以确定每项技术的适用性、性能、实施作用、相对花费、操作以及维护要求等。在进行修复处理技术可行性研究后，需拟定一份评估报告来分析交流测试结果，以考虑该项技术的有效性、可执行性、环境影响以及费用等，最终形成报告并进行公示。

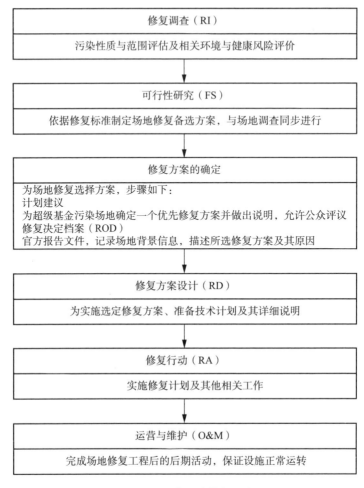

图 5-3　污染场地修复程序

美国国家环保局为修复行动研发不同方案，然后比较分析每个方案的优势与劣势。在这个阶段，主导方需确定主要修复目标，研究一般反应行动方案，确定和筛选合适技术，选出代表性的修复技术，重新评估修复所需数据，将技术整合成备选方案，最终筛选出合理的备选方案。之后，美国国家环保局依据 9 个基本原则对方案进行评估，选定最有效的修复方案。

（2）修复方案的确定。确定修复方案后，将以项目计划书的形式进行公示。在收到公众意见后，主导机构和咨询机构最终确定该行动方案是否为最终场地修复方案并将其记录到修复决定档案（Record of Decision Remedy Selection，ROD）中。如果修复成本高于 2500 万美元，需要通过国家修复评审委员会（National Remedy Review Board）的评审。

（3）修复方案设计与修复行动。一旦修复方案被选定和批准，就开始进行修复方案设计（Remedial Design，RD）与修复行动（Remedial Action，RA）。在整个过程中，美国国家环保局负责监督修复方案的设计、建设与执行，确定修复工程的完成，在需要的情况下，美国国家环保局可以与州相关机构进行协商，让它们来进行操作和维护。

修复方案设计包括：修复设计工程计划；研究、审阅和批准设计方案；获得许可、审批和场地准入；向社区通报正在进行的现场活动；工程造价等。修复行动包括执行环保局和州之间的费用分摊协定、寻找清理承包人、保证承包人按照修复方案设计要求执行修复工程以及做好场地长期监测和维护的准备。

（4）建设完成。建设完成（Construction Completion，CC）是污染场地从NPL 中除名前的一个节点。污染治理构筑物竣工名单（Construction Completion List，CCL）制度是 20 世纪 90 年代超级基金管理程序改革的重要成果。根据CCL 制度，修复工程建设完成，所有污染治理必需的构筑物竣工即进入 CCL名单，无论是否达到修复目标（但必须由美国国家环保局认定污染治理的构筑物修建不会影响后续的场地治理工作）。

（5）建设完成后。修复工程建设完成后，需要确保超级基金反应行动为人体健康和生态环境提供长期保护。需经美国国家环保局和州联合判定修复正常运营，该项工程才被认为是可运营和实用的。州或潜在责任人需对修复工程的运营和维护负责，主要包括：地下水和大气监测、场地处理设备的检查和维护、安全设施的维护等。

（6）NPL 清单除名。场地从 NPL 中除名有如下要求：污染场地上所有修复或相关措施都已经完成，所有修复目标都已经达到；美国国家环保局与州政府一起通过污染场地除名审核；被删除的场地继续进行 5 年的保护后评估，确定场地不会再威胁人类健康和对生态环境造成损害。

5.4 《超级基金法》实施效果评估

《超级基金法》实施迄今已超过 40 年，取得了巨大的成就。随着超级基金项目的不断推进，美国境内大部分列入 NPL 的历史遗留的污染场地已经得到治理和修复，并投入再使用。超级基金法对污染场地责任的严格界定和不断修正，提高了行政和司法层面的执法效率。最为重要的是，超级基金项目对污染场地的清理和修复，大大减少了危险物质暴露于人体的概率，使人群健康和生命安全得到了保障，生态环境获得了修复。

5.4.1 可量化实施效果评估

5.4.1.1 场地治理效益分析

《超级基金法》颁布出台后，严密的超级基金项目评估和修复程序使美国境内的危险物质污染情况逐渐明晰，1980 年至今，美国境内共发现超 40000 个涉及危险物质泄漏并污染的场地，经过场地的初步评估，有一些场地经过了相对简单的清除工作，对人体健康和生态环境的危害已经能够达到人群所能接受的水平，这些场地的信息将进入 CERCLIS 系统，而污染严重的场地将被列入 NPL，执行进一步的修复工作。

经过场地的初步评价，明确了污染场地在人体健康和生态环境上的危害程度，事实证明大部分场地是可以直接进行开发利用的。那些已经被使用的场地，美国国家环保局的认定也促进了新的商业行为发生。统计显示，超级基金项目执行的前 10 年，已经有一半以上的场地进行了初步评估，而在之后的若干年，每年有 200 多个场地进入初步评估程序。相比于庞大的 CERCLIS 数据库中的场地数量，进入 NPL 的场地占比很少。这种对污染场地进行有区别治理的方法，既修复了污染严重的场地，也使污染不严重的场地可以尽快投入使用，大大减少了由于场地修复所带来的经济损失。污染场地的初步评估降低了人们对土地利用的不确定性，减少了公众与投资者对这些场地的担忧，对污染场地的开发具有重要意义。

NPL 是美国境内已知或可能释放有害物质、对人类健康和环境造成重大损害的国家优先治理场地清单。根据初步评估和场地调查结果，如果一些场地在 HRS 中的得分超过 28.50 分，则该场地将被列入 NPL。对于这些场地，美国国家环保局会对其污染历史、污染现状等进行详细的调研，针对不同的污染源及污染情况制定不同的修复方案，进行有区别的治理。为了跟踪污染场地的修复，美国国家环保局建立 ROD，用于记录场地修复的实施措施等情况。同时，NPL 场地的修复分为几个阶段，集中管理并向公众进行及时的信

息发布。从每年新增 NPL 场地数量来看，《超级基金法》实施之初就有 400
多个污染场地被列入 NPL。之后的几年，NPL 场地数量增长迅速，也表明了
美国场地污染状况不容乐观。直到 1995 年之后，新增场地数目才大幅减少，
每年约为 30 个，甚至近几年新增数目为个位数，如图 5-4 所示。一方面，每
年场地减少是由于 1995 年专项税收再授权失败后，资金方面不足以开展太多
的场地治理工作；另一方面，也说明美国境内的场地污染情况确已好转，需
要治理的场地已经减少了。

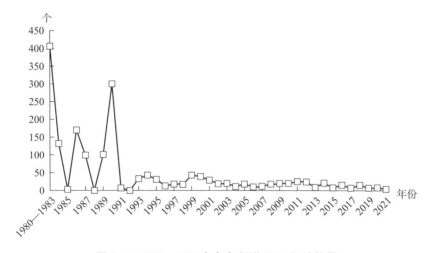

图 5-4　1980—2021 年每年新增 NPL 场地数量

从修复工作完成的情况来看，从《超级基金法》开始实施到 1991 年，污
染场地修复和删除的速度非常缓慢。从删除数量来看，这一期间从 NPL 中删
除的场地数量仅占总数（449）的 8.5%。一方面，可能由于当时的场地治理
技术不够完善，需要相关部门花费一些时间提升处理复杂污染物及 NPL 场地
清理的能力。另一方面，许多 NPL 场地存在明显的地下水污染问题，由于污
染介质的面积大、流动性强，地下水污染治理需要更长的时间。修复工作初
见成效开始于 1992 年，1992—2000 年，每年约有 77 个场地完成修复工作，
这个数量是每年提议进入 NPL 场地数量的 3 倍。2001 年以来，修复工作完成
的场地数量逐渐减少。修复进程减慢主要是因为拨款减少，开展场地修复项
目的数量随之减少。截至 2021 年底，大约 69.2% 的场地已经完成了修复工
作。1992—2021 年，从 NPL 中删除的场地共有 411 个，占迄今为止已删除
NPL 总数的 91.5%。具体如图 5-5 所示。究其原因，一方面可能是超级基金

场地修复需要一定的时间才能见成效；另一方面可能是超级基金一系列修正法案的出台促进了场地修复的加速进行，提高了污染场地修复的效率。同时，污染修复技术的提高也是修复效率提高的重要原因。

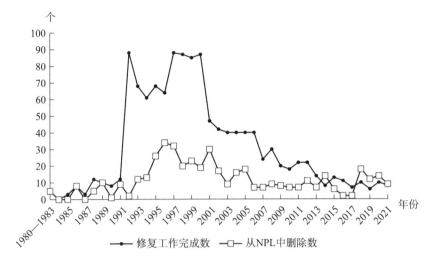

图 5-5　1980—2021 年 NPL 场地修复工作完成及删除数据统计

由于环境污染的影响具有滞后性，在污染场地修复工作完成之后，美国国家环保局会授权相关单位对该场地进行修复后监测，一般 5 年为一个周期，汇报监测结果并进行评估。只有确定场地稳定达标之后，才能将其从 NPL 中删除。截至 2021 年底，大约有 36.5% 的场地从 NPL 中删除。因为 NPL 场地中有很多涉及多个污染源和多个地块的污染，所以一个 NPL 场地往往包含多个修复单元，每个单元会采用不同的修复手段。基于此，除了在修复完成并跟踪监测后将污染场地从 NPL 中删除，在修复过程中，也可将已稳定达标的部分修复单元从 NPL 中删除。1995 年，美国国家环保局将部分修复单元删除作为评估超级基金项目的新措施，直到 1997 年才首次出现部分修复单元删除数据。被删除的部分修复单元必须符合所有删除标准，这意味着之后无须采取进一步的反应行动来清理这些场地。具体来看，1997—2017 年，平均每年有 4 个部分修复单元从 NPL 中删除，这期间删除场地数量一直比部分修复单元删除数量多。2017 年之后，部分修复单元删除数量开始超过污染场地删除数量。2019—2021 年，部分修复单元删除数量显著增加，分别为 15 个、13 个和 16 个。近几年部分修复单元删除数量增加可能是因为很多剩余的污染场地治理难度大，需要大量资金。自从再授权失败后，超级基金资金减少，所以选择更多部分修复单元的清理和修复工作。具体如图 5-6 所示。

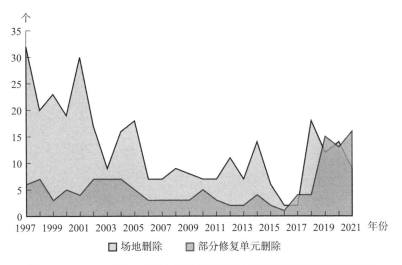

图 5-6 1997—2021 年 NPL 场地删除及部分修复单元删除情况统计

超级基金项目场地修复的根本目的是使这些场地能在不影响人群健康的情况下使用，所以污染场地的再利用管理也包含在超级基金项目执行过程之中。自 2006 年开始，超级基金项目在修复工作完成和已被删除的 NPL 场地、已签订超级基金替代方案（Superfund Alternative Approach，SAA）的场地开展修复场地期望再利用（Sitewide Ready for Anticipated Use，SWRAU）行动。当可能影响场地目前和未来土地利用的污染物都实现了修复决定档案（ROD）或其他修复文件中的修复目标，且要求的所有制度和控制措施都已到位，那么场地可以进入期望再利用名单。2006—2021 年，美国国家环保局设定的每年需要达到 SWRAU 标准的场地目标及每年实际达标场地数如图 5-7 所示。从图中可以看出，在 2019 年之前，基本每年都可以完成设定目标，完成情况较好。即使未完成目标，相差也很少。但在 2020 年和 2021 年，达标场地数与年度目标相差较多。这主要是因为，2015 年以后每年修复完成和从 NPL 删除的场地数目越来越少，而设定的目标场地数没有变化。

总体来看，截至 2022 年 3 月，累计进入 NPL 的场地有 1781 个，其中有 448 个场地已经从该名录中删除，占总数的 25%。现存的 1333 个场地中，修复工程已完成的场地有 1231 个，这些场地目前处于监测和控制中，还有 134

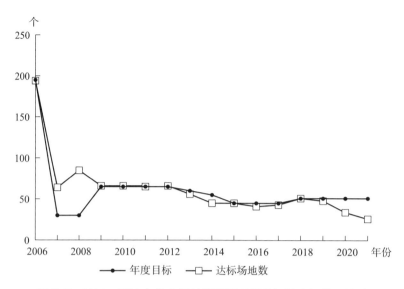

图 5-7 2006—2021 年修复场地期望再利用目标及达标情况统计

个部分修复单元已经从 NPL 中删除的场地。具体见表 5-6。可以看出，虽然 NPL 场地删除数量不多，但未删除场地中 59% 的场地已经完成了修复工程，等待从 NPL 中删除，还有一些场地的部分修复单元已经从 NPL 中删除。这些数据均表明，《超级基金法》在污染场地治理方面取得了极大进展，大多数污染严重的场地得到了治理，使人类健康和生态环境免受继续侵害。

表 5-6 美国超级基金 NPL 场地修复情况

状态	非联邦场地	联邦场地	场地总数
累计 NPL 场地/个	1606	175	1781
现存 NPL 场地/个	1175	158	1333
提议加入 NPL 场地/个	41	2	43
修复工程已完成的场地/个	1150	81	1231
已从 NPL 中删除的场地/个	431	17	448
部分修复单元从 NPL 中删除的场地/个	103	31	134

注：134 个部分修复单元一共来自 104 个场地。

从以上数据分析可以看出，美国 NPL 场地治理经历了一个漫长而复杂的过程。场地污染的复杂性使美国国家环保局在修复过程中必须制定不同的修复方案以达到修复效果，修复技术及其他场地修复支持条件的不完善也在一定程度上减缓了场地治理，这使得超级基金项目在实施的前 10 年成效并不显著。进入 20 世纪 90 年代，NPL 场地治理及从名单上删除的速度显著上升，技术经验的成熟和程序的完善在很大程度上提高了美国危险废弃物历史遗留场地问题的解决效率。虽然一直以来，NPL 场地是超级基金项目的关注焦点，但美国国家环保局在重视 NPL 场地治理的同时，也并未忽视非-NPL 场地的修复和治理。进入 CERCLIS 数据库中的场地，经过初步评估，绝大多数并不能进入 NPL，但是这些场地存在的污染问题同样需要解决，美国国家环保局对这些场地的治理采用了相对简单的污染物移除等手段。根据对 CERCLIS 数据库的分析，发生在非 NPL 场地上的修复行动为总修复行动的 1/2～3/4。在这些场地中，87% 的场地只有一项移除行动发生，10% 的场地有两至三项移除行动（贾峰，2015）。

5.4.1.2　场地修复目标

超级基金项目主要是通过场地清理活动来保护人体健康和维护生态环境。因此，超级基金项目的执行情况主要是通过人体暴露环境风险指标和污染地下水迁移环境风险指标来体现。这两项指标主要用于修复工作完成、已删除的 NPL 场地和非 NPL 超级基金替代方案场地，主要确定人类接触污染场地数量可控和污染地下水迁移场地数量可控。

人体暴露环境指标确保在污染场地附近的人群不会暴露在不可接受污染物浓度范围内，该指标测量不可接受剂量污染物质在人体暴露范围内的减少程度，还衡量场地修复在长期人体健康保护方面取得的成效。人体暴露环境风险指标分为三个层次。人体暴露情况可控指的是人体暴露评估表明场地内没有不可接受的人体暴露途径，场地状况处于可控之中；数据不全指的是污染场地数据不足以确定该场地存在不可接受的人体暴露途径；人体暴露情况不可控指的是在清理行动已经完成，监测数据表明普通人群仍然不适于暴露在该场地范围内。截至 2020 年底，NPL 场地人体暴露环境风险指标的检测情况如图 5-8 所示。可以看出，85% 的场地已经达到了人体暴露危险物质浓度可控标准，这说明大多数场地条件对人体健康是安全的。

污染地下水迁移环境风险指标确保已受污染地下水不会扩散，不会进一步污染其他清洁水源，这一指标主要用于涉及地下水污染的场地。该指标也分为三个层次。污染地下水迁移可控指的是在审查了场地所有已知的地下水

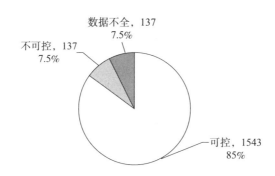

图 5-8　NPL 场地人体暴露环境风险指标的检测情况

污染资料后，受污染地下水的迁移趋于稳定，没有以不可接受的方式向地表水扩散；数据不全指的是由于地下水迁移的不确定性，无法确定受污染地下水迁移是否稳定；污染地下水迁移不可控指的是所有关于场地污染地下水的资料表明受污染地下水的迁移没有稳定下来。截至 2020 年底，各场地污染地下水迁移指标的检测情况如图 5-9 所示。可以看出，有 8% 的场地没有地下水污染，剩余 92% 的场地中有 67% 的场地污染地下水处于可控状态，这表明大多数污染水体对人体健康和生态环境基本没有有害影响。虽然污染水体中的有害物质并没有完全去除，但是已经将影响降低到最小。同时超级基金正在寻求更好的方式将危险废弃物对人体健康和生态环境的影响彻底消除。其他不可控和数据不全的场地需要继续进行地下水修复和监测工作。

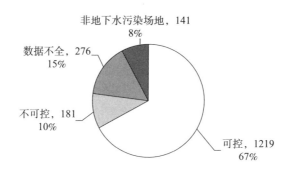

图 5-9　NPL 场地污染地下水迁移指标的检测情况

5.4.1.3　资金使用分析

（1）融资情况分析。超级基金融资遵循污染者付费与消费者付费两大原则，平衡了污染责任人、受害人、社会公众三者利益（李丽平，2017）。最初，超级基金的资金主要来自对石油和化工原料征收的专项税收，还有一部分是联邦政府的财政拨款。1986 年颁布的《超级基金修正案和再授权法》为超级基金增加了环境税收入，并上调了联邦拨款资金，但这些专项税收均于 1995 年到期，之后没有获得再授权，超级基金在很大程度上依赖于联邦政府的财政拨款，同时还有向潜在责任方的追款、基金利息、罚款等。

总体来看，1981—1995 年，超级基金经费的主要来源是专项税收，在所有融资渠道中占比为 67.5%，财政拨款占比为 17.3%，基金利息占比为 9.0%，罚款、回收仅占比为 6.1%。这一方面说明《超级基金法》实施之初，环境税收对整个超级基金融资的影响颇大，是其建立和发展的基础；另一方面也显示出超级基金自身的运营和回收情况较差，过度依赖外部资金的引入，对超级基金项目的可持续性有一定影响。在税收授权到期后，联邦财政拨款成为主要资金来源，占比达到 69.7%，专项税收占比降为 2.9%，基金利息占比为 9.5%，罚款、回收占比为 17.9%。1996 年也成为超级基金资金来源的转折点，直到 2009 年，《复苏与再投资法》为其注入 6 亿美元才使得资金再次大幅增加。超级基金在取消税收前后的融资情况见表 5-7。

表 5-7　超级基金在取消税收前后的融资情况　　　　单位：10^6 美元

信托基金来源	1981—1995 年（所占总数比例）	1996—2021 年（所占总数比例）
专项税收	23547（67.5%）	1223（2.9%）
财政拨款	6033（17.3%）	29966（69.7%）
基金利息	3152（9.1%）	4088（9.5%）
罚款、回收	2135（6.1%）	7688（17.9%）
合计	34867（100%）	42965（100%）

注：根据通货膨胀率，将以前年份的货币价值调整为 2021 年美元。

（2）资金支出分析。《超级基金法》规定，总统拥有做出反应的最高权限。随后，总统通过行政命令把这些职权委托给各部和官署，美国国家环保局被授予了《超级基金法》的全面领导权力。并不是所有污染场地都由美国国家环保局负责清理修复，只有当潜在责任人无法识别或者承担不起清理费用时，美国国家环保局才会负责清理工作。有一些超级基金危险废弃物场地的清理费用由潜在责任人和美国国家环保局共同承担。目前，超级基金计划为 NPL 上 45% 场地的全部或部分清理工作买单。其中，30% 的 NPL 场地没有潜在责任人来支付费用或进行清理，而是完全由超级基金项目支付并进行清理。

《超级基金法》对危险物质超级基金的使用范围进行了详细的规定，可以分为以下几类：①政府应对危险物质行动支出费用；②执行《国家应急计划》时所必需的反应行动支出费用；③危险物质排放造成的自然资源损害，在无法通过其他行政和诉讼从责任方得到修复费用时由该基金进行补偿，包括因索赔而发生的行政费用、司法及律师费用等；④应对危险物质释放所做的调查研究费用；⑤针对公众参与提供技术性支持；⑥清除、修复及其他与铅污染相关的试点项目费用。同时，法律严格规定，除以上必要费用和合理的行政支出之外，总统无权将基金用于其他行政费用及支出。超级基金的实际支出类别主要分为修复费用、清除费用、反应行动支出、行政管理费用、执法费用五类。其中，修复费用和清除费用是主要支出类别。清除主要是短期行动，旨在消除或释放威胁；修复则是长期行动，依据美国国家环保局的 NPL 清单进行。

《超级基金法》实施以来，清除费用和修复费用一般会占每年支出费用的大部分。但进入 21 世纪以来，支出中清除费用和修复费用的占比逐年减少，而行政管理费用和执法费用常年居高不下。这是由于美国国家环保局实施"执法优先"策略，如果责任人拒绝履行场地治理责任，美国国家环保局可以先动用超级基金进行治理，之后通过诉讼向污染者追回相应的费用，并附加罚款。"执法优先"策略促使场地污染责任人主动承担治理责任与费用，美国国家环保局每年用于清除和修复的费用自然减少。此外，由于超级基金中联邦拨款逐年下降，资金短缺也造成每年新增 NPL 场地数量减少，这也是清除费用和修复费用减少的原因。

（3）超级基金特别账户。特别账户是超级基金计划的重要组成部分，账户内资金全部来自潜在责任人。美国国家环保局设立特别账户的目的是确保潜在责任人支付超级基金场地的清理费用。特别账户资金可用于支付未来场地清理的相关费用，或偿还美国国家环保局过去清理该场地的费用。这种方法可以节省超级基金每年拨付的金额，将这些资金用于没有可行潜在责任人的场地，提高场地修复效率。

在过去几年，美国国家环保局的许多超级基金场地有持续的资金需求，特别账户的数量以及其中可用的资金数量有所增加。1990—2021 年，美国国家环保局取得以下成果：创建了大约 1673 个特别账户，并向特别账户存入约 78 亿美元，这些存款赚取了约 7.34 亿美元的利息，总计约 85 亿美元。其中支付或承付了约 45 亿美元用于反应工作，并偿还了过去约 4.81 亿美元的场地清理相关费用，剩余 35 亿美元计划用于正在进行或未来的清理工作。关闭435 个特别账户，将大约 5510 万美元的特别账户资金转入超级基金信托基金。

5.4.1.4　修复场地再利用带来的效益

超级基金项目不仅致力于修复污染场地，而且极力推动修复场地再利用，例如建造公园、运动场、野生动物保护区、制造业设施、住宅、道路等。许多再利用场地可以振兴该地区经济，美国国家环保局通过相关信息来衡量超级基金再利用场地的经济效益，具体见表 5-8。表中的超级基金场地有可用的经济数据，可以代表一部分再利用场地，其中不包括联邦场地。其他没有经济数据的再利用场地一般不能用于企业建设、提供就业或者产生销售收入等。

从表 5-8 中可以看出：每年恢复生产性使用的超级基金场地在增加，这些再利用场地极大地推动了当地经济的发展和就业。2011—2021 年，有经济数据的再利用场地从 135 个增加到 650 个，在这些场地上创办的企业从 271 家增加到 10230 家，年销售额从 106 亿美元增加到 658 亿美元，提供就业人数从24308 人增加到 246178 人，年就业收入从 20 亿美元增加到 186 亿美元。在这11 年间，这些场地上创办的企业持续经营产生了至少 4785 亿美元（经通胀调整）的销售额，是美国国家环保局在这些场地累计花费的 20 多倍。由此可见，《超级基金法》的实施使这些污染场地焕发出新的生机与活力，在保护人类健康和环境的同时，也创造了极大的物质财富，带来了极大的社会效益。

表 5-8　2011 年以来修复场地再利用带来的效益估算

年份	有经济数据的再利用场地（个）	企业数量（家）	年销售额（亿美元）	提供就业（人）	年就业收入（亿美元）
2011	135	271	106	24308	20
2012	276	972	236	46475	39
2013	363	2216	380	70270	57
2014	450	3474	360	89646	69

年份	有经济数据的再利用场地（个）	企业数量（家）	年销售额（亿美元）	提供就业（人）	年就业收入（亿美元）
2015	454	3908	332	108445	89
2016	458	4720	384	131635	104
2017	487	6622	482	156352	124
2018	529	8690	566	195465	144
2019	602	9188	618	208468	153
2020	632	9902	663	227769	170
2021	650	10230	658	246178	186

注：根据通货膨胀率，将以前年份的货币价值调整为 2021 年美元价值。

5.4.2　不可量化实施效果评估

除了可量化的效益，还有一些效益由于缺少方法或者数据难以获得而无法定量分析，主要包括提高愉悦感和舒适度、改善场地周围居民的健康状况、改善地区经济和生活质量、促进相关科学技术的进步、减少未知的潜在威胁、公众参与度大幅提升、应急反应能力提升。

5.4.2.1　提高愉悦感和舒适度

生态系统状况与人类福祉紧密相连，生态系统的变化影响着地球上所有生物。污染物可以通过土壤、地下水、地表水和其他介质影响动植物的健康，从而降低生态系统功能。超级基金项目通过清理肮脏的、被遗弃的设施，恢复和保护场地及场地以外的生态系统，为动植物提供健康的栖息地。超级基金再利用场地为当地社区提供娱乐效益（例如公园、湿地、生态栖息地、开放空间），减少了人们对于周围环境的担忧，进而增加了心理上的愉悦感和舒适度。

5.4.2.2　改善场地周围居民的健康状况

超级基金场地存在几百种对人体有害的污染物，长期接触会对健康产生不利影响，例如癌症、出生缺陷以及其他慢性疾病。生活在超级基金场地附近的人是接触场地释放的有害物质的主要危险人群。调查发现，截至 2021年，仍然有 7300 万人生活在 NPL 场地 3 英里以内。通过清理这些场地，减少人们接触污染物的可能性，降低疾病的发生率，使更多居民的健康得以保障。

5.4.2.3　改善地区经济和生活质量

《超级基金法》实施的主要目的是保护人类健康和生态环境。与此同时，在清理和重新开发利用的过程中，许多场地产生了积极的经济效益和社会影响。很多空置和未充分利用的土地恢复了生产性功能，修复后的超级基金场地可以用于商业、工业、娱乐、住宅等，除了消除污染场地的健康风险，还提升了当地经济和生活质量。

5.4.2.4　促进相关科学技术的进步

《超级基金法》在场地调查和清理方面的努力使得清理工作更加有效。很多创新处理技术可以把清理工作对场地的干扰降到最低，从而减少对附近社区和生态系统的潜在破坏。同时，技术的进步直接或间接帮助了其他清理项目的开发和操作。超级基金场地的清理技术被其他项目采用，如州清理项目、棕地项目等。超级基金与其他机构合作，为美国目前运行的其他清理项目做出了巨大贡献。

5.4.2.5　减少未知的潜在威胁

尽管在研究污染物迁移方面取得了很大进展，但现有科技和数据不足以预测很多污染类型的长期影响。污染物的迁移以及化学变化，可能在未来会对生态系统和人类健康产生影响。因此超级基金制定了相当严格的环境治理标准，通过预防、控制和清理这些污染物，大大降低了可能的危险废弃物的释放风险，消除和减少了潜在的威胁。

5.4.2.6　公众参与度大幅提升

为了使当地居民有意识地参与与超级基金相关的影响其社区的决策，《超级基金法》授权美国国家环保局组织一些利益相关者和公众参与的活动。这些活动能使公众参与环保局的修复治理行动，并且监督管理机构的决策。通过技术的咨询和场地文件的查阅，为当地社区解释和翻译专业信息，帮助其更好地与决策者沟通。这一方面能降低了公民对于财产价值损失的恐惧和担忧，指导他们避免风险；另一方面也能使超级基金项目的相关决策更符合公民的切身利益。

5.4.2.7　应急反应能力提升

《超级基金法》实施的一项重要却又难以描述的效益在于一旦发生紧急污

染事件，美国国家环保局被授权组织大规模的应急污染清理工作。它允许美国国家环保局多方面调集资源和专家对全国范围的严重危险物质问题做出迅速反应。由此，《超级基金法》的实施催生了一种全美范围内应对某类生态安全威胁的人力物力资源快速调配模式。这种模式使得超级基金项目的相关人员能够有效应对多种紧急事件，极大地提升了美国对紧急环境事件的应对能力。

5.5　小结

《超级基金法》是在美国已有环境法律无法有效解决历史遗留的环境污染问题的大背景下产生的，它以解决"脏中最脏"的污染场地为突破口，建立国家优先名录，"溯及既往"地系统追究环境责任，成为美国乃至全世界环境法中最具特色的一部法律。同时，依据该法设立的"超级基金"，体现了美国在综合运用经济、行政和法律手段解决环境难题时的积极作为。

本章梳理了《超级基金法》的历史背景、发展与演变，详细分析了污染场地反应机制和实施成效，对其取得的成就和经验进行了系统的整理。总结来看，《超级基金法》实施 40 多年来，总计将 1781 个污染场地列入国家优先名录，其中 1231 个场地已经完成修复工作，448 个场地已经从名录中删除，修复和删除场地数分别占总数的 69% 和 25%，其他还有 134 个部分修复单元从 NPL 中删除的场地。截至 2021 年，大约 1000 个超级基金修复再利用场地中有 650 个超级基金场地恢复生产性使用，这些场地产生了至少 4785 亿美元的销售额，是美国国家环保局在这些场所累计花费的 20 多倍。《超级基金法》的实施还产生了诸多不可量化的效益，比如提高愉悦感和舒适度、改善场地周围居民的健康状况、改善地区经济和生活质量、促进相关科学技术的进步、减少未知的潜在威胁、公众参与度大幅提升、应急反应能力提升等方面。特别值得指出的是，《超级基金法》最为显著的不可量化的效益在于其对企业的巨大威慑作用，促使企业迫于法律威严而重视环保，使诸多的污染问题在源头得以预防。当然，《超级基金法》在实施过程中也面临一系列的问题，比如管理费用支出比例过高、对潜在责任人的认定和要求其承担清理与修复责任导致诉讼花费巨大、早期过于严格的责任追究引发工业用地再利用缺乏积极性等，这都值得我们去认真分析和总结。

第6章

监督核查和环境执法

即便有结构严谨、内容丰富的水环境保护法令，制定了合理、科学缜密的排放标准体系，如果在实施过程中无法实现对排污者的监督核查和环境执法，任何法律法规都不会得到有效执行。本章对美国点源排放的监督核查实施主体、主要类型以及环境执法主要内容进行分析，帮助我们了解美国水环境保护法令如何在实践层面实现其可操作性。

6.1 监督核查

前文已经分析了点源污染排放控制，本章重点讲解点源的监督核查[①]。这里讲的监督核查主要是到现场执法的要求。使排污者严格遵守相关法律法规，并保证联邦和州环境管理机构的执行效率是许可证制度体系的重要目标。对排污许可证进行监督核查是一种有效的管理和激励机制。执行监督核查的主要目的为判定守法状况、确定排污者是否遵守了许可证的要求、核查信息和数据是否准确、验证被许可者的采样和监测过程是否完整、收集更多信息为环境执法提供证明或依据。

---

　　① 也可以称为"合规检查"。科学的监测方案的确定，广泛公众参与确定的排污许可证文本，严格执行的监测数据处理、记录和报告，无条件的信息公开确保了污染源排放的可核查、可问责。通过实施合规检查，可以有效地检验法律规章、排污许可证要求和其他规定的执行情况。检查被许可者提交的自行监测信息的准确性，以及被许可者执行的监测方案中抽样、监测方法、监测地点、监测频次等内容的合适性和适度性。此外，通过实施监督机制，还可以为排污许可证执法收集证据、为排污许可证实施效果评估提供信息。

6.1.1 环境监督体系

前文探讨了美国水环境保护的主要法律法规以及法令的执行情况，即从联邦法律到联邦法规再到州法律的发展历程，以及美国国家环保局和各州的水环境治理机构、排污者在法令执行中的作用。所有的机制设置都是为了确保《清洁水法》得到良好的执行，可以看到极其重要的治水理念——监督。凡事都要监督这个理念与美国的传统文化联系在一起，是我们了解美国环保法令执行机制内在逻辑的关键。美国在各个方面、各个层次进行交错而有效的监督。政府行政机构从上到下的监督，司法、检察部门的从旁监督，再加上公众和环保团体对政府机构、排污者的监督，达到准确而有效的执行环保法令的效果（开根森，2010）。总体来看，美国环境监督体系主要分为行政监督、司法监督、公众监督（包括 NGO 监督）。

6.1.1.1 行政监督

行政监督主要是行政机构自上而下的内部监督以及行政督察。其中重点是由联邦执法人员对各州进行行政督查、公布违法情况。针对不依法采取执法措施的地方政府的消极行政行为，联邦政府有权力取消对其资金援助。同时，违反相关法律规定的执法部门负责人、执法人员也将被行政处罚。执法者既是管理者，也是被监督者，其在执法过程中可能存在违反环境法律的行为、与被管理者达成协议接受贿赂等行为，都需要行政系统内部和社会各界共同监督。具体到 NPDES 排污许可证领域，美国国家环保局可以监控一切排放至美国境内天然水体的污染源，一般由区域办公室负责。美国国家环保局在设置 10 个区域办公室时，不特意使它们重叠，尽可能避免和排除干扰。分布在各地的 10 个区域办公室负责监督所辖各州的环境保护工作，跨州而建，牢牢地把握住自己职责内的权限并且仅此而已。在州满足一定条件时，区域办公室授权州政府执行许可证计划但也仍然有权直接监督检查和处罚州管辖范围内的排污设施或活动。必要时，可以收回州政府管理本辖区许可证事务的授权。加州的 9 个流域水质管理分局跨加州 58 个县，依地表水流域而建，理事会成员的任命和批准不受管辖地区政府的左右，流域水质管理分局是许可证的发放和监督管理机构。

6.1.1.2 司法监督

司法监督包括司法机关依职权的监督、行政相对人提起诉讼以及第三人提起诉讼等方式。法院系统主要通过审判活动进行监督，法院不仅可以对执法的程序和实体的合法性进行监督，还可以对作为执法依据的相关法律规定进行司法审查。美国的法院有解释法律法规、解决争端，以案例填补法律空白的权力，所以其在美国环境保护法律法规的执行上有着非同小可的作用。由于联邦政府的水环境保护法律法规必须包括在州政府的法律当中，地方上的水环境管理执法争端总是会既涉及联邦法律又涉及州法律，并由联邦地区法院或州法院进行处理。按照地区和人口，美国设置了90个联邦地方法院和11个联邦巡回上诉法院。可以看出，联邦巡回上诉法院的设置与美国国家环保局区域办公室的设置互不相关，对加州有管辖权的联邦第九巡回上诉法院同时管辖美国西部的9个州，而管理加州环境保护事务的美国国家环保局第九区域办公室主要负责美国西部的4个州。拥有极大的调查权和警察权的联邦调查局常常需要与司法部门配合作业，在美国主要城市设有56个地区办公室，在小型城市设有400多个驻外办公室，与联邦地区法院的设置也不同。这些跨州、跨县、跨地区的设置，可以使各地方政府环保部门的利益与美国国家环保局一致，不易受到地方利益的干扰进而专心从事法律法规指定的工作。

6.1.1.3 公众监督

公众监督作为不可或缺的部分，在美国水环境保护法律法规制定和执行过程中起了相当大的作用，推动着美国环保法规不断前进和完善。美国的《信息自由法》《阳光下的政府法》以及相关的环境法律都为公众参与环境监督提供了强大的制度保障，具体有参与执法部门相关政策的制定和听证、对司法部门提起司法审查以及对违法企业提起诉讼等方式。非营利性环保团体也在环保法规实施过程中发挥了重要作用，这是因为环保团体把自己定位为环境利益的代表并以此接受社会的检验。环保团体在《清洁水法》立法之初，常常对美国国家环保局有法不依、执法不严提起诉讼，甚至多次在法庭上胜诉，有力地推动了水环境法令的执行。前文提到的自然资源保护委员会、1961年成立的世界自然基金会、1967年成立的美国环保协会、1971年成立的绿色和平组织和地球之友等都是美国著名的环保团体，自然资源保护委员会的核心成员中有很多是律师，这个组织被认为是美国最有效率的环保团体。

可以看出，美国构建了各个行为主体之间的监督体系，行政机关甚至美国政府都可能面临司法审查诉讼。在美国环境法律下，联邦政府对州政府进行监督，州可以执行比联邦更严格的标准，但不能放松标准。公民个人和社会组织既对政府行政和执法进行监督，也对企业进行监督。同时，企业也可以质疑政府行为，这样就形成了一个多元、互动的环境监督网络体系。

6.1.2　监督核查内容与频率

合规监测①是排污许可证监督检查和环境执法机制中最先启动的一环。美国国家环保局或州环保局通过设施的自我监测报告、信息收集，以及合规检查，确定涉嫌违规的目标设施，根据合规监测的结果来决定是否采取更进一步的执法活动。对于合规检查，各州根据美国国家环保局批准的合规检查频率方案，结合各地的优先事项、在线连续监测数据、企业的排放情况和历史合规记录，以及群众的举报投诉等，制定需要进行合规检查的设施名单，从而启动合规检查和环境执法。如果设施的检查结果合格，则执法行动终止，相当于常规的例行检查。如果设施在检查中被发现有违规行为，则会触发进一步的执法机制，可能是行政处罚、民事诉讼或刑事诉讼。

合规检查是现场合规监测活动的一种，是正式评估其执行环境法规和要求的重要工具。美国国家环保局及其他监管部门在主要的法律和监管计划的授权下进行合规检查。检查通过访问设施或场所，收集信息以确定是否符合规定。检查通常包括预检活动，如在进入设施或场所之前获取场所大致的信息。其他现场访问活动包括：采访设施或场所的代表、审查记录和报告、拍照、收集样品、观察设施或现场作业等。一般情况下，合规检查是针对单种介质进行的，比如《清洁水法》，但也可以针对多种介质进行。还可以通过合规检查解决基于某种特定的环境（比如某条河流中的水质）、设施或工业部门（比如化工厂、造纸厂）、流域或生态系统的问题。合规检查的强度和范围可以从不到半天的快速步行检查，到需要花费数周时间才能完成的带有大量样

---

①　合规监测是美国国家环保局用来确保受监管的社区遵守环境法律法规的关键部分，用来核实对法律法规要求的符合程度。主要包括：制定和实施合规监测战略；现场合规监测（合规检查、评估和调查）；场外合规监测（数据收集、审查、报告、计划协调、监督和支持）；检查员培训、认证和支持。本书重点讲解合规检查部分。

本收集的检查。

根据美国国家环保局制定的 NPDES 合规监测策略（Compliance Monitoring Strategy，CMS），对于 NPDES 的重大源，要求的检查频率是至少每两年一次；对于传统 NPDES 的非重大源，要求的检查频率是至少每五年一次；对于其他的 NPDES 的非重大源，没有做出明确的要求，只建议需要根据设施类型来确定检查频率。州和地方政府在制定合规检查频率时享有一定的灵活性，可以根据当地的具体情况，向美国国家环保局申请 CMS 代替方案①。

6.1.3　监督核查主要类型

美国 NPDES 排污许可证合规检查涉及各领域的所有用来确定许可证合规状况的活动，包括合规评估检查（CEI）、合规取样检查（CSI）、绩效审计检查（PAI）、场外审核、合规生物监测审查、有毒物质取样检查、诊断性检查、观测检查（RI）、预处理合规检查（PCI）、集中合规检查（FCI）、后续检查（FUI）、污水污泥检查、合流制溢流污水检查（CSO）、生活污水溢流检查（SSO）、雨水检查、分流制雨水系统检查（MS4）、规模化畜禽养殖场检查（CAFO）等。

6.1.3.1　合规评估检查（CEI）

CEI 是一种非抽样检验，需要目测而不用取样，一般需要有经验的人。旨在审查持证者是否遵守许可证自我监测的要求、废水的排放标准和毒性、合规的进度安排等。检查员应该审核以往记录，进行观察并对企业的处理过程、实验室、废水以及受纳水体进行评估。

6.1.3.2　合规取样检查（CSI）

CSI 是与 CEI 具有相同目标的抽样检验。在 CSI 中，检查员除了要执行与 CEI 相同的任务，还需要采集和分析代表性的样本。然后检查员可以通过实验室分析，核实持证者自我监测计划和报告的准确性，确定排放标准和污水综合毒性（WET）的合规程度，确定污水排放总量和污染物质量，并在适当情况下为执法程序提供证据。

---

① 应考虑的因素包括排污企业的合规历史、排污设施的位置和潜在环境影响、地方政府合规性监测计划的实施情况、地方政府参与美国国家执法活动的参与程度等。

6.1.3.3 绩效审计检查（PAI）

检查员通过 PAI 评估持证者的自我监测计划，这一般需要持续很久。与 CEI 一样，PAI 通过检查记录来核实持证者的报告和合规程度。在 CEI 中，检查员对处理设施、实验室等进行粗略的观察。然而，PAI 会对持证者的自我监测计划进行更详细、更严格的审查，并会评估持证者在样本收集、流量测量、实验室分析、数据搜集与处理报告、自我监测计划中的流程等。绩效审计检查可以委托给第三方。第三方可能是环境咨询公司，也可能是个别的资质比较高的专家。

6.1.3.4 场外审核

场外审核是对信息、数据、记录和设施报告进行综合的非现场的合规评估，以确定设施或所实施计划的合规性。主要包括对以下内容的审查：环保部门收集的测试、抽样数据、依照许可证或执法命令提交的合规材料、遥感航空或卫星图像、排放监测报告（DMR）、年度报告、与设施管理者的谈话以及公众的提示和投诉等。在进行场外审核时，州和地方政府可以通过视频会议向工厂人员收集更多的信息。比如，审核人员可以在工厂人员的协助下用视频设备参观全部或者部分工厂的设备。场外审核必须由相应的联邦、州或部落的权力机构授权的检查员或其他可信的监管人员（由美国国家环保局或州、地方、部落环保部门指定的具有足够知识、训练和评估合规性经验的个人）执行。该检查员应根据其对该设施的了解来选择场外审核人员，结合 DMR、其他报告和以前的现场检查等，保证有足够的关于设施活动的信息，以确定其合规性。

6.1.3.5 合规生物监测审查

该审查具有与 CSI 相同的目标和任务。合规生物监测审查通过审查持证设施的毒性生物化验技术和记录，来评估该设施是否遵守 NPDES 排污许可证的生物监测条款，并确定设施的污水是否有毒。合规生物监测检验还包括对检查员收集的废水样品进行急性和慢性的毒性试验，用以评估设施排放的污水对生物体的影响。每个州都能够进行生物监测审查，或由指定的承包商进行。

6.1.3.6 有毒物质取样检查

有毒物质取样检查与传统 CSI 有相同的目标，但强调的是 NPDES 排污许可证规定的有毒物质。有毒物质取样检查的重点在于优先污染物，而不是通常已经包括在 CSI 中的重金属、酚类和氰化物等污染物。优先污染物是受美国国家环保局监管的 126 种有毒的化学污染物，美国国家环保局还出版了该 126 种污染物的分析测定方法。有毒物质取样检查所需资源比 CSI 更多，因为这需要更复杂的技术对有毒污染物进行抽样检查和分析。有毒物质取样检查还可以用于评估原材料、工艺流程和处理设施，以确定需要控制的有毒物质。

6.1.3.7　诊断性检查

诊断性检查主要是用于达到许可证合规要求的由政府运营的生活污水处理厂，特别是那些判断不出自身问题的污水处理厂。诊断性检查的目的是确定不合规的原因，提出紧急的补救措施以帮助污水处理厂实现合规排放，并支持当前或将来的执法行动。

6.1.3.8　观测检查（RI）

RI 是一种现场检查，可以选择是否进行采样，用于初步了解许可证持证者的合规计划。检查员对持证者的处理设施、排放的污水和接收的来水进行简单的目视检查。RI 依靠检查员的经验和判断来快速总结潜在的合规性问题。RI 的目标是扩大检查覆盖面，而不是增加检查所需的资源。RI 检查是所有 NPDES 检查中最简单的、运用资源最少的。

6.1.3.9　预处理合规检查（PCI）

预处理计划的管理权限被下放到地方政府或污水处理厂，通过 PCI 评估污水处理厂获得批准的预处理计划的实施情况。包括审查污水处理厂对其工业用户（IU）的监测、检查和执法活动记录。IU 检查可以补充 PCI 检查，IU 检查是对任何排放到该污水处理厂的检查。在执行 PCI 时，如果污水处理厂确定 IU 不合规，该州或地方政府应当确保污水处理厂遵循其执法应对计划。PCI 应该包含适当数量的 IU 检查或现场考察，以评估控制机构的监督程序是否满足预处理计划的要求。PCI 可以包括 IU 采样，比如可以收集和分析样品以核实工业用户的自我监测计划。检查员可能会在对污水处理厂进行 PCI 的同时进行 NPDES 检查。

6.1.3.10　集中合规检查（FCI）

FCI 是现场检查的一种，通过评估企业、许可证或环保计划的一个或多个特定部分（如具体操作或流程、预处理控制机构对工业用户的监督等）的合规性，确定合规的程度。FCI 的尺度应根据设施的合规历史记录、设施最近运行的信息，以及其他表明某计划或设施的某个部分更可能具有相关合规性问题的数据来设定。FCI 比 RI 更详细，但不如 CEI、CSI、DI 或 PCI 那么全面。虽然 FCI 的范围要比 CEI 小，但是对于设备、许可证或计划的某特定部分的审查，其要求的详细程度应与 CEI 要求的详细程度相当。

6.1.3.11　后续检查（FUI）

FUI 是在常规检查或有合规问题的投诉时进行的密集型检查。在 FUI 中，适用的材料会被收集用来更有效地处理特定的执法问题。法律支援检查（LSI）就是后续检查的一种，适用于在常规检查或回应投诉时有执法问题被确定的情况。LSI 注重收集在执法行动中可能会有用的信息。在检查期间收集的信息可能会决定后续的行动。

6.1.3.12　污水污泥检查

污水污泥检查的目的是评估那些参与污泥监控的设施执行的监管规定是否适用，包括污泥监测、记录保存和报告、处理操作、取样和实验室质量保证和使用或处置的做法。污水污泥检查是一种现场检查，可与污水处理厂的合规检查结合进行。PCI、CEI 和 PAI 都是最有可能评估污泥要求是否合规的手段。

6.1.3.13　合流制溢流污水检查（CSO）

在 CSO 检查期间，检查员会进行现场检查，对从已知或疑似的溢流事件中收到的信息做出回应。CSO 检查会评估是否符合 NPDES 排污许可证、执法命令或其他的执法文件中 CSO 的相关政策要求。检查员应核查持证者是否采取了以下行动：在枯水期预防 CSO、实施九项基本控制措施（NMC）、遵守发展进度计划、提交并且实施长期控制规划（LTCP）、消除或重新安置敏感地区的溢流、遵守污水排放标准、执行建设施工完成后的合规监测计划、遵守任何执法命令的条款。

6.1.3.14　生活污水溢流检查（SSO）

在 SSO 检查期间，检查员根据从已知或疑似的溢流事件中收到的信息来进行现场检查。SSO 检查会评估是否符合 NPDES 排污许可证中对于系统设计及操作和维护的条款和条件、许可证报告要求、执法命令或其他执法文件的要求。检查员通过收集信息核实持证者是否遵守 NPDES 的标准许可条件和所需的通知程序。检查员还需确定是否有额外的未经许可的排放，或从许可证规定的排放点以外的位置排放到美国水域。

6.1.3.15 雨水检查

对工业设施和施工场地的雨水检查旨在评估其对 NPDES 雨水排放许可证的遵守情况。大多数针对建筑工地和工业设施的 NPDES 排污许可证都要求制定一个仅适用于特定场地的雨水污染防治计划（SWPPP），以记录设施如何遵守许可证的相关规定，以及出水排放标准。在现场检查期间，检查员会审查许可证以及 SWPPP 中描述的措施，以评估该设施是否合规，还会通过现场走访来核实其 SWPPP 的准确性，以证实其使用了 BMP 并且功能正常。

6.1.3.16 分流制雨水系统检查（MS4）

MS4 审核用于评估 MS4 雨水管理计划的实施情况，并预测地方政府在执行该计划时可能遇到的问题。MS4 审核是对 MS4 的所有人或经营者的雨水管理计划的现场访问和综合审查，包括合法权限、流程、流程的实施以及是否有足够的资源进行以下活动：结构和来源的控制措施、检查和清除非法排放物以及对进入雨水下水道的不当处理、监测和控制雨水排放中的污染物、实施最佳管理实践（BMP）、实施任务安排和进度表、对相关工业设施和施工场地的检查和执法方案。审核人员应该确定是否制定了控制措施及是否正常实施了控制措施。MS4 检查是一种现场检查，涉及雨水管理计划的部分要素，以评估 MS4 是否在该选定的计划要素中实施了适当的计划。

6.1.3.17 规模化畜禽养殖场检查（CAFO）

该检查的目的是评估所适用法规和许可证的合规程度。为了达到该目的，CAFO 检查包括对该设施文档和记录的审查，如许可证、营养管理计划、动物清单和所有相关记录。该检查还包括评估设施结构的完整性、维护的情况等。对于在土地上使用肥料、堆放垃圾或处理废水的 CAFO，该检查包括对场地和场地边缘的保护措施、土地利用方案的审查，以及是否有非农业雨水从场地排放等。如有必要，CAFO 检查也包括对粪便、垃圾、废水或土壤的取样。

6.1.4 监督核查流程

美国国家环保局工作人员或授权的代表可以对设施进行检查。美国国家环保局没有足够的人手执行所有的合规检查，所以经常聘请私人承包商去现场检查和采样。检查员的主要责任是收集许可证持有者是否准确进行自我监控的信息，并评估许可证的执行情况。因此，检查员必须了解并应用相关政策和程序进行有效监管并收集相关证据。检查员需要熟悉《清洁水法》及相关条例，能够严格执法；熟悉一般性的检查程序和收集证据的手段；经过专门的培训，包括职业健康培训和安全培训、监督检查和特定项目培训；熟悉并善于应用监督检查中的安全措施；具有敬业精神和良好的素质，能够客观、真实地记录和报告检查结果，不掺杂个人情绪；保证数据的代表性、准确性和取样的完整性。NPDES 排污许可证规定的合规检查流程主要有：检查前准备、场外监视、进入（设施）、开检会议、设施检查、结束会议、检查报告等。

6.1.4.1 检查前准备

进入设施之前，需要做一些准备工作，确定检查目的和范围。主要包括：审查企业的背景信息和美国国家环保局或州环保局中有关许可证持有者的合规文件；制定检查计划；准备相关文件和设备，包括适用的安全设备；与实验室协调，安排收集样品；同负责样品运输的部门确定包装和运输的要求；确保通知州政府即将进行的检查等。

检查包括预先通知的检查和预先不通知的检查。如果检查需要预先通知，检查员应说明检查的性质和程度、提供检查活动的计划、记录与设施的联系、申请在检查期间需要的设施人员和文件、询问特殊的安保要求、向设施通报其有保密的权利。持证者会在《清洁水法》"第 308 条请求信"中得知被安排了检查，并被要求提供有关现场安全规定的信息以避免检查时设施出现安全问题。在未预先通知持证者的情况下，检查员观察到的是设施平时的运行情况，而不是准备检查的情况。在检查大型的或复杂的设施时，在预先通知的情况下检查会更有效果、会更好。如果担心设施可能隐瞒或更改违规的证据，或者检查员怀疑有违法排污现象，则可以进行突击检查。一般而言，检查员都应将检查情况及时通知相应的州监管机构、部落或由政府运行的市政污水处理厂，还应向自治的地方提供相关被授权计划，除非披露检查信息会影响突击检查。

检查计划对组织和执行合规检查非常重要。检查人员在查阅相关资料后，会制定一个全面的计划，确定检查目标、任务和流程、实现目标所需的资源等。检查计划主要包括检查的目的、要执行的任务、收集的信息、审查的记录、检查的流程、检查人员类别与装备、检查活动的顺序、阶段目标以及如何与实验室或其他监管机构协调。检查计划可以根据排污企业所在地区和检查的内容等情况具体制定。

6.1.4.2　场外监视

进入设施之前，检查员可以进行场外监视。许多潜在的问题通常在进入设施之前就可以被确定，比如非法排放、非法倾倒等。检查员也可以通过场外监视观察进出企业的物品，并确定原料、产品的处理程序等。通过场外监视，检查员可以获取设施的地理坐标信息，以及照片、企业布局，目测的违规问题等，便于确定检查的优先顺序。

6.1.4.3　进入（设施）

检查员进入现场后，需要进行自我介绍并出示官方证件，确保将所有的凭证和通知恰当地提交给持证者或企业负责人。工业企业可能会以种种理由阻止检查员进入，有时候甚至会对检查员进行一定的生命威胁。如果被拒绝进入现场，则可以询问被拒绝的理由。如果事态扩大，解决方案超出了检查员的权限，则可以建议持证者向律师咨询。如果仍然被拒绝，无论是针对整个设施还是设施的某些部分，检查员应该向企业负责人说明相应的检查权，询问负责人是否了解检查的原因以及拒绝的理由并做记录；所有关于拒绝的观察都需要在检查报告中仔细记录，包括设施的名称和具体地址，拒绝检查员进入的工作人员的姓名、职务和电话，拒绝的日期和时间，拒绝的原因；在离开企业后记录所有与拒绝进入相关的现场情况，并通知直属上级或地区法律顾问，由上级与律师协商发出行政授权令或搜查令的必要性。

对污染物以及环境污染控制设施的检查总会有一定程度的健康和安全风险，检查员需要根据现有的指导手册使用安全设备，选择适合检查活动的服装以及防护设施，比如在采集水样时应佩戴防护手套以防对水样产生污染。除非经过适当培训和许可，切勿进入有特定限制的区域。

6.1.4.4 开检会议

开检会议上，检查员需要向设施负责人介绍检查计划，并提供检查人员的姓名、检查目的、执行检查的权力依据以及流程，与设施工作人员建立合作关系。开检会议的讨论有助于设施负责人了解检查目的和范围，避免产生误解，同时便于工作人员与检查员合作。检查员需要向设施负责人提供被审查设施的记录清单，即许可证、DMR、采样数据、运行和维护记录、培训记录、实验室数据表以及检查要求的其他记录。检查员可以要求设施工作人员陪同，以便及时发现问题，了解企业生产工艺及主要的经营特征。即使没有工作人员陪同，检查员也应该与相关负责人员沟通，收集有关信息。检查员应核实许可证内容，比如设施名称和地址以及排放口等。如果收集的样品足够多，企业有权得到任何用于实验室分析的样品备份。法律授予检查员在检查期间收集和复制记录的权力，包括数字化图像等，以便于检查员准备完整而准确的检查报告，在执法程序中提供证据并记录在现场发现的情况。

6.1.4.5 设施检查

审查设施的记录、对设施的排放进行采样都是最基本的检查活动，这些活动为环保机构的执法行动提供证据支持。检查的主要内容包括：对设施进行目视检查；识别、定位和检查与排放控制相关的记录；检查与生产设施控制设备和监控设备相关的操作条件；查看实验室的质量保证和控制（QA/QC）记录，以及是否使用了经过批准的方法；对于现场分析，审查实验室流程以验证分析的方法和使用的方法是否获得了批准；必要时，对样品进行采集并密封，用拍照的方式记录，建立监管链。为了进行合适的 NPDES 审查，检查员必须完整地了解企业的废水处理过程，以及每个单项的过程如何融入整体的处理方案。检查员应对处理过程的装置、采样和流量监控设备、出流和入流进行检查，特别是针对持证者产生、运输、处理、储存污染物的地点进行检查。在检查过程中，检查员应注意以下要素：入流的特点，比如外观、颜色、气味；综合的污水负荷，日、季节性负荷变化；过程控制和设定；处理装置的操作；设备的设计以及目前的运行状况；维护和操作人员；废水的特点，比如排放外观、排放毒性的证据等。

6.1.4.6 结束会议

为了从合规检查中获得最有效的结果，检查员应及时将结果通知设施负责人或所有者，但仅限于初步的检查结果。在结束会议期间，检查员可以回答最终的问题，准备必要的数据，提供相关计划的信息，并要求对未能提供的数据进行补充。检查员应回顾检查中的问题，与设施工作人员及时交流，并做好讨论后续流程的准备，比如如何使用检查结果以及该地区可能对企业采取的措施。检查员应根据区域办公室、州环保局或当地政府部门确定的适用准则或标准来进行结束会议。检查员可以酌情发出缺陷通知，指明许可证持有者自我监测计划中存在的或潜在的问题，便于提高 NPDES 自我监测活动的效率。

6.1.4.7　检查报告

在检查报告中整理检查过程中发现的问题，包括现场笔记、记录的副本、照片和其他相关信息。根据需要来准备叙述性报告、清单和文档资料，将适当的数据录入综合合规信息系统，并在报告上签名和注明日期。

现场笔记是与检查有关的所有文件的核心，是书面报告的基础，应该客观、有事实依据，没有可能会被认为不恰当的个人感觉或术语。现场笔记也是重要的证据，在法庭上具有法律效力。

检查报告的目的是把所有检查信息和证据整理成全面、可用的文件。检查员必须避免使用"违规"一词，而应使用"发现"或"不足"之类的词语。观察应该是第一手可验证的结果，记录所有情况、做法和其他在准备检验报告或验证其他类型的证据时有用的观察，应避免个人的意见和观点。当需要用叙述性报告来充分描述合规检查时，报告的内容应着重于支持或解释提供的信息。编写叙述性报告需要详细回顾检查员的现场笔记，审查所有证据的相关性和完整性。根据需要来组织信息，以逻辑的、全面的方式呈现。检查员应参考在检查期间使用的常规流程和做法，详细说明与潜在违规相关的事实。在准备叙述时，检查员应努力使用简单平实的语言，并仔细校对。最终的检查报告会记录在档案中，作为进一步执法的证据。

6.2　环境执法

6.2.1　环境执法体系

环境执法（enforcement）是指政府环境执法机构或其他相关机构为使受

监管的社区合规、纠正或暂停危害环境和公共健康的行为而采取的一系列行动（Isaac Cheng，2014）。美国采取的是多层次的环境执法体系，保证了环境执法的完整性，不会因为某一个部门的不够强制和失职而不执法（马军，2015）。首先，《清洁水法》授予美国国家环保局强大的环境执法权，美国国家环保局还可以将民事的环境违法提升到司法层面。其次，州政府负有主要的执法权，管理和执行本州的排污许可证，联邦政府的角色是后备执法者。最后，美国民众享有监督和起诉政府执法不力的权利（张福德，2012）。除此之外，《清洁水法》还限制了政府行政部门的自主裁量权，以应对政府的长官意志和因政治倾向带来的执法不力情况，规定美国国家环保局在掌握了违法证据时必须采取行政命令强制执法，除非美国国家环保局已经将案件移送司法部门或者州政府已经采取了行动。

在联邦层面，拥有环境执法权的机关有美国国家环保局（执法与守法保障办公室）、区域办公室（执法机构）、内政部（拥有濒危物种管理方面的环境执法权）、内政部（拥有控制露天采矿活动的环境执法权）、陆军工程兵团（拥有疏浚和填埋物质排放的环境执法权）、交通部（拥有危险废弃物运输的环境执法权）。在这些机构中，国家环保局是美国环境执法的主要行政机构，承担着大部分环境法的执法职能（秦虎，2005）。为此还专门制定了一个"执法管理体系"，详细规定了美国国家环保局的职权。处于"执法管理体系"中枢位置的是执法与守法保障办公室（Office of Enforcement and Compliance Assurance，OECA）。OECA 可以通过严格的民事和刑事环境执法措施追踪那些影响美国社区生活的污染问题，其执法主要针对严重的水、环境和化学污染。根据美国国家环保局赋予各个职能部门的权限，OECA 与区域办公室、州政府、其他联邦机构协同执法或以"伙伴关系"的模式共同执行联邦法律。OECA 的职能主要包括：帮助工业及其他部门组织改善守法状况；协调和评估全国有害废物清理计划；根据《国家环境政策法》协调对所有环境影响报告的评估；制定守法监督纲要；推荐关于执法与守法的全国政策；确定国家执法与守法的侧重点；对州和地区的执法行动提供支持。为了整体环境利益和环境执法的全面开展，美国国家环保局需要与其他领域的管辖机构进行合作与协调，比如内政部、农业部等。美国国家环保局为此制定了跨项目、跨部门的执法方案，通过与政府的其他机构以及州和地方政府建立、发展合作伙伴关系来处理跨部门管理和跨项目的环境违法案件。通过与各州以及其他联邦执法、司法机构的合作，OECA 保持了强大的环境执法能力。

美国国家环保局代表联邦政府全面负责水环境管理，是《清洁水法》的执行机构，规模庞大，独立执法，权威很高。区域办公室是美国国家环保局为监督检查州环保局执法情况而设置的机构。各州都设有州一级的环保局或环境质量委员会，州环保局在美国水环境保护中发挥着重要作用。各州环保局是水环境保护法律法规、水质标准、环境保护计划的具体实施者和监督者。同时由于不隶属美国国家环保局，而享有充分的自主权，负责本州区域内的水环境安全，并以此开展环境执法。与美国国家环保局一样，州环保局拥有同样的环境执法权力，也是通过行政命令的方式来进行环境执法，对于一些违法行为，在交由州检察官处理的同时，环保局可以与州检察官一起，直接向州法院提起民事或刑事诉讼。州政府对环境执法负有主要责任，《清洁水法》授权美国国家环保局把执法权委托给经审查合格的州环保局。

美国各州政府之间是完全平等的主体，没有共同的上级行政机关，因此各州在环境执法方面，必须充分尊重和合作。因此，除了联邦政府和州政府之间纵向的合作与协调外，各州政府之间也建立了一套相互协商的环境执法合作机制。在联邦体制下，州际合作主要是通过州与州之间的协商或联邦政府的参与实现，各州之间存在很多合作形式，既有非正式的合作形式（环境保护联合会），也有正式的合作形式，包括州际协定、行政协定和有关州际冲突的司法裁决等，其中州际协定是各州实现州际合作和解决州际争端最重要的法律机制。州际协定先由相关州共同协商制定，再经由美国国会批准。经美国国会批准的州际协定就成为法律，对成员州具有法律效力，通过州际委员会可以妥善处理各州之间的环境纠纷。各州除了可以采取自我监督的方式，还可以进行州之间联合监督执法评价，以完善各自执法计划。

在美国，国家环保局代表联邦政府执行《清洁水法》，各州经过联邦授权享有实施许可证制度的权力并代为执行法律，各州对本州内的违法行为享有优先的执法权。但联邦政府依然保留独立的执法权，如果各州政府怠于执行法律或执法不当，联邦政府可以对违法者施以行政制裁或者直接提起诉讼①。

1972 年之前，法律规定只有行政机关有执法权，要求违法者履行法定义务、承担法定责任。这种单方面的执行导致当行政机关怠于行使权力时没有一个与行政机关相对的主体能够监督并制约其权力，当行政机关不履行法定职责时，没有一个相对的主体能够监督其履行职责（于泽瀚，2019）。《清洁水法》建立了一种相对的执行框架，行政机关既可以行使权力要求违法者履行法律规定，反过来公民也可以通过诉讼监督行政机关的执法行为和履行法定职责的情况（于铭，2009）。《清洁水法》把公民诉讼通过立法的形式确定下来，所以公民诉讼在美国实际上是一种法律行为，得到了法律的保护。通过公民诉讼，也形成了对政府的有效制约。

6.2.2 刚性执法

环境执法行动，或称为环境执法反应机制，取决于环境法及相关法律规定的权力大小与类别，分为非正式反应和正式反应两类。非正式反应主要包括电话、现场视察、检查、警告信以及比警告信更为正式的违法通知书，给设施经营者提供违法说明、改正方式和改正期限。非正式反应没有惩罚，但如不给予重视则将导致更严厉的反应。更正式的执法机制以法律为后盾，并结合保护个人权利的程序性要求。《清洁水法》第 309 条明确规定，当美国国家环保局发现违法排污行为②时，可以分两种情形进行。一种情形是如果排污者违反的是州政府颁发的许可证要求，美国国家环保局局长应该将违法行为通知排污者及其所在的州政府。州政府在收到消息之日起 30 日内，享有优先执法权。在收到消息之日起 30 日内，州政府没有处理或处理期限超过 30 日

---

① 州级环境保护权接受美国国家环保局区域办公室的监督检查。虽然州级环保部门不隶属美国国家环保局，但是接受美国国家环保局区域办公室的监督检查。美国国家环保局将对在自然资源保护和污染防治上执行不力以及对各项环保计划的实行不予配合的州，给予严厉惩罚，包括停止向违法的州提供财政补助和技术援助、向法院申请禁止令、行使法律赋予的执法权。在联邦与州的关系中，财政或专项资助成为联邦约束州的重要手段，通过对联邦资助附加条件，联邦政府能对州政府管辖的事务进行充分控制。除了环境专项援助基金，联邦政府还通过将环境保护与其他联邦援助项目捆绑，将环境目标设为其他援助的附加条件。如果州环保局不能正常履行职责，美国国家环保局可以直接代替其运行。

② 违法排污行为主要包括违反排放标准、违反水质标准、违反排污许可证要求的条件等。

的，美国国家环保局可以代为执法并颁发行政命令①要求排污者遵守许可证的要求，或者向地区法院提起民事诉讼。另一种情形是如果排污者违反了联邦政府颁发的许可证或没有获得许可证，美国国家环保局局长不需要等待各州优先采取行动，可以直接颁发行政命令或提起民事诉讼。当违法者没有执行行政命令时，联邦政府可以选择对违法者提起民事诉讼以寻求救济。当违法者存在过失违法、明知违法、明知制造危险或虚假陈述等情况时，联邦政府可以对违法者提起刑事诉讼。

6.2.2.1　行政处罚

行政处罚是联邦政府执法的主要方式。相比民事诉讼和刑事诉讼，行政处罚可以由美国国家环保局独立执行而不需要司法部门的介入，这样可以更加节省行政资源。统计显示，美国国家环保局的执法活动中有 90% 是行政处罚（于铭，2009）。

当发生违反行政命令的违法行为时，美国国家环保局可与违法行为所在的州政府进行磋商，对违法者处以一级或二级罚款。一级或二级罚款是依据违法行为的性质、背景、程度和严重性，违法者的经济承受能力，过往违法记录，追究责任的程度，违法行为引发的经济利益以及其他应考虑的因素确定的（秦虎，2006）。一级罚款主要针对轻微或比较小的违法行为，并处以每次不超过 10000 美元、总额不超过 25000 美元的行政罚款。罚款前，美国国家环保局应书面通知当事人，并给予其在收到通知 30 日内提出听证会要求的机会。听证会不需要严格按照法律规定的程序进行，但必须给当事人提供合理的了解与展示证据的机会。二级罚款是在违法行为持续期间，处以每次不超过 10000 美元、总额不超过 125000 美元的行政罚款。罚款决定必须书面通知当事人，予以公告并给予其要求召开听证会的机会。听证会必须按照法律规定的程序进行，受到行政处罚的当事人在决定发布 30 日内有权向法院提起司

---

①　行政命令是行政机关对违法者颁发的要求其遵守法律规定或许可证要求的执行令。行政命令应合理陈述违法行为的性质，以及明确规定在多长时间内完成遵守要求。如果是对于临时执行计划、排污操作程序、设备维持条件等的违反，完成整改的时间应该少于 30 天。如果是对于某些最终期限的违反（比如没有在规定的时间内达到排放标准），美国国家环保局在考虑违法的严重性以及违法者的表现后，确定遵守法律的时间。行政命令往往是实现合规最快捷的方法，尤其针对比较容易纠正的违规问题。一般来说，美国国家环保局倾向于以行政命令方式解决合规问题，以避免诉讼对资源的消耗。违规者也更倾向于行政命令的方式，避免与作为联邦地方法院的被告有关的污名和潜在处罚。

法审查或要求召开听证会。否则，30 天后行政处罚决定就会生效。行政处罚在美国环境执法中发挥了重大作用，但并不是通过环境执法机关单方面的决定解决的。考虑到民事诉讼和刑事诉讼的复杂性和巨大成本，美国国家环保局尽量将违法事件限制在自己的权力范围内解决，达到这一目的的主要途径就是协商。通过环境执法主体与环境执法对象的协商可以向监管对象表明政府在采取环境执法行动的同时，也愿意解决监管对象在遵守环境法律过程中所关心和面临的环境问题，使企业和有关当事人了解案件情况和替代方案，纠正其违法行为，并通过与监管对象合作，在法律规定的范围内达成令双方满意的解决方案，从而达到环境执法的目的（胡静，2007）。

6.2.2.2 民事诉讼

美国环境司法执法指的是经法律授权具有诉讼资格提起的、由法院依照司法程序对违法者进行审判并要求其承担法律责任的司法活动，主要分为民事诉讼和刑事诉讼。按照执行主体，可将环境法律的司法执法分为由私人主体提起的法院执行和由行政机关提起的法院执行两大类。前者属于普通民事诉讼，比如公民因水污染要求损害赔偿的诉讼；后者一般要求法院对违法者颁布禁止令或处以民事罚款，属于公共利益的诉讼①。针对环境违法行为，美国国家环保局可以直接将违法者起诉至法院，即通过其律师进行民事或刑事的司法诉讼。虽然美国国家环保局有提起环境诉讼的资格，但专门处理违反环境法律法规的环境执法案件的权力在联邦司法部。联邦司法部代表美国国家环保局进行民事和刑事诉讼，在诉讼的各个阶段，司法部都需要与美国国家环保局密切互动。与美国国家环保局类似，各州环保局也可以直接向州法院提起民事或刑事诉讼。

民事诉讼是平行于行政处罚的一种执法方式。联邦政府可以授权州政府优先执法，也可以通过行政处罚的方式追究违法者责任，但会一直保留直接提起诉讼的权力。当违法者或当事人不遵守美国国家环保局颁布的行政命令或对行政处罚履行不当时，美国国家环保局可以提起民事诉讼来寻求救济。法院可以判令违法者或当事人立即停止违法活动，包括颁发永久禁止令和临

---

① 本书重点关注由行政机关提起的法院执行，即涉及公共利益的诉讼。

时禁止令，并对其处以民事罚款①。民事罚款采用"按日计罚"，即针对每次违法行为处以每个违法日 25000 美元以下的民事罚款。确认罚款数额时，法院应考虑如下因素：违法行为的严重性、违法行为产生的经济利益、违规记录、违法者在污染防治措施方面做出的努力、违法者的经济承受能力以及其他应考虑的因素②。"按日计罚"以及每个违法日最高 25000 美元的罚款使违法者不可能因为违法而获利，会轻易地让排污者付出沉重的代价。

6.2.2.3　刑事诉讼

美国国家环保局于 1982 年设立了刑事执法项目，1988 年美国国会授予其充分的执法权（蓝艳，2016）。对违规行为是否知情可以作为区分民事执法和刑事执法的标准。对于民事执法，只要存在环境违法就会产生环境民事责任，不需要考虑责任方是否知道他们违反的法律或法规，而环境刑事责任是通过某种程度上的意图（有意或故意的严重违法行为）触发的。一般而言，对于追究违法者的刑事责任，举证责任要求最高、诉讼程序复杂，需要深入调查和庭审辩论，处罚力度也最大，对违法者可判处罚款和监禁。刑事罚款的目的是惩罚不法行为，除刑事罚款外，违法者可能会被责令补偿受害人。这部分的补偿金额与民事罚款类似，用于补偿由于违法行为而导致的损失。监禁就是在监狱中被限制人身自由的时间。刑事执法针对的案件通常包括伪造或篡改文件、在没有许可证的情况下运行、不正当干预监测或控制设施、多次违规、故意违规等。具体来看，对过失违法的行为：处以每个违法日 2500～25000 美元罚款，或 1 年以下监禁，或二者并罚；累犯者，处以每个违法日 50000 美元以下罚款，或者 2 年以下监禁，或者二者并罚。对故意违法的行为：处以每个违法日 5000～50000 美元罚款，或者 3 年以下监禁，或者二者并罚；累犯者，处以每个违法日 100000 美元以下罚款，或者 6 年以下监禁，或者二者并罚。为了避免有关排放记录的造假，美国《清洁水法》专门规定了对造假者的惩罚：任何在监测报告、执行报告等法令指定的记录或文档中，有意做出虚假陈述、代表或证明的个人，将被处以最高 10000 美元的处罚或 6 个月监禁，或者二者并罚；累犯者，处以每个违法日 20000 美元以下罚款，

---

①　民事罚款不同于刑事罚款，因为它主要是对造成的伤害进行赔偿，而不是惩罚不法行为。因此，民事处罚本身不会包括监禁或其他的法律惩罚。

②　在民事诉讼案件中确定罚款数额需要考虑的因素与行政处罚类似。

或者 4 年以下监禁，或者二者并罚。对于故意制造危险的行为，处以 250000 美元以下罚款或者 15 年以下监禁，或者二者并罚。如果违法的是机构不是个人，还可以将罚款提高到 1000000 美元，累犯者加倍。如果认为《清洁水法》的惩罚措施还不够严厉，各州可以自行增订更严厉的处罚措施。美国新泽西州和加州近年来立法通过了"强制最低惩罚"，对于一些事实认定简单的环保法令违法行为，新的立法不让违法的排污者有任何与环境治理政府机构胡搅蛮缠的机会和逃脱惩罚的机会，一旦发现，无条件罚款。比如在加州，如果水质监测报告迟交 30 天，罚款 3000 美元，没有任何讨价还价的余地，不给执法人员任何可能的手软的机会。

从这些处罚规定可以看出，违法行为越严重，罚款就会越高。罚款至少会重新拿回违法者因不遵守法规而获得的经济利益，可以消除不合规带来的经济优势。这一类型的罚款可以保证遵守规定的企业不会因为合规而陷入经济劣势，对于保持公平非常重要，同时也消除了不合规的经济刺激。在计算罚款数额时，违法者的经济承受能力也是考虑的重要方面。如果罚款的数额与企业的规模不相称，很有可能会导致企业倒闭。被征收高额罚款的企业也有可能因此转移到其他环境执法没有那么严格的地区。执法人员需要考虑高额罚款带来的威慑与随企业搬走而带来的失业问题对当地社区的影响。同时，"黑名单"制度的建立，进一步加大了企业违反环境法规的成本。《清洁水法》明确规定，对于已被证明违反相关要求，并且主观上存在过错（包括过失和故意）的人，任何联邦机构都不得与其签订任何协议以取得货物、原材料以及服务。美国国家环保局应当建立向所有的联邦机构提供执行上述规定必需的通知程序。"按日计罚"和"黑名单"两项制度的建立，对于促进企业自觉守法具有重要意义，大大增加了企业的违法成本，使得排污者不敢违反排污许可证的规定，断绝了排污者通过违法盈利的可能。

尽管法律对经济处罚有了明确的规定，但无论是行政、民事还是刑事处罚依然留下了很大的自由裁量空间。为此，美国国家环保局规定了裁量指导，包括要依据违法严重性、为守法所做的努力、违法收入、违法历史等对具体的处罚做出调整，进而指导罚款裁定。其中，罚没违法收益是最基本的原则。美国国家环保局设计了一个专门的计算机程序（Economic Benefit of Noncompliance，BEN），用于计算违法者违反环境法律所获得的直接经济收益，其目的是保证剥夺违法者的全部违法收益，消除违法者由此获得的相对竞争优势。BEN 模型由美国国家环保局开发，主要基于两点考虑：一是机会成本，即违法者将没有按时购买处理设施以及运行维护所节省的费用，用于其他方面可以获得的收益；二是货币的时间价值，即货币的贴现。BEN 模型的使用，最大限度地量化了违法者的收益，提供了处罚的明确依据和清晰的计算过程，能被政府和污染企业普遍接受。使用 BEN 模型计算罚款数额方便快捷，在美国国家环保局网站很容易获得，任何人任何单位都可以免费下载、免费使用。BEN 模型也很容易操作，是专门为没有经济学、财务分析或计算机背景的人设计的。该程序包括计算经济效益所需的许多变量的标准，BEN 在只有少量输入值的情况下也可以操作，还可以使用标准值之外的数值。BEN 模型必需的输入信息有案件名称、利润、资本投资、一次性非折旧支出、年度支出、违规日期、合规日期、处罚金缴纳日期。非必需的输入信息有污染控制设备的使用年限、通货膨胀率、贴现率等。BEN 模型运转所需时间很短，通常一个案例计算只需 1~2 分钟，最长也不超过两个小时。最终输出结果即初始的罚款数值，许可证的执法人员可以直接应用该模型，所有内容和计算方式可以通过听证会公开并接受质疑（EPA，2010）。

6.2.3　柔性执法

刚性执法是一种通过行政命令或法律诉讼完成的正式的执法行动，具有强制性、严厉性、威慑性等特征。在 20 世纪七八十年代，刚性执法在美国环境执法行动中占据着主导地位。刚性执法的主要目的是通过对环境违法行为的严厉处罚，使监管相对人对惩罚产生一种可靠的反应，力求使惩罚具有一种普遍的、具体的威慑效果，确保监管相对人遵守环境法律法规。但严厉的刚性执法也带来了一些负面影响。一是刚性执法缺少灵活性又过于严厉，激起了部分企业对执法的抵制和对抗，想方设法规避法律法规或通过法律诉讼来挑战环境执法的监管。这实际上增加了执法的难度，降低了环境执法的效率。二是刚性执法给部分中小型企业带来了沉重的经济负担，严重影响了企业的经营和公众的就业，部分州政府对当地企业实施的环境违法行为并不积极提起法律诉讼，这在一定程度上损害了执法的公正性和人们对执法效果的预期（张福德，2012）。

在 20 世纪 80 年代末 90 年代初，美国环境执法所处的社会环境也发生了改变，出现了一些对环境执法柔化有利的社会条件。一是环境守法意愿普遍增强。经过多年严厉的刚性执法和环境社会运动，美国企业的环境守法状况改善明显，在追求经济利益最大化的同时开始考虑环境价值观和社会规范。二是驱动环境守法的市场力量显著增强。随着企业环境守法水平普遍提高，消费者的消费偏好和评价企业的标准也发生了明显改变，消费者态度的变化极大地改变了企业所面临的经营环境。三是企业内部环境管理水平提高。由于企业环境守法意愿和驱动环境守法的市场力量不断增强，多数企业开始重视企业内部的环境管理，比如建立专门的环境管理部门来监督生产经营各个环节的合规情况、定期进行环境审计、对企业进行环境问题诊断。

由于刚性执法存在的问题，要求执法改革的呼声日渐增多。联邦和州政府开始逐渐减少刚性执法项目预算并减少环境执法人员的数量，把节省的资源用于开展柔性执法项目。与此同时，执法者也开始尝试使用一些柔性执法手段来缓和与相对人紧张对立的关系。1996 年，美国国会通过了《小企业行政执法公平法案》，要求环境执法机构宽恕小企业的轻微环境违法行为（张福德，2016）。立法使柔性执法具有了正式的法律依据，此后柔性执法正式成为美国环境执法体制里不可或缺的一部分。所谓柔性执法，指环境执法机关在履行环境保护职责时，加强对环境执法对象的指导，增强其自觉守法的积极性，提高环境执法对象的守法意识，从而提高环境执法的效率。

6.2.3.1 守法援助项目

守法援助项目是美国环境行政执法机构提供的一项环境守法信息服务。每年美国国家环保局的执法与守法保障办公室都会制定一个守法计划指导守法援助行动。一般来说，守法援助项目是美国国家环保局提供的一项免费服务，但有些事项也会收取一定的费用。该项目主要通过对监管相对人进行守法教育，或向监管相对人提供环保技术或方法的培训，或通过其他方式提供监管相对人守法必要的信息，使监管相对人熟知环境法规的内容以及如何正确履行环境法规定的义务。环境守法信息服务的主要内容包括法规教育和技术培训。法规教育旨在说明或解释环境法律、法规，具体内容包括环境法律、法规保护的对象，要避免的环境不利后果，环境法律、法规的适用对象，环境法律、法规的内容或履行义务，不遵守环境法律、法规的后果。技术培训旨在说明或提供为正确履行环境法义务需要做出的技术或管理上的改变，具体内容包括生产设备的购买、改造和运行，最新的环保技术的改进，最佳收益的管理方法等（张福德，2016）。

守法援助项目可以通过多种途径来完成。一是监管相对人自助。联邦或州环保局负责建立各行各业所需要的守法信息数据库，监管相对人通过计算机网络可以方便地获取完成环境守法所必需的法律、环保技术或管理方法等信息。二是主动服务。美国国家环保局通过发放环境守法指南、举办培训班、主动上门援助等方式提供守法援助。三是监管相对人求助。监管相对人随时可通过电话或其他方式要求美国国家环保局及其办事机构派人进行现场技术培训或指导。通过守法援助项目，监管相对人很容易获取各类守法服务信息，在法律和守法者之间建立起便利和谐的沟通渠道，从而大大降低企业的守法成本。同时，也帮助公众和监管相对人更加清楚地理解这些法规和更好地遵守法律、监督不法行为。

6.2.3.2　守法激励项目

守法激励项目是一种提高排污者守法自觉性和积极性的利益诱导机制，其中主要体现在始于 1995 年的"环境审计政策"——《自行监管的激励：发现、披露、纠正和预防违规行为》中。环境审计政策旨在通过一定的激励政策鼓励企业进行环境审计并提交审计结果，使企业及时发现、披露、纠正和预防环境违法行为，从而提高环境守法水平。首先，企业要通过环境审计及时发现环境违法行为。环境审计是对企业内与环境守法有关的生产流程、环保设备运转、环境管理制度等事项的评估。环境审计可以是企业内部审计，也可以是企业外部审计，为了节省执法成本，美国环境执法机构鼓励企业进行内部环境审计并将结果向自己报告。企业内部环境审计的内容主要包括：①环保设备效能审计，这是对企业内污染控制和监测设备常规性能的检测，以确定设施的运行符合相关标准。②环境管理审计，这是对企业环境管理是否充分、可靠、高效遵守法律法规的评估。比如企业内部是否设置了专门的环境管理部门，是否制定了环境管理的计划和策略，是否建立了内部环境信息交流和环境层级管理制度，是否建立了环境信息档案保存制度，是否存在环境守法培训制度等。③环境后果的风险性或危险性审计，这是企业对潜在有害或危险的排放物的评估，包括可能发生的事故，可能发生的危害性后果，对生态环境以及对人的生命、健康的影响等。其次，企业要及时上报审计结果。自我报告制度是环境审计政策的一部分，美国环境执法机构要求企业将审计结果上报，特别是超过标准的排放或发现的随机的污染行为必须报告。最后，企业要对环境审计中发现的环境违法行为或其他可能导致环境不利后果的行为给予及时的纠正。美国环境法和环境执法机构明确了对开展环境审计项目企业的激励政策。《小企业行政执法公平法案》规定，对自动披露和自愿纠正环境违法问题的小型企业免除处罚或大幅降低处罚①。美国环境执法机构环境审计项目的激励政策是给予那些及时发现、主动披露、自愿改正环境违法行为的企业减轻或免除处罚的特权。对于那些没有提供自我审计报告或提交虚假审计报告的企业往往给予比正常水平更为严厉的处罚。

3. 下一代守法项目

美国国家环保局执法与守法保障办公室（OECA）首先提出了"下一代守法"（Next Generation Compliance）的概念。这是国家环保局在预算收紧、大量新的环境问题不断涌现、污染源监管对象日益分散化和小型化、监测技术进步、信息技术与大数据日益成熟的背景下提出的综合性执法战略，即通过制度再造、新技术的应用、数据化、数据透明以及执法战略创新等手段，实现环境执法从理念到方法再到参与主体的全方位变革。主要内容包括：①监管和许可设计，这种制度性的创新使环境执法更易于实施并有改善守法和环境成果的优势；②使用和推广先进的排放/污染物监测技术，使监管者、政府和公众可以更轻松地查询到污染物排放、环境条件和环境违法的信息；③受监管者使用电子报告在帮助美国国家环保局和监管机构更好地整理报告信息的同时，也使报告更准确、完整和有效；④从先进监测设备获得资料，使新的信息和电子报告向公众公开，提高了透明度；⑤创新执法策略，提高企业环境守法程度。

在促进守法的制度设计方面，有灵活的规则和结构设计，比如让污染监测设施制造商到美国国家环保局进行认证，企业若直接购买认证合格的产品，

---

① 主要包括 4 项标准：一是企业接受现场的政府守法认证或实行自愿的环境审计，并即刻公开审查中揭示的所有违规行为，证明其在遵守方面很有诚意；二是在过去的 3 年中，企业并未因违规而被诉讼，且在过去的 5 年中，企业也没有因环境违规行为遭到 2 次以上的强制执法；三是企业整改了违规行为，并在发现违规行为的 6 个月内，对违规行为造成的损害进行补救；四是企业并未出现违规行为或其违规行为没有造成实质性重大危害，且不含有刑事行为。

只需要上报购买情况，不需要再进行实地测试。这使环境检查变得简单易行，政府只需要将用户采购和安装报告与制造者销售报告进行对比即可。这不仅让守法变得更简单，也更具成本优势，同时还能提高工作效率，为监管对象带来更多确定性。基于经济驱动的创新式监管，比如采取独立第三方验证措施，通过守法认证大大提高守法效率，创造就业机会，并加大对环境问题的预防力度。同时第三方监测结合公开披露，告知公众受监管对象的守法程度，使公众能够关注到其违法行为。在应用先进的监测技术方面，"下一代守法"力图让监测设备的成本更低、更易于操作且便于携带，并提出了监测技术的新范式。先进的监测技术可以帮助企业加强环境管理，随着监测设备技术的升级，企业可以快速发现和解决环境问题，既节省了开支，又有效地预防了污染物的排放。随着监测设施价格的下降，公众也可以使用监测工具。随着监测数据更容易获取，越来越多的企业和公众加入监测行列，这在一定程度上减少了政府采取行动的必要性。在推行电子报告方面，2013年9月美国国家环保局发布声明，规定从监管过程开始，所有的报告信息必须是电子的。这是一个信息化管理系统，能够引导用户完成守法援助和数据检查的整个报告流程。使用电子报告为监管机构提供更完整、及时的数据，简化被监管者报告的过程。同时企业、公众可以通过网络查阅所需要的信息，在政府、公众和企业之间建立电子化的交流方式，增加企业、公众获取信息的渠道。在提高透明度方面，透明度与使用电子报告和先进的监测技术紧密相连。通过执法与守法保障办公室管理的环境执法与守法历史在线系统（ECHO）可以查看全美企业的执法记录及企业守法记录。当企业守法及污染信息公开时，公众可以感知政府所采取的执法行动，加强对政府执法人员的支持。企业也可以观察同行的表现，激励其采取更有竞争力的改善措施。

可以看出，"下一代守法"提倡执法方式的转变，从正式的、规则导向的执法方式向灵活的、结果导向的执法方式转变。"下一代守法"提倡采用先进的技术、电子化报告、提高透明度等方式识别违法行为，提高执法效率。这些部分并不是孤立的，而是一个相互联系、相互影响的整体。技术因素是核心，技术的进步带动了监测技术的不断发展。环保部门使用先进的监测技术，同时也利用信息技术的发展广泛地推广电子报告。技术的使用势必影响组织的制度设计，为了与技术相适应，也由于技术需要合适的制度环境，环境监管需要制度方面的改良。为了扩大公众参与，需要使用技术手段和政策扶持，这样有助于将监测的信息和数据向公众开放，提高环境领域的透明度。总体而言，"下一代守法"是一个整合的总体框架。

6.2.4 公民诉讼

美国联邦环境立法赋予了公民作为"私人检察官"提起诉讼的权利，以补充公立执法，基本上在每个法案中都有公民诉讼条款。这些条款授权私人主体对违反环境法律法规的一方提起诉讼，或是对未履行法定职责的环保机关提起诉讼。美国国会在制定《清洁水法》时明确表达了希望通过赋予公民诉讼权来加强法律的执行力，使公民成为行政机关执行法律的有力补充。

根据《清洁水法》的规定，"任何公民"都可以基于自身利益提起一个民事诉讼。但是，美国还是拒绝接受任何公民纯粹为公共利益提起的一般诉讼，"公民"指的是"其利益正在受到或可能遭受不利影响的一个人或若干人"。这里虽然对谁可以使用公民诉讼没有特别限制，公民诉讼可以由个人、企业、当地居民团体、市或自治市、州，或任何环保团体提起，但是实际提起诉讼的人或团体则要求表明其受到实施上的损害，即违法行为侵害到其被法律保护的利益，这种必须是具体而且特定化的、现在或即将到来的，而不是推断的或假想的。

公民诉讼的被告是由法律明确规定的，在司法实践中并不存在太大的争议。《清洁水法》规定，公民诉讼可以针对"任何人"提起。从上述规定看，被告包括美国联邦政府及其联邦机构，州政府及其机构，持有 NPDES 排污许可证的任何公司、个人以及其他受制于《清洁水法》规定的排放标准、限值及行政规章的任何人，以及不能履行《清洁水法》所规定的不属于美国国家环保局局长自由裁量领域的行为或义务的环保局局长。值得注意的是，公民诉讼条款特别标注，"任何人"必然地包括美国联邦政府以及在《美国宪法》修正案所允许范围内的其他联邦政府机构、部门等法律实体。也就是说，美国联邦政府机构如果存在违反公民诉讼条款可诉范围之情形，该政府机构（包括总统）同样可以成为公民诉讼的被告（于铭，2009）。

关于美国环境的公民诉讼对象主要分为两大类：一类是涉嫌违反环境法律的企业或其他污染者；另一类是疏于履行环境法律规定中非自由裁量行为

或职责的责任人。20 世纪 80 年代之前，大部分的公民诉讼是针对美国国家环保局提起的，指控美国国家环保局没有在法定时间内或者按照法律规定的方式履行法律规定的义务。比如前文提到的 TMDL 计划、雨水管理计划和非点源计划，都是通过公民诉讼起诉美国国家环保局，最后促使这些项目产生或进一步发展。20 世纪 80 年代之后，公民诉讼的方式发生了较大变化，针对排污者提起的公民诉讼成为主要方式。

法律对公民诉讼也施加了很多限制条件以避免浪费诉讼资源。比如，《清洁水法》第 505 条规定，如果美国国家环保局或州政府已经开始并勤勉地在法院提起民事或刑事诉讼，或已经要求违法者按照排放标准、限值或行政命令履行义务，则公民诉讼无法提起。这体现了政府是首要执法者，而公民作为补充执法者的原则。当然，公民也可以依法参加行政执法的诉讼，法庭必须允许公民参加诉讼并提交单独的法律文件。同样，美国国家环保局也能够依法参加任何公民诉讼。《清洁水法》第 505 条也要求公民在起诉前 60 天内将准备指控的违法行为通知有管辖权的联邦政府、州政府和预期的被告。美国国家环保局还要求公民在通知中写明被指控的行为违反的具体排放标准、时间、地点和违法方式。在针对美国国家环保局提起的诉讼中，这种通知可以使美国国家环保局有机会进行内部讨论并采取纠正措施或公布采取行动的时间表。在起诉私人主体违法者违反《清洁水法》的情形下，提前通知可以迫使污染者采取措施履行环保职责或者停止违法行为，并给予美国国家环保局或州政府启动执法诉讼的机会①。

6.3　小结

《清洁水法》之所以能够得到良好的执行，是因为美国建立了比较完善的环境监督体系。监督体系框架建立在"制衡"的思想基础之上，在赋予联邦政府和地方政府监督权的同时也赋予普通公众以监督权，使承担监督执法任务的各方形成一种相互制约的关系，以此保障法律的有效执行。具体来看，

---

① 60 天的通知避免了许多不必要的诉讼。因为行政机关在接到通知后一般都会展开调查，而且会通过行政制裁等方式追究违法者的责任。有些时候，部分违法者还会主动联系准备起诉的公民进行协商解决。

通过行政机构自上而下的内部监督以及行政督察，确保联邦执法人员可以对各地方政府的消极行政进行行政督查、公布违法报告。违法的执法部门负责人、执法人员也可能会被处以行政处罚。跨州、跨县、跨地区的司法机构设置，可以使得各地方政府环保部门的利益与美国国家环保局一致，确保联邦法令得到有效的贯彻。公众监督也是美国水环境保护法律法规制定和执行过程中不可或缺的一部分，环保团体和社会公众既可以对政府行政和执法进行监督，也可以对工业企业进行监督，有力地推动着美国环保法规不断前进和完善。

美国也建立了多层次的环境执法体系，保证了环境执法完整的执行。刚性执法包括行政处罚、民事诉讼和刑事诉讼，使得环境执法具有很高的强制性，任何人违反环境法律都要受到环境执法机关的处罚。"按日计罚"和"黑名单"两项制度的建立，进一步加大了企业违反环境法规的成本。与此同时，法律也给美国国家环保局留下了很大的自由裁量空间，通过 BEN 模型计算违法者违反环境法律所获得的直接经济收益，确保所有企业获得公平的市场竞争环境以及其他受管制企业能认真遵守环境法律。柔性执法包括守法援助项目、守法激励项目和下一代守法项目，通过这些"柔性"环境执法手段，在提高企业环境守法能力的同时降低了环境执法成本，增强了公众保护环境的意愿，弥补了"刚性"环境执法手段的不足。公民诉讼制度也是美国环境执法中的一大特色，是美国环境民主的体现，通过赋予普通公民向法院提起公民诉讼权来追究违法者的法律责任，并监督行政机关的执法行为。以公民诉讼为主的私力执行成为行政处罚、民事诉讼和刑事诉讼等公力执行的有力补充。

第 7 章

政策建议

　　美国历史上也面临过严重的水污染，为此其很早就开始了水环境保护的立法与治理。但美国 1972 年之前的水环境保护法律，大都成效不大，基本上都是失败的。自 1972 年《清洁水法》颁布实施以来，美国的水环境保护与污染控制制度内容不断丰富，结构不断完善，水环境管理日益成熟。在控制水环境污染的过程中，美国充分利用了这 50 多年来依法治理的完善、污水处理技术的发展、社会监督的加强、资金投入的增加，实现了水环境质量的明显改善。这其中最重要也是最关键的就是依法治理。美国水环境保护的依法治理，主要依赖于它的联邦政府水环境保护法律法规的建立和一套法令的贯彻执行，以保证已经决定了的路线能够准确而又有效地在各级政府得到执行。

　　与美国相比，我国开始水环境保护的立法工作相对较晚。1979 年通过的《中华人民共和国环境保护法（试行）》，以法律的形式对环境的保护予以规范，为水环境保护法律制度的建立奠定了基础。1984 年我国第一部有关水污染防治方面的法律《中华人民共和国水污染防治法》经全国人民大表大会常务委员会审议正式通过，拉开了我国水环境保护制度建设的序幕。随后全国人大常委会又分别于 1996 年、2008 年、2017 年先后三次对这部法律进行了修订，这些标志着我国对水环境保护的不断重视。伴随着社会、经济、政治、文化的全面变革，经过不断发展与完善，我们逐步形成了有中国特色的水环境管理制度。其中一些制度的实施取得了较好的效果，对于控制水环境污染、改善水生态环境起到了重要作用，但在管理目标、管理机构和管理手段上仍然存在很多问题。

在加强依法治理水环境的过程中，我们应该学习美国的经验。虽然我国和美国在经济发展水平、意识形态、政治体制、法律制度等方面各不相同，但这不妨碍我们从国家治理的角度来观察和研究美国水环境保护和依法治理的运行。美国是现代世界上实行法治时间最长的国家之一，两百多年来美国社会经历了种种变迁，其中许多变迁在整个人类历史上也堪称巨大，如何调整其国家治理方式来更好的应对各种社会变迁及其引发和形成的社会冲突，一直是被关注和检验的议题。美国的法治也有多方面的失败，也走过很多弯路，付出过巨大的社会成本，也积累了丰富的经验。美国的法治经验，尤其是经过重大代价，从多次失败走向成功的经验，是值得我们学习和借鉴的。了解这些经验可以帮助我们少走弯路，更好地推动我国水环境保护的依法治理。

7.1　明确水环境保护目标

水环境保护的最终目标是保障人体健康和水生态安全（借鉴美国《清洁水法》的规定：恢复和保持国家水体化学、物理和生物的完整性），直接目标是使所有水体水质达标，任何活动都不能破坏国家水体的完整性。因此，我国现有法律法规应明确这一目标，保证这一目标的法律地位。

建议在《中华人民共和国水污染防治法》（以下简称《水污染防治法》）中明确我国水环境保护的最终目标。《水污染防治法》是我国水环境保护和水污染防治的总纲领，在法律中肯定了水质达标对人体健康和水生态安全的重要性，即确立了恢复和维持地表水环境质量在我国水环境保护政策中的指导地位，指明了我国水环境保护工作的方向。在具体的表述上，改变现有《水污染防治法》"为了保护和改善环境，防治水污染，保护水生态，保障饮用水安全，维护公众健康，推进生态文明建设，促进经济社会可持续发展"的说法，明确提出"保障人体健康和水生态安全"，这意味着法律的实施不仅要改善水环境质量，而且要改善到能够保障人体健康和水生态安全的程度。

水质达标是我国地表水污染控制的直接目标，我国的水环境管理制度体系需要基于此目标建立。必须将水质持续改善作为水环境管理不可辩驳的目标方向，进而在此目标下，建立和完善配套的政策和标准规范。比如在我国的水环境保护相关法规中增加水质反退化的定性表述，并在水质标准体系中增加相关的规定，严格控制任何理由导致的水质持续下降的情况发生。更进一步，将水质标准作为红线，所有污染源的排放必须保证总体水质目标的实现，因此对污染源的控制需要考虑将基于技术和基于水质的排放标准结合起来。在水质不达标的区域，污染源必须达到更为严格的基于水质的排放标准。

7.2　改革水环境管理体制

根据外部性理论和机制设计理论，参考美国"国家环保局—区域办公室—州环保局—流域管理机构—污染源"的直线型管理模式，重新设计和界定生态环境部、区域机构、省生态环境厅、流域水质管理局、市生态环境局在水环境管理体制中的定位和职责分工，水质管理按照流域设置管理机构，避免受到地方政府的干扰。

生态环境部充分利用现有水质、水量、水生态的监测管理能力和在线监测数据信息，对各流域水环境质量和水污染源排放数据进行收集和处理，建立国家水环境质量和水污染源排放信息数据库，并对海量数据进行统计。制定全国范围内的水环境保护法律法规，进行相关科学技术研究并为各级生态环境部门提供技术援助、资金支持和培训。在生态环境部内部设置区域机构，区域机构代表生态环境部统管全国水质保护事务，监督各省的环境行为、执行国家水环境保护法律法规以及落实国家生态环境部项目。各省生态环境厅接受生态环境部的委托，对本省水环境质量负责，结合本省水环境质量状况和水污染实际情况制定适合本省的地方性法规。但必须严于国家的要求，而不能低于国家的要求。设置隶属于省生态环境厅的水质管理局，负责生态环境部授权委托省政府管理的本地区水质保护事务。借鉴美国经验，打破行政界限的分割，在省内按照水文特征、地形特点、气候差异等因素下设流域水质管理分局，以流域为单位进行水环境管理。流域水质管理分局接受省生态环境厅的委托，对本流域水环境质量负责。流域水质管理分局设置委员会形式的决策机构，主任由流域内主要行政区领导任命的代表担任，委员由水质局、相关流域行政区、水利部门等代表组成，委员会专门负责决策，由各流域水质管理分局局长具体执行。

7.3　完善水环境标准体系

水质标准是水环境保护工作开展的基础，也是衡量地表水环境质量的根本依据。它是一套政策体系，包括水体指定功能、水质基准、禁止水质变坏的反退化政策，以及涉及混合区等的其他政策。水体指定功能是水质标准体系的核心目标，水质基准是科学依据，而反退化政策则是水质不断改善的保障。第一，建议取消现在的地表水质标准的分类，按照水体指定用途细化水体功能，将水体指定用途作为标准所应实现的目标。第二，建议国家结合各流域特点、水体污染特征、水生态系统结构和功能进一步开展水生态毒理学研究和水质基准方面的科研工作，建立适宜于我国国情和水情的水质基准。鼓励有能力的省级人民政府在国家制定水质基准的基础上，结合地方实际情况细化指定用途，制定具有地方针对性的水质标准，提高我国水质标准的细致性和针对性，明确管理重点。第三，建议在《水污染防治法》相关条款中将反退化原则作为我国水环境保护的基本原则，将反退化原则以法律的形式明确规定下来，确保以严格、全面、科学的水质标准防止当前良好的水质再进一步恶化，防止水环境进一步损害。第四，建立混合区概念。为实现保护地表水质的目标，需要根据地表水质标准计算在河流中让水生生物存活的区域，并由此计算污染物基于地表水质标准的排放限值。我国地表水质标准和排放标准的制定过程普遍缺乏混合区的概念，需尽快补充，要求点源污染物排放在混合区内达标。

水污染物排放标准的目标是促进点源排放控制技术进步和保障点源排入的水环境质量达标。首先，借鉴美国经验，出台国家层面的水污染物排放标准制定导则并明确反降级原则，排放标准随着经济发展和科技进步不断趋严，体现环保技术进步。其次，建议完善和规范我国排放标准的更新机制。通过水污染物排放标准的适时更新和修订，始终保持着对行业内后进技术的定期淘汰，使污染者对行业技术进步有着明确的预期，从而不断推进着行业污染控制技术的持续进步，激励企业不断更新和改进污染控制技术，从根本上解决污染问题。

最后，增加基于水质的排放标准，使点源的排放标准不仅体现一定的技术水平，还要与特定水体的水质目标联系起来，在严格执行排放标准的条件下，点源污染排放不影响所在水体实现水质目标。

7.4　优化排污许可证制度

从美国经验来看，NPDES排污许可证制度是水环境保护的基本制度，是落实水污染物排放标准的政策手段，也是地表水质管理落实的基础和核心工具。规范的排污许可证不是一个简单的"凭证"，而是一系列配套的管理措施，汇总了法律对于点源排放控制的几乎所有规定和要求，包含了排污申报、具体的排放限值、设计合理且有针对性的监测方案、达标证据、限期治理、监测报告和记录、执法者核查和处罚等，并将以上内容明确化、细致化，具体到每个排污者。虽然我国已经明确将排污许可证制度作为点源排放管理的核心制度，但目前来看并没有明确排放标准是排污许可证制度的核心，也没有通过排污许可证制度实现对现有点源排放控制政策的良好衔接和协调，政策执行成本仍然较高。

建议继续完善并实施更加规范的排污许可证制度，以水污染物排放标准为核心内容，以单个污染源为管理单位，以监测、记录和报告方案为实施关键，确保点源实现连续稳定的达标排放。规范的排污许可证制度将水污染物排放标准、基于水质的排放标准等排放控制手段，按照点源排放规律、所属行业和所在水体特点，转换为点源可以直接执行的规定，是一种具有法律效力的文件，不仅是企业管理和企业守法证明的证据，也是政府执法的依据，更是公众参与环境管理的重要信息来源和监督依据。为了解决目前的监管规定过于笼统的问题，排污许可证将为每个点源制定单独的监测方案、排污口规范管理要求和环保设施监管要求，根据排放规律设计点源的达标判定方案，并对处罚条件和额度做出解释。实施规范的排污许可证后，单独制定的监管方案允许根据点源的情况灵活调整，监管更加精确，减少了企业逃避处罚的可能。此外，将基于水质的排放标准等排放控制手段明确为点源可以执行的具体责任，避免了企业以不懂法为名推卸责任，更有力地落实排放控制要求，体现污染者付费原则。

7.5　建立流域水质达标规划

流域水质达标规划制度的本质目标是通过立法方式，要求水质未达标水体满足水环境质量标准要求，是中央政府监督地方政府履行实现水环境质量标准目标要求的法定规则，是统一、规范化的流域水质达标规划方案制定的法定准则。流域水质达标规划理应是一个法律文件，统领其他政策手段，通过一系列政策手段来具体细化和落实水环境保护相关法律法规的要求，是国家和地方政府执行水环境保护相关法律法规的具体行动计划。但是，由于在政策认识上存在偏差，我国执行的"水污染防治规划"和"水污染防治行动计划"并不是真正意义上的水质达标规划。

建议国家出台环境规划法，使流域水质达标规划上升到法律的高度，体现其命令控制型政策的确定性、强制性和权威性。从法律层面统筹水质、水量和水生态等与水环境保护相关的所有要素，统领总量控制、排放标准等相关政策手段，为我国经济社会发展和水环境管理划定红线。同时建议国务院及生态环境部出台《水质达标规划管理条例》《流域水质达标规划上缴与审批要求规范》《流域水质达标规划编制技术导则》等配套性的行政法规和部门规章。在《水质达标规划管理条例》中明确中央政府、省级政府、流域管理机构、市级政府在流域水质达标规划中的权责划分和管理职能，重点明确在流域水质达标规划编制和实施过程中的信息管理、资金管理、规划评估、问责与处罚、公众参与等环节的法律义务和责任。在《流域水质达标规划上缴与审批要求规范》中明确规划文本的上缴程序、上缴内容、审批要求、审批规范等。在《流域水质达标规划编制技术导则》中明确流域水质达标规划中数据搜集整理、水质评价、问题识别、污染负荷评估、规划目标确定、管理方案设计与筛选、费用效益分析和社会经济影响分析、实施计划制定、公众参与等方面的基本思路和方法，并明确在规划中应当遵循的反退化、反降级、污染者付费等基本原则，确保我国流域水质达标规划编制、审批、实施和评估形成一套完整的规则或体系，提高规划的科学性、可操作性。

7.6　改革总量控制制度

　　总量控制是在受控污染源已经实现连续达标排放后,为降低全社会的污染控制成本,在不提高排放标准的前提下,通过寻求减少特定时间段内区域污染物排放总量以提高区域环境质量的污染控制政策。也就是说,总量控制是与环境污染、区域环境质量相联系的,目的是改善环境质量、解决区域性环境问题。我国水污染物排放总量控制制度起步较晚,但其也是我国水环境管理中的核心政策。从 1986 年首次提出水污染物排放总量控制制度至今已有 36 年的历史,其为我国水环境保护事业的发展做出了重大贡献。虽然生态环境部门专门发文指出“我国目前和世界上通用的做法一样,是通过总量控制的手段来确保排污总量不超过环境容量,从而确保当地的环境质量达标”。但事实上,这些做法与美国控制水污染框架中控制污染物排放的手段、允许污染物排放的数量和环境质量的目标有着根本的差异。美国水环境保护和水污染防治框架中,译成中文类似总量控制字眼、与控制污染物排放相关的政策,是日最大污染负荷计划(TMDL),而我们误将此等同于总量控制。我国以目标总量控制为主的考核体系,以水环境容量为依据进行计算,以行政区为单位、年为时间尺度,以化学需氧量和氨氮两种主要污染物为依据,以污染物排放量为主的总量控制政策缺乏科学意义,并没有明确的证据证明水污染物排放总量减排与水环境质量的改善呈现直接的响应关系,无法保障水质达标。

　　建议水污染物排放总量控制政策的设计以“保障人体健康和水生态安全”这一目标为依据和导向。实施规范的水污染物排放许可证制度,首先确保点源连续稳定达标排放。建立以流域为主体的水污染物排放总量控制管理体制,借鉴国外推荐水质模型计算各种超标污染物的水环境容量,并将总量削减指标合理分配到各类污染源。建立污染源排放量—入河量—通量全过程控制的总量控制统计指标和范围,研究水污染物排放量、入河量、通量和水质变化之间的相关关系。

　　建议出台水污染物排放总量控制计划相应法规,并借鉴美国 TMDL 计划经验,建立符合我国国情和水情的水污染物排放总量控制制度管理技术流程与规范。基本框架为:流域水质管理局识别需进行总量控制计划的受损水体,并向省生态环境厅提交受损水体清单，供省生态环境厅审阅。各省生态环境厅需要对受损水体清单进行优先排序并上交其优先顺序供生态环境部审查。流域水质管理局必须制定针对单项未达标水污染物的总量控制计划，根据季节变化和安全临界为该水体确立一个日最大污染负荷进行管理。如果存在营养物、沉积物、细菌、重金属等多个污染物未达标，则需要同时制定多个水污染物的总量控制计划。总量控制计划编制完成形成最终文本后，流域水质管理局须组织公众听证会，经公众听证会审议通过的文本由流域所在行政区各市市长签字后上缴省生态环境厅审阅。省生态环境厅对流域水质管理局提交的总量控制计划进行初步审阅同意后，由省长对文本进行签字，继续上缴生态环境部进行最终审批。生态环境部负责审批各省提交的受损水体清单和总量控制计划，有权决定审批是否通过，并将审批结果和原因在官方网站、新闻、电视等多种渠道向公众公开，并继续为公众保留表达意见的机会，生态环境部对公众意见酌情采纳。如果受损水体清单和总量控制计划被审批通过，生态环境部就要求地方政府更新其流域水质达标规划。如果地方政府提交的总量控制计划被审批不通过，生态环境部则要求省政府重新修订总量控制计划，并在规定的时间期限内必须再次上缴生态环境部进行审批。如果再一次上缴的总量控制计划仍未能审批通过，生态环境部将会直接制定总量控制计划并且发布公众公告，征求意见。如无疑问，生态环境部审批通过并要求地方政府按照要求实施。

7.7 加强监督核查与环境执法

监督核查与环境执法是水环境保护相关法律制度得以有效落地的重要保障。借鉴美国经验，在我国水环境保护相关法律制度中明确生态环境部监督核查的主导地位，建立国家对地方政府执行法律法规的制约机制。如果省政府或地方政府不能履行法定职责，国家可以采取一定的制裁措施，包括停止向违法的省政府和地方政府提供财政补助和技术援助、向法院申请禁止令等，行使法律赋予的执法权。组建高质量的监督核查队伍。在加大对环境监督核查工作所需仪器设备投入的同时，重视人才队伍的建设，保障各级开展环境监督核查人员的数量和质量。依托各级生态环境监测站技术专家和资质认定评审员队伍，通过加强针对性培训，重点培训调查取证能力，规范监督核查过程，组建一支既熟悉环境监督核查业务工作、又掌握各项调查取证能力的监管队伍，并向培训合格人员发放执法证。

重视刚性执法手段的地位。如果没有刚性执法手段的强制性和威慑作用，守法义务人的守法意愿将会大大减弱，特别是我国仍然存在部分企业社会责任缺失、恶意排污、以种种手段刻意逃避环境监管的状况。面对这样的守法状况，我国的执法模式应该更多地侧重于刚性执法，严厉处罚环境违法行为，以产生震慑效果，从而强化守法动机，培养公众和企业对环境伦理规范的认同度。与此同时，重视违法动因的实证研究，增加执法措施的针对性。环境执法要取得好的效果，执法策略或措施必须有针对性，即针对义务人不同的违法原因，采取不同的执法策略或措施。面对我国现有水污染处罚机制缺少详细的处罚原则和裁量依据、处罚标准的计算方法不明确、处罚力度较小导致违法成本低等问题，建议以有效威慑违法行为、抑制违法动机为根本目标，以罚没违法收益为根本原则来设计经济处罚标准。在强化刚性执法的同时，也要适时开展柔性执法，既能实现严厉环境执法的效果，也能避免过于严厉的环境执法可能引发的负面影响。建议在相关法律中对柔性执法进行规制，对柔性执法的适用范围、行为类型做出规定，适用于中小企业性质较轻的环境违法行为，对那些拒绝纠正、多次违法排放、严重威胁人类健康与安全的环境违法行为，排除柔性执法的使用。

提高公众参与环境治理的水平。针对群众的环保建议或投诉，尝试建立可视化的流程进展平台，让群众能够实时跟进建议或投诉的处理进展，提高公众建言献策的仪式感和执行效率。通过进一步扩大公众参与环境治理的知情权、举报权和监督权等，夯实公众和政府在环保层面的统一战线。地方政府需要创新治理模式、提高执政水平，比如在污染企业与公众之间尝试建立长期对话机制，搭建沟通桥梁，定期向社会公布环境治理进展，完善环境治理信息，既能让公众参与取得持续的环境治理实效，又能为切实推动企业生产方式变革提供足够的空间和时间。通过不断完善环境公益诉讼裁判规则、构建多元主体参与机制途径、规范统一损害鉴定评估制度、创新生态修复执行方式等手段，加强环境公益诉讼工作，以推动我国环境公益诉讼制度更好地发挥维护国家利益和公众环境权益的重要功能。

参 考 文 献

［1］Adam Rome. The Bulldozer in the Countryside：Suburban Sprawl and the Rise of American Environmentalism ［M］. NewYork：Cambridge University Press，2007.

［2］Allan M. A Hazardous Inquiry：The Rashomon Effect at Love Canal ［M］. Harvard University Press，1998.

［3］Bardie J P，Brown Jr G M，Buchot P F T. Water pollution control policier are getting results ［J］. Ambio，1979，8（4）：152-159.

［4］Chistopher L Bell. Environmental Management Systems and Environmental Law ［A］//Thomas F P Sullivan. Environmental Law Handbood. Twenty-second Edition. Bernan Press，2014.

［5］Elizabeth B. Love Canal Revisited：Race，Class and Gender in Environmental Activism ［M］. The University Press of Kansas，2008.

［6］EPA Office of Enforcement and Compliance Assurance. NPDES Compliance Inspection Manual ［M］. 2004.

［7］EPA Office of Wastewater MGBT. NPDES Permit Writers Manual ［M］. 2010.

［8］George Rosen. A History of Pubilc Health ［M］. Johns Hopkings University Press，1993.

［9］Page G W，H. Rbbinowitz. Groundwater contamination：Its effects on property values and cities ［J］. Journal of the American Planning Association，1993，59（4）：473-481.

［10］R. Bryant. The proof is in the Policy：The Bush Administration，Nonpoint Scource Pollution，and EPA's Final TMDL Rule ［J］. Washington and Lee Law Review，2002，59：246-255.

［11］Rachel Carson. Silent Spring ［M］. Houghton Mifflin Harcourt Publishing

Company Press，1962.

［12］Richard N. Love Canal：A Toxic History from Colonial Times to the Present［M］. Oxford：Oxford University Press，2016.

［13］Robert W. Adler，Jessica C. Landman，Diane M. Cameron：Clean Water Act 20 Years Later［M］. Island Press，Washington D. C. ，1993.

［14］Theodore Steinberg. Nature Incorporated：Industrialization and the Waters of New England［M］. Cambridge University Press，1991.

［15］Thomas F. From Love Canal to Environmental Justice：The Politics of Hazardous Waste on the Canada-US Border［M］. Broadview Press，2003.

［16］USEPA. Report on the Performance of Secondary Treatment Technology［R］. Washington DC：Office of Water，EPA-821-R-13-001，2013.

［17］Wendy E. Wagner：The Triumph of Technology-based Standards［M］. University of Illinois Law Review，2000.

［18］William H. Rodgers. Industrial Water Pollution and Refuse Act，A Second Chance for Water Quality［M］. University of Pennsylvania Law Review，1991（119）：761-766.

［19］William L. Andreen：The Evolution of Water Pollution Control in the United States-State，Local，and Federal Effort，1789-1972［J］. Standord Environmental Law Journal，2003，239-242.

［20］毕岑岑，王铁宇，吕永龙. 环境基准向环境标准转化的机制探讨［J］. 环境科学，2012，33（12）：4422-4427.

［21］曹彩虹. 美国环境保护社会系统研究［M］. 北京：北京语言大学出版社，2017.

［22］曾睿. 20 世纪六七十年代美国水污染控制的法治经验及启示［J］. 重庆交通大学学报（社会科学版），2014，14（6）：40-44.

［23］车国骊，田爱民，李扬，等. 美国环境管理体系研究［J］. 世界农业，2012（2）：43-46.

［24］陈莉莉，王怀汉. 美国超级基金制度对我国海洋环境污染治理的启示［J］. 中国海洋大学学报（社会科学版），2017，（1）：30-35.

［25］陈梅，钱新. 公众参与流域水污染控制的机制研究［J］. 环境科学

与管理，2010，35（2）：5-8.

［26］陈玮，程彩霞，徐慧纬，等．合流制管网截留雨水对城镇污水处理厂处理效能影响分析［J］．给水排水，2017，43（10）：36-40.

［27］陈艳卿，孟伟，武雪芳，等．美国水环境质量基准体系［J］．环境科学研究，2011，24（4）：467-474.

［28］付饶，韩冬梅．农业非点源控制的美国经验借鉴［J］．中国环境管理，2019，（2）：23-26.

［29］付饶．城市生活污水排放管理制度研究［D］．中国人民大学博士学位论文，2018.

［30］高洁，刘畅，陈天．从"永久清理"到"全局规划"——美国棕地治理策略演变及对我国的启示［J］．国际城市规划，2018，33（4）：25-34.

［31］巩莹，刘伟江，朱倩，等．美国饮用水水源地保护的启示［J］．环境保护，2010，12（1）：25-28.

［32］谷庆宝，郭观林，周友亚，等．污染场地修复技术的分类、应用与筛选方法探讨［J］．环境科学研究，2008，21（2）：197-201.

［33］谷庆宝，颜增光，周友亚，等．美国超级基金制度及其污染场地环境管理［J］．环境科学研究，2007，（5）：84-88.

［34］管瑜珍．点源水污染物排污许可限值核定研究［J］．环境污染与防治，2017，39（9）：1048-1050.

［35］韩冬梅，任晓鸿．美国水环境管理经验及对中国的启示［J］．河北大学学报（哲学社会科学版），2014，39（5）：118-123.

［36］韩冬梅，宋国君．基于水排污许可证制度的违法经济处罚机制设计［J］．环境污染与防治，2012，34（11）：86-92.

［37］韩冬梅，宋国君．中国工业点源水排污许可证制度框架设计［J］．环境污染与防治，2014，9（9）：85-92.

［38］韩冬梅．中国水排污许可证制度设计研究［D］．中国人民大学博士学位论文，2012.

［39］韩洪云，夏胜．农业非点源污染治理政策变革：美国经验及其启示［J］．农业经济问题，2016（6）：93-103.

［40］胡德胜，王涛．中美水质管理制度的比较研究［J］．中国地质大学

学报（社会科学版），2016，16（5）：12-20.

［41］胡静．美国环境执法中的协商机制和自由裁量［J］．环境保护，2007（24）：88-90.

［42］环境保护部环境监察局/环境保护部环境工程评估中心编．美国环境执法200问［M］．北京：中国环境出版集团，2018.

［43］黄新皓，姜欢欢，付饶，等．美国工业废水预处理制度实施经验及对我国的启示［J］．环境与可持续发展，2020，（1）：139-145.

［44］贾峰．美国超级基金法研究［M］．北京：中国环境出版社，2015.

［45］贾楠，王文亮，车伍，等．美国合流制溢流控制标准分析及对我国的启示［J］．中国给水排水，2019，35（7）：121-127.

［46］贾颖娜，赵柳依，黄燕．美国流域水环境治理模式及对中国的启示研究［J］．环境科学与管理，2016，41（1）：21-24.

［47］姜双林．美国水污染物排放许可证制度研究［M］．北京：法律出版社，2016.

［48］焦文涛，方引青，李绍华，等．美国污染地块风险管控的发展历程、演变特征及启示［J］．环境工程学报，2021，15（5）：1821-1830.

［49］金书秦．流域水污染防治政策设计——外部性理论创新与应用［M］．北京：冶金工业出版社，2011.

［50］晋海，韩雪．美国水环境保护立法及其启示［J］．水利经济，2013，31（3）：44-48.

［51］开根森．美国水环境污染的依法治理（篇二）——水环境治理法令的执行（非出版物）．2010.

［52］开根森．美国水环境污染的依法治理（篇一）——水环境治理法令的建立（非出版物）．2010.

［53］开根森．水污染防治战略需要根本改革（非出版物）．2012.

［54］开根森．完善标准体系，保障人体健康和水生态（非出版物）．2011.

［55］蓝艳，彭宁，解然，等．美国环境执法的实践经验及其对中国的启示［J］．环境保护，2016，44（19）：73-76.

［56］李冬梅．美国《综合环境反应、赔偿和责任法》上的环境民事责任

研究［D］.吉林大学博士学位论文，2008.

［57］李昊.美国法上的环境修复责任初论——以《综合环境响应、赔偿与责任法》为中心［J］.法治研究，2020，（2）：131-146.

［58］李会仙，吴昌丰，陈艳卿，等.我国水质标准与国外水质标准/基准的对比分析［J］.中国给水排水，2012，28（8）：15-18.

［59］李丽平，李瑞娟，高颖楠，等.美国环境政策研究［M］.北京：中国环境出版社，2015.

［60］李丽平，李瑞娟，徐欣，等.借鉴美国州周转基金经验创新我国水环境领域投资模式［J］.环境保护，2015，43（15）：60-62.

［61］李丽平，李媛媛，杨君，等.美国环境政策研究（三）［M］.北京：社会科学文献出版社，2019.

［62］李丽平，孙飞翔，李媛媛，等.美国环境政策研究（二）［M］.北京：中国环境出版社，2017.

［63］李瑞娟，李丽平.美国环境管理体制对中国的启示［J］.世界环境，2016，（2）：24-26.

［64］李涛，石磊，马中.中国点源水污染物排放控制政策初步评估研究［J］.干旱区资源与环境，2020，34（5）：1-8.

［65］李涛，王洋洋.我国流域水质达标规划制度评估与设计［M］.北京：中国经济出版社，2020.

［66］李涛，王洋洋.中国水环境质量达标规划制度评估研究［J］.青海社会科学，2020，（5）：64-72.

［67］李涛，杨喆，周大为，等.我国水污染物排放总量控制政策评估［J］.干旱区资源与环境，2019，33（8）：94-101.

［68］李涛，杨喆.美国流域水环境保护规划制度分析与启示［J］.青海社会科学，2018，10（3）：66-72.

［69］李印.美国地下水保护立法的借鉴［J］.广东社会科学，2012，（6）：240-244.

［70］李云生，孙娟，吴悦颖，等.美国流域水环境保护规划手册［M］.北京：中国环境科学出版社，2010.

［71］梁竞，王世杰，张文毓，等.美国污染场地修复技术对我国修复行

业发展的启示［J］．环境工程，2021，39（6）：173-178.

［72］刘敏欣．美国1974年《安全饮用水法》研究［D］．辽宁大学硕士学位论文，2017.

［73］刘鹏娇，张敬品．拉夫运河事件与美国环境正义运动的兴起［J］．首都师范大学学报（社会科学版），2020，（2）：37-43.

［74］刘伟江，丁贞玉，文一，等．地下水污染防治之美国经验［J］．环境保护，2013，41（12）：33-35.

［75］刘征涛，孟伟．水环境质量基准方法与应用［M］．北京：科学出版社，2012：54.

［76］刘庄，刘爱萍，庄巍，等．每日最大污染负荷（TMDL）计划的借鉴意义与我国水污染总量控制管理流程［J］．生态与农村环境学报，2016，32（1）：47-52.

［77］卢边静子．美国《超级基金法》与绿色金融［J］．中国金融，2018，（8）：82-83.

［78］卢军，伍斌，谷庆宝．美国污染场地管理历程及对中国的启示——基于风险的可持续管理［J］．环境保护，2017，45（24）：65-70.

［79］马军．中美环境监察执法对比——兼论我国环境监察执法的困境与突破［J］．环境保护，2015，43（12）：36-39.

［80］美国环境保护局编．美国饮用水环境管理［M］．王东，文宇立，刘伟江译．北京：中国环境科学出版社，2010.

［81］美国环境保护局编．环境执法原理［M］．王曦，译．北京：民主与建设出版社，1999.

［82］美国环境保护局编．美国NPDES许可证编写者指南［M］．叶维丽，译．北京：中国环境出版社，2014.

［83］美国环境保护局译．美国水质交易技术指南［M］．吴悦颖，李云生，徐敏，译．北京：中国环境科学出版社，2009.

［84］美国环境保护署编．美国农业非点源污染控制措施［M］．陈婧，宋国君，刘鸿志，译．北京：中国农业大学出版社，2006.

［85］孟伟，刘征涛，张楠，等．流域水质目标管理技术研究（Ⅱ）——水环境基准、标准与总量控制［J］．环境科学研究，2008，21（1）：1-7.

［86］孟伟，王海燕，王业耀．流域水质目标管理技术研究——控制单元的水污染物排放限值与削减技术评估［J］．环境科学研究，2008，21（2）：1-9.

［87］孟伟，闫振广，刘征涛．美国水质基准技术分析与我国相关基准的构建［J］．环境科学研究，2009，22（7）：757-761.

［88］孟伟，张楠，张远，等．流域水质目标管理技术研究（ⅰⅤ）——控制单元的总量控制技术［J］．环境科学研究，2007，20（4）：1-8.

［89］孟伟，张远，郑丙辉．水环境质量基准、标准与流域水污染物总量控制策略［J］．环境科学研究，2006，19（3）：1-6.

［90］潘润泽，张质明，李俊奇，等．美国雨水排放许可证制度对我国雨水管理启示研究［J］．给水排水，2017，43（11）：123-126.

［91］秦虎，张建宇．美国环境执法特点及其启示［J］．环境科学研究，2005（1）：40-44.

［92］秦虎，张建宇．中美环境执法与经济处罚的比较分析［J］．环境科学研究，2006（2）：75-81.

［93］容跃．美国污染场地清理的风险评估简介及政策制定［J］．环境科学，2017，38（4）：1726-1732.

［94］尚宇晨．20世纪70年代美国城市水污染与联邦政府的治理［D］.华东师范大学硕士学位论文，2007.

［95］沈文辉．三位一体——美国环境管理体系的构建与启示［J］．北京理工大学学报（社会科学版），2010，12（4）：78-83.

［96］生态环境部对外合作与交流中心．水环境管理国际经验研究之美国［M］．北京：中国环境出版集团，2018.

［97］司杨娜．20世纪40—80年代的美国水污染治理研究［D］．河北师范大学硕士学位论文，2016.

［98］宋国君，高文程，韩冬梅，等．美国水质反退化政策及其对中国的启示［J］．环境污染与防治，2013，35（3）：95-99.

［99］宋国君，韩冬梅，王军霞．中国水排污许可证制度的定位及改革建议［J］．环境科学研究，2012，25（9）：1071-1076.

［100］宋国君，黄新皓，张震，等．我国工业点源水污染物排放标准体

系设计［J］. 环境保护，2016，44（14）：20-24.

［101］宋国君，张震，韩冬梅. 美国水排污许可证制度对我国污染源监测管理的启示［J］. 环境保护，2013，（17）：23-26.

［102］宋国君，张震. 美国工业点源水污染物排放标准体系及启示［J］. 环境污染与防治，2014，1（1）：97-101.

［103］宋国君，赵文娟. 中美流域水质管理模式比较研究［J］. 环境保护，2018，46（1）：70-74.

［104］宋国君. 环境规划与管理［M］. 武汉：华中科技大学出版社，2015.

［105］宋国君. 环境政策分析（第二版）［M］. 北京：化学工业出版社，2020.

［106］宋国君. 环境政策分析［M］. 北京：化学工业出版社，2008.

［107］汤德宗. 美国环境法论集［M］. 北京：无花果公司，1990.

［108］唐浩. 农业面源污染控制最佳管理措施体系研究［J］. 人民长江，2010，41（17）：54-57.

［109］腾海键. 1972年美国《联邦水污染控制法》立法焦点及历史地位评析［J］. 郑州大学学报（社会科学版），2016，49（5）：121-128.

［110］汪志国，吴健，李宁. 美国水环境保护的机制与措施［J］. 环境科学与管理，2005，30（6）：1-6.

［111］王东，赵越，王玉秋，等. 美国TMDL计划与典型实施案例［M］. 北京：中国环境科学出版社，2012.

［112］王军霞，陈敏敏. 美国废水污染源自行监测制度及对我国的借鉴［J］. 环境监测管理与技术，2016，28（2）：1-5.

［113］王树堂，陈坤，徐宜雪，等. 美国工业废水间接排放管理的经验与启示［J］. 环境保护，2019，47（13）：61-63.

［114］王曦，胡苑. 美国的污染治理超级基金制度［J］. 环境保护，2007，372（10）：64-67.

［115］王曦. 美国环境法概论［M］. 武汉：武汉大学出版社，1992.

［116］王兴润，颜湘华，王琪，等. 美国超级基金制度与国内污染场地评估案例［M］. 北京：中国环境出版社，2014.

［117］文扬，陈迪，李家福，等．美国市政污水处理排放标准制定对中国的启示［J］．环境保护科学，2017，43（3）：26-33.

［118］翁孙哲，曹赟刚．美国土壤污染修复立法中的公民诉讼条款及其启示［J］．华东理工大学学报（社会科学版），2018，33（3）：87-97.

［119］翁孙哲，陈奇敏．土壤污染防治法律溯及既往问题研究［J］．广西社会科学，2018，（9）：94-100.

［120］翁孙哲．中美污染场地修复治理中关于连带责任的立场研究［J］．理论月刊，2017，（2）：179-188.

［121］吴健，熊英．美国污水处理业监管经验［J］．环境保护，2012，21（12）：66-69.

［122］吴舜泽，王东，秦昌波，等．水治理体制机制改革研究［M］．北京：中国环境出版社，2017.

［123］席北斗，霍守亮，陈奇，等．美国水质标准体系及其对我国水环境保护的启示［J］．环境科学与技术，2011，5（5）：100-103.

［124］夏坤堡．腊芙运河污染事件［J］．环境科学动态，1981，（2）：6-7.

［125］夏倩．美国超级基金制度研究［D］．湘潭大学硕士学位论文，2018.

［126］夏青，艳卿，刘宪兵，等．水质基准与水质标准［M］．北京：中国标准出版社，2004.

［127］谢伟．美国 TMDL 制度发展及启示［J］．社会科学家，2017，（11）：100-106.

［128］谢伟．美国国家污染物排放消除系统许可证管理制度及其对我国排污许可证管理的启示［J］．科技管理研究，2019，（3）：238-245.

［129］谢伟．美国清洁水法原理——从命令控制的视角［M］．北京：法律出版社，2018.

［130］徐祥民，陈冬．NPDES：美国水污染防治法的核心［J］．科技与法律，2004（1）：100-102.

［131］徐翔民，于铭．美国水污染控制法的调控机制［J］．环境保护，2005，（12）：70-73.

［132］徐再荣. 20 世纪美国环保运动与环境政策研究［M］. 北京：中国社会科学出版社，2013.

［133］薛英岚，张鸿宇，郝春旭，等. 污染场地风险管控环境经济政策体系：国外经验与本土实践［J］. 中国环境管理，2021，13（5）：135-142.

［134］杨凌晨，冯婧婕，周聪惠，等. 城市污染场地修复治理的基础支持体系研究［J］. 规划师，2018，34（12）：133-139.

［135］于博维. 中美水污染防治法比较研究［D］. 中国地质大学（北京）硕士学位论文，2007.

［136］于铭. 美国联邦水污染控制法研究——以中美法律比较为视角［D］. 中国海洋大学博士学位论文，2009.

［137］于泽瀚. 美国环境执法和解制度探究［J］. 行政法学研究，2019，113（1）：132-144.

［138］张福德，魏建. 美国环境行政执法模式及启示［J］. 管理现代化，2012，（5）：100-102.

［139］张福德，魏建. 美国环境行政执法模式及启示［J］. 管理现代化，2012，183（5）：100-102.

［140］张福德. 美国"柔性"环境执法及其对我国的启示［J］. 环境保护，2016，44（14）：57-62.

［141］张辉. 美国环境法研究［M］. 北京：中国民主法制出版社，2015.

［142］张建宇，庄羽. 美国国家污染物排放削减系统许可程序概述［J］. 环境影响评价，2018，40（1）：33-37.

［143］张震. 工业点源水污染物排放标准管理制度研究［M］. 北京：中国环境出版集团，2017.

［144］赵虹，曾睿. 美国 20 世纪 60—70 年代水污染治理政策的特点及启示［J］. 思想战线，2015，41（1）：142-145.

［145］赵岚. 美国环境正义运动研究［M］. 北京：知识产权出版社，2018.

［146］赵小波，林尤刚. 美国《超级基金法》免责条款对我国立法的启示［J］. 海南大学学报（人文社会科学版），2007，（4）：393-398.

［147］郑春苗，齐永强. 地下水污染防治的国际经验——以美国为例

［J］. 环境保护，2012，（4）：30-32.

［148］周聪慧. 美国"超级基金"制度研究——探索污染土地修复中的用地规划协调途径［J］. 国际城市规划，2013，28（6）：89-96.

［149］周佳苗. 美国当代环境外交的肇始：探析尼克松时期的环境外交（1969—1972）［D］. 南京大学博士学位论文，2015.

［150］周羽化，宫玥，方皓，等. 美国水污染物预处理制度与标准的制订［J］. 给水排水，2013，39（3）：107-111.

［151］朱璇，宋国君. 美国工业点源排放控制经验对中国的借鉴研究［D］. 环境科学与管理，2015，40（1）：21-24.

［152］朱璇. 中国工业水污染物排放控制政策评估［D］. 中国人民大学博士学位论文，2013.

［153］朱源. 美国环境政策与管理［M］. 北京：科学技术文献出版社，2014.

后 记

十一年前，我踏入中国人民大学环境学院攻读人口、资源与环境经济学专业博士研究生，开始跟随马中老师做水环境政策与管理方面的研究。现如今，我在河南大学地理与环境学院环境科学专业从事环境经济学、环境规划与管理的教学与科研工作。感谢我尊敬的导师马中老师，他作为国家重点学科人口、资源与环境经济学学科特聘教授，指引着我开始水环境管理领域的研究。在课题研究过程中，马中老师对学术研究的热情与灵感深深地触发了我的研究兴趣，使我逐渐专注于该领域的研究与探索。同时也要感谢宋国君老师，感谢他帮助我扎实环境经济学和环境管理的理论基础，与他的多次交流与讨论也让我受益匪浅。

撰写《水环境保护政策与管理：以美国为例》的初衷，在于博士期间所参与的一些课题，比如"太平湖良好湖泊生态环境保护实施方案""固城湖良好湖泊生态环境保护实施方案""官厅水库生态环境保护实施方案""黄山市黄山区国家生态区建设规划"等的编制和研究工作。同时也参与了国家科技重大专项"水环境保护价格与税费政策示范研究"、国家税务总局"对废水排放征税的重点问题研究"和中国—欧盟城镇化项目的部分研究工作。在这些课题的研究过程中，发现了我国水环境保护政策和管理方面存在的一些问题：我国水环境保护法律法规的立法是以保障饮用水安全为目标的，但饮用水安全是否可以确保人体健康和水生态安全？在几个案例规划编制过程中，有关于点源的排放数据存在多个来源途径，且各套数据的统计口径和方法也存在不同程度的差异，那点源污染真实的排放量到底是多少？排污收费、环境影响评价、限期治理、排污许可证等这么多关于点源排放管理政策的使用，到底哪一个才是真正核心的政策手段？水环境保护涉及水利、生态环境、发展改革、自然资源、农业、林业、交通、住建、卫生等多个部门和各级地方政府，到底哪一个才占有真正的主导地位？工业用水量和排水量存在较大差距，用水量由水利部门负责统计，排水量由生态环境部门负责统计，这是否表明我国用水、排水统计可能存在盲区，无法全面地反映我国用水、排水的真实情况？

在课题研究过程中我们查阅了美国国家环保局的水质数据，美国水质评估数据显示，在1972年《清洁水法》颁布实施以来，美国水环境质量已经取得了显著的改善成效。那美国是怎么进行水环境管理的？其发展历程怎样？美国水环境保护立法目的是什么？水环境管理体制是怎么设置的？各类污染源排放控制手段有哪些？点源排放控制的核心手段是什么？排污许可证制度是怎么运行的？排放标准是如何促进技术的进步以及确保水质达标的？如何实施监督核查和环境执法？公众是如何参与水环境管理的？带着这些疑问，我开始了对美国水环境政策与管理的研究，最终以专著的形式呈现给大家。尽管目前美国水环境管理仍然存在很多甚至很严重的问题，但美国环境保护界迅速、有效地控制住水环境污染的经验还是可以作为我国水环境治理的参考。虽然我国和美国在经济发展水平、意识形态、地理状况、水文条件、政治体制、法律制度等方面均不相同，但这不应该妨碍我们从国家治理的角度来观察和研究美国水环境保护政策与管理运行。

在此，也要感谢河南大学地理与环境学院傅声雷、乔家君、赵威、翟秋敏、邱永宽、崔耀平、徐小军等领导对本书撰写工作的支持，各位领导的关心和支持是本书成稿的重要保障。感谢河南大学地理与环境学院、河南大别山森林生态系统国家野外科学观测研究站、河南大学环境与规划国家级实验教学示范中心、黄河中下游数字地理技术教育部重点实验室、河南省土壤重金属污染控制与修复工程研究中心、信阳生态研究院、河南大学区域发展与规划研究中心等给予的资源支持，为本书的撰写提供了平台保障。感谢环境科学系各位老师给予的关心与支持，感谢硕士生和本科生在资料收集和英文文献翻译等方面提供的无私帮助，尤其感谢中国经济出版社编辑老师的辛苦工作！

美国水环境保护政策与管理涉及内容非常多，书中的研究还非常初步，只是给读者一个大致的框架性内容。另外，时间紧迫，水平有限，本书难免有疏漏之处，恳请广大读者批评指正！谢谢！

李 涛

2023 年 6 月于河南大学